A級中学 数学問題集

数学問題集

1

8訂版

桐朋中・高校教諭　●　飯田　昌樹
　　　　　　　　　　印出　隆志
　　　　　　　　　　櫻井　善登
　　　　　　　　　　佐々木　紀幸
　　　　　　　　　　野村　仁紀
　　　　　　　　　　矢島　弘　　共著

昇龍堂出版

まえがき

　中学1年生では，正負の数，文字式，方程式，関数，平面図形，空間図形などを学びます。これらを学習する過程では，小学校時代に学んだいくつかの重要なポイントを土台とし，その上に各分野での学習を築いていくことになります。さらに，中学1年生で学んだ内容は，中学2年生で学ぶための土台になります。

　今回の改訂にあたっては，『A級数学問題集7訂版』の流れをくみ，基本的な知識の定着，計算力の充実，柔軟な思考力，的確に表現する力の育成を目標としました。この本は，みなさんの発達段階に応じて徐々に力がつくように構成されています。

　まずは，教科書で学習する内容を十分に理解してください。そして，この『A級問題集』の問題を，1題1題ていねいに解いてみましょう。図やグラフをかいたり，メモをしたりして，問題の内容を自分の頭でしっかり考えることが大切です。そうした努力をすることで，基本的なことがらの理解を深めることができ，さらに質の高い問題を解く力まで，無理なく身につけることができます。

　また，本来は中学1年生の課程では学習しない内容でも，みなさんの学習にぜひ必要と思われることについては取り上げています。そのような進んだ内容を学習し，さらに理解の幅を広げてください。途中でしばらく間をおいてから取り組んでも結構です。

　この問題集が十分マスターできたら，その人はほんとうにA級の力をもった中学生といえます。

著者

本書は次のような構成になっています。

まとめ	各章の節ごとに，そこで学習する公式や性質，定理などの基本事項をまとめたものです。教科書で扱っていない定理などについては，証明や説明があり，本書だけでその内容を理解することができます。
例	その節で学ぶ基本公式や基本事項を確認するための問題を取り上げ，公式の使い方や考え方を示しています。
基本問題	教科書や「まとめ」にある公式や定理などが理解できているかを確認する問題です。
例題	その分野を学習するにあたり，重要な問題を選び，解説でその要点や解き方を説明し，解答や証明で模範的な解答を示しています。自分で解答をつくるときの参考にしてください。
演習問題	「まとめ」や「例題」で学習した内容を使って解く問題です。標準的なものからやや高度なものまで，さまざまなタイプの問題を集めました。
進んだ問題	高度な問題ですが，考えることにより数学のおもしろさに気づくような問題です。すらすらとは解けないかもしれませんが挑戦してください。
コラム	その章に関連する話題を紹介しています。数学のおもしろさを味わってほしいと思います。また，力だめしとして，その内容の**チャレンジ問題**があるものもあります。
章の計算	代数分野の計算練習が必要な章には，そこで学習した計算問題を集めてあります。その章の計算の習熟度をはかるために取り組んでください。また，計算力をつけるためには，何度も何度も繰り返し解くことが効果的です。
章の問題	その章の総合的な問題です。学習した内容の理解の度合いをはかるために役立ててください。⑤**1**はその問題を学習した節を表します。
解答編	別冊になっています。原則として，「基本問題」は答えのみです。「演習問題」はヒントとして解説がついています。自分で解けないときは指針としてください。「進んだ問題」は解答例として，模範答案となっています。解答の書き方の参考にしてください。

★本書で使われている 参考 は別の解き方や考え方などを紹介し，⚠は注意すべきポイントなどを表しています。

目 次

1章 正の数・負の数

1 正の数・負の数

1. **正の数・負の数と整数**
   正の数 0より大きい数
   負の数 0より小さい数
   （0は正でも負でもない数）

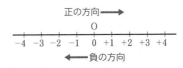

2. **数直線と絶対値**
   (1) **数直線** 直線上に基準となる点O
   をとり，数0を対応させ，その点か
   ら左右に一定の間隔で目もりをつけ，
   0より右側に正の数，左側に負の数
   を対応させたものを**数直線**という。また，点Oを**原点**という。

   (2) **絶対値** 数直線上で，ある数に対応する点と原点との距離を，その数
   の**絶対値**という。数 a の絶対値を，記号｜｜を使って $|a|$ と書く。
   例 $|-5|=5$　　　$|+1.2|=1.2$　　　$|0|=0$

3. **不等号**
   2つの数の大小を表す記号＜，＞を**不等号**という。
   数 a が数 b より小さいとき，$a<b$，または $b>a$ と表す。
   数 a が数 b より大きいとき，$a>b$，または $b<a$ と表す。

4. **数の大小**
   数を数直線上に表すと，それらの数はすべて大きさの順に並び，右のほ
   うにある数ほど大きい。
   (1) （負の数）＜0＜（正の数）
   (2) 正の数どうしでは，その絶対値が大きいほど大きい。
   (3) 負の数どうしでは，その絶対値が大きいほど小さい。
   例 $-3<0<+4$　　　$+2<+5$　　　$-7.2>-9.4$

5. 正の数と負の数は，たがいに反対の意味をもつ数量を表すのに使われる
   ことがある。
   例 「500円の支出」は，「−500円の収入」と表すこともできる。
   　　　「120gの減少」は，「−120gの増加」と表すこともできる。

絕対値と数の大小

例 3つの数 $+1.2$，-1.5，$-\dfrac{5}{4}$ を，次の順に並べてみよう。

(1) 小さいものから順に並べる。

(2) 絶対値の小さいものから順に並べる。

▶ 3つの数に対応する点を数直線上に
記入すると，右の図のようになる。

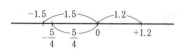

(1) 数直線上では，右のほうにある
数ほど大きいから，

$$-1.5, \quad -\dfrac{5}{4}, \quad +1.2 \quad\cdots\cdots(答)$$

(2) 数直線上で，原点との距離が短いほど，絶対値は小さいから，

$$+1.2, \quad -\dfrac{5}{4}, \quad -1.5 \quad\cdots\cdots(答)$$

基本問題

1 数直線をかき，数直線上に次の数に対応する点を記入せよ。

(1) $+3$　　　(2) -4　　　(3) $-\dfrac{3}{2}$　　　(4) $+2.5$　　　(5) -0.5

2 次の数直線上の点 A，B，C，D，E に対応する数をそれぞれ求めよ。

3 次の数を求めよ。

(1) 0 より 4 だけ大きい数　　　(2) 0 より 7 だけ小さい数

(3) 0 より $\dfrac{3}{5}$ だけ小さい数　　　(4) 0 より 0.8 だけ大きい数

4 次の ☐ にあてはまる数を求めよ。

(1) $+7$ の絶対値は ☐ である。　　　(2) -7 の絶対値は ☐ である。

(3) $|+3.1| = $ ☐　　　(4) $\left|-2\dfrac{5}{6}\right| = $ ☐

5 次の各組の数の大小を，不等号を使って表せ。

(1) $+4$，　-1　　　(2) -3，　-5

(3) -0.3，　-0.15　　　(4) $-\dfrac{5}{8}$，　$-\dfrac{3}{5}$

6 次の各組の数の大小を，不等号を使って表せ。

(1) -3, $+0.5$, 0

(2) -1.6, $-1\dfrac{4}{5}$, $-1\dfrac{3}{4}$

7 次の数を，絶対値の小さいものから順に並べよ。

(1) -3.5, $+3\dfrac{2}{5}$, 0

(2) -2.5, $-2\dfrac{1}{5}$, $+2\dfrac{1}{3}$

8 数直線上で考えて，次の問いに答えよ。

(1) $+6$ は -2 よりどれだけ大きいか。

(2) -5 は -1.5 よりどれだけ小さいか。

(3) $+3$ より 7 だけ小さい数は何か。

(4) -4.5 より 2 だけ大きい数は何か。

9 数直線上で考えて，次の各組の数は，どちらがどれだけ大きいか。

(1) $+12$, $+4$　　　　　(2) -6, -2

(3) $+4$, -2　　　　　(4) -10, $+1$

例題 1 数直線上で考えて，次の数を求めよ。

(1) 絶対値が 4 である数

(2) $+1$ から 4 の距離にある数

(3) -2 から 4 の距離にある数

解説 (1) 絶対値は，数直線上で，原点からの距離を表す。

解答 (1) 原点からの距離が 4 である点を表す
　　　　数であるから，原点から右に 4 離れた
　　　　$+4$ と，左に 4 離れた -4 の 2 つある。
　　　　　　　　　　　　　　　（答）$+4$ と -4

　　　(2) $+1$ から右に 4 離れた $+5$ と，左に
　　　　4 離れた -3 の 2 つある。
　　　　　　　　　　　　　　　（答）$+5$ と -3

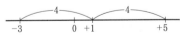

　　　(3) -2 から右に 4 離れた $+2$ と，左に
　　　　4 離れた -6 の 2 つある。
　　　　　　　　　　　　　　　（答）$+2$ と -6

10 次の数を小さいものから順に並べよ。

(1) $-\dfrac{2}{3}$, $+3$, 0, $-\dfrac{2}{5}$, -0.7, $+\dfrac{3}{4}$, -2

(2) $-3\dfrac{1}{3}$, -1.2, -3.1, $+\dfrac{3}{5}$, $+2\dfrac{1}{2}$, $-1\dfrac{1}{4}$, $+0.7$

11 次の数のうち，絶対値が 0.5 より小さいものをすべてあげよ。

$$-\dfrac{1}{3}, \quad -1, \quad 0, \quad +0.25, \quad -\dfrac{2}{5}, \quad +1\dfrac{2}{3}$$

12 数直線上で考えて，次の問いに答えよ。

(1) 絶対値が 6 である数をすべてあげよ。

(2) 絶対値が 4 より小さい整数を，小さいものから順にすべてあげよ。

(3) 絶対値が $3\dfrac{2}{7}$ より大きい負の整数を，大きいものから順に 3 つあげよ。

13 数直線上で考えて，次の数を求めよ。

(1) 0 から 8 の距離にある数

(2) $+3$ から 2 の距離にある数

(3) $+12$ から 15 の距離にある数

(4) -6 から $\dfrac{1}{3}$ の距離にある数

(5) -7 から 9 の距離にある数

(6) $-5\dfrac{1}{2}$ から $5\dfrac{1}{2}$ の距離にある数

14 数直線上で考えて，次の $\boxed{}$ にあてはまる数を求めよ。

(1) -11 は $\boxed{}$ より 11 だけ小さい。

(2) $\boxed{}$ は $+5$ より 3 だけ大きい。

(3) -7 は $\boxed{}$ より 6 だけ小さい。

(4) $+4\dfrac{1}{3}$ は -3 より $\boxed{}$ だけ大きい。

(5) $\boxed{}$ は $+\dfrac{2}{3}$ より 1 だけ小さい。

例題 (2) 次の問いに答えよ。

(1) 東へ −7km 行くということを，正の数を使っていいかえよ。

(2) ある年の大阪の平均気温は 17.4℃ であった。この 17.4℃ を基準にしたとき，同じ年の東京の平均気温 16.8℃ は何℃ 高いことになるか。

解説 (1) 右の図で，0 を出発点とする。東へ +7km 行くときは点 A まで行くことになるから，東へ −7km 行くときは点 B まで行くことになる。

(2) 右の図で，17.4℃ を基準の温度 0 とすると，17.4−16.8＝0.6 であるから，16.8℃ は基準の温度より 0.6℃ 低い。

解答 (1) 西へ +7km 行く

(2) −0.6℃ 高い

演習問題

15 次のことがらを，正の数を使っていいかえよ。

(1) −8 時間前　　　　(2) −4 万円の収入　　　　(3) −6kg の増加

(4) −70m の前進　　　(5) −5℃ 下がる　　　　(6) −3m 上昇

16 A 地点の標高は 793m である。この 793m を基準にしたとき，B 地点の標高 759m は何 m 高いことになるか。

17 右の表は，ある年とその前年の桜の開花日の日数の差をまとめたものである。表の(ア)〜(オ)にあてはまる数や月日を答えよ。

地名	ある年の 開花日	前年の 開花日	日数の差
札幌	4 月 28 日	4 月 25 日	+3
稚内	(ア)	5 月 13 日	−4
旭川	5 月 3 日	5 月 3 日	(イ)
網走	5 月 5 日	(ウ)	−3
釧路	(エ)	5 月 10 日	+4
函館	4 月 27 日	(オ)	+3

18 ももこさんは，A 地点から東へ 5km 行き，つぎに，西へ 10km 行った。ももこさんの最後の位置は，A 地点から東へ何 km 行ったところか。

2 加法

$\boxed{1}$ **同符号の 2 数の加法**

正の数と正の数，負の数と負の数の和は，それらの数の絶対値の和に，その符号をつける。

例 $(+3)+(+5)=+(3+5)=+8$

$(-4)+(-7)=-(4+7)=-11$

$\boxed{2}$ **異符号の 2 数の加法**

正の数と負の数の和は，それらの数の絶対値の差（大きいほうから小さいほうをひいたもの）に，絶対値の大きいほうの数の符号をつける。

例 $(+3)+(-7)=-(7-3)=-4$

$(-6)+(+8)=+(8-6)=+2$

絶対値が等しい異符号の 2 数の和は 0 である。

例 $(+2)+(-2)=0$ $(-5)+(+5)=0$

$\boxed{3}$ **加法の性質**

(1) $0+a=a+0=a$

(2) $a+b=b+a$ （加法の交換法則）

(3) $(a+b)+c=a+(b+c)$ （加法の結合法則）

基本問題

19 次の計算をせよ。

(1) $(+5)+(+7)$ (2) $(-3)+(-6)$ (3) $(+1.6)+(+2.7)$

(4) $(-4.2)+(-0.9)$ (5) $\left(+\dfrac{1}{4}\right)+\left(+\dfrac{5}{4}\right)$ (6) $\left(-3\dfrac{2}{7}\right)+\left(-\dfrac{5}{7}\right)$

20 次の計算をせよ。

(1) $(+5)+(-8)$ (2) $(-12)+(+34)$ (3) $(+2.7)+(-3.2)$

(4) $(-5.2)+(+10)$ (5) $\left(-\dfrac{4}{5}\right)+\left(+\dfrac{1}{2}\right)$ (6) $\left(-\dfrac{2}{3}\right)+\left(+\dfrac{1}{6}\right)$

21 次の計算をせよ。

(1) $(-12)+(+12)$ (2) $(-5)+0$

(3) $0+(+2.7)$ (4) $(+3.1)+(-3.1)$

(5) $\left(-\dfrac{10}{13}\right)+\left(+\dfrac{10}{13}\right)$ (6) $0+\left(-\dfrac{13}{9}\right)$

22 次の計算をせよ。

(1)
$$\begin{array}{r} +23 \\ +)\ +11 \\ \hline \end{array}$$

(2)
$$\begin{array}{r} -15 \\ +)\ -17 \\ \hline \end{array}$$

(3)
$$\begin{array}{r} -24 \\ +)\ +18 \\ \hline \end{array}$$

(4)
$$\begin{array}{r} +2.9 \\ +)\ -4.1 \\ \hline \end{array}$$

例題 3 次の計算をせよ。

(1) $(-5)+(+6)+(-18)+(+16)$

(2) $\left(-1\dfrac{1}{2}\right)+\left(+\dfrac{1}{5}\right)+\left(-\dfrac{1}{6}\right)+\left(+\dfrac{2}{15}\right)$

解説 (1) 左から順に加えて，$(-5)+(+6)+(-18)+(+16)=(+1)+(-18)+(+16)$ $=(-17)+(+16)$ としてもよいが，加法の性質より，正の数，負の数を別々に 加えて，最後にそれらの和を計算してもよい。

解答 (1) $(-5)+(+6)+(-18)+(+16)$
$=\{(-5)+(-18)\}+\{(+6)+(+16)\}$
$=(-23)+(+22)$
$=-1$ ………(答)

(2) $\left(-1\dfrac{1}{2}\right)+\left(+\dfrac{1}{5}\right)+\left(-\dfrac{1}{6}\right)+\left(+\dfrac{2}{15}\right)$

$=\left\{\left(-1\dfrac{1}{2}\right)+\left(-\dfrac{1}{6}\right)\right\}+\left\{\left(+\dfrac{1}{5}\right)+\left(+\dfrac{2}{15}\right)\right\}$

$=\left\{\left(-\dfrac{9}{6}\right)+\left(-\dfrac{1}{6}\right)\right\}+\left\{\left(+\dfrac{3}{15}\right)+\left(+\dfrac{2}{15}\right)\right\}$

$=\left(-\dfrac{10}{6}\right)+\left(+\dfrac{5}{15}\right)$

$=\left(-\dfrac{5}{3}\right)+\left(+\dfrac{1}{3}\right)$

$=-\dfrac{4}{3}$ ………(答)

⚠ $(+a)+(-a)=0$，$(-a)+(+a)=0$ の性質や，$(-5)+(+6)=+1$ などを利用 して，できるだけ絶対値の小さい数の和にするようにくふうしてもよい。 たとえば，(1)において，次のように計算する。

$(-5)+(+6)+(-18)+(+16)=(-5)+(+6)+(-18)+(+16)$
$\qquad\qquad\qquad\qquad\qquad\quad =(+1)+(-2)$
$\qquad\qquad\qquad\qquad\qquad\quad =-1$

⚠ (2) 答を帯分数 $-1\dfrac{1}{3}$ としてもよいが，今後は原則として仮分数のままで答える。

23 次の計算をせよ。

(1) $\left(+\dfrac{5}{3}\right)+\left(+\dfrac{3}{5}\right)$ (2) $\left(-\dfrac{3}{2}\right)+\left(-1\dfrac{1}{3}\right)$

(3) $\left(+2\dfrac{4}{5}\right)+\left(-\dfrac{5}{6}\right)$ (4) $\left(-4\dfrac{5}{12}\right)+\left(+\dfrac{11}{4}\right)$

24 次の計算をせよ。

(1) $(-4)+(+8)+(-12)$

(2) $(-5)+(-9)+(-3)$

(3) $(+14)+(-20)+(+6)$

(4) $(-14)+(-24)+(+18)$

(5) $(-32)+(+45)+(-13)$

(6) $(-9)+(+18)+(-11)+(+7)$

(7) $(-8)+(-4)+(+21)+(-16)+(+17)$

(8) $(-15)+(-10)+(+7)+(+11)+(-13)+(+18)+(+16)$

25 次の計算をせよ。

(1) $(-1.6)+(+2.1)+(-0.8)$

(2) $(+3.4)+(-2.6)+(+1.5)+(-2.3)$

(3) $(+0.5)+(-4.3)+(+3.6)+(+2.2)$

(4) $(+10.3)+(-3.87)+(-6.33)$

(5) $(-3.42)+(+0.53)+(+0.89)$

(6) $(-0.3)+(-0.25)+(+2)$

26 次の計算をせよ。

(1) $\left(-\dfrac{2}{7}\right)+\left(+\dfrac{4}{7}\right)+\left(-\dfrac{6}{7}\right)$

(2) $\left(+\dfrac{1}{9}\right)+\left(-\dfrac{2}{3}\right)+\left(-\dfrac{5}{9}\right)$

(3) $\left(-\dfrac{1}{2}\right)+\left(+\dfrac{2}{3}\right)+\left(-\dfrac{5}{6}\right)$

(4) $\left(-\dfrac{11}{12}\right)+\left(+\dfrac{1}{6}\right)+\left(-\dfrac{3}{4}\right)+\left(+\dfrac{2}{3}\right)$

(5) $\left(+3\dfrac{2}{5}\right)+\left(-2\dfrac{1}{3}\right)+\left(-2\dfrac{1}{5}\right)+\left(+2\dfrac{1}{3}\right)$

(6) $\left(-\dfrac{13}{6}\right)+\left(+3\dfrac{3}{8}\right)+\left(-3\dfrac{2}{3}\right)+\left(+\dfrac{17}{4}\right)$

3 減法

---

1 減法

　ある数をひくことは，そのひく数の符号を変えて（0ならばそのまま）加えることと同じである。

　例　$(+5)-(+8)=(+5)+(-8)=-3$
　　　　$(-5)-(-8)=(-5)+(+8)=+3$

　⚠️ ひかれる数の符号は変わらない。

基本問題

27 次の計算をせよ。

(1) $(+8)-(+6)$ 　　　　　(2) $(+5)-(+9)$

(3) $(-2)-(+5)$ 　　　　　(4) $(+4)-(-9)$

(5) $(-3)-(-7)$ 　　　　　(6) $(-8)-(-6)$

(7) $(-11)-(-11)$ 　　　　(8) $(-14)-0$

(9) $0-(+5)$ 　　　　　　(10) $0-(-21)$

28 次の計算をせよ。

(1) $(-2.8)-(+1.1)$ 　　　(2) $(+3.4)-(-5.7)$

(3) $(+3.8)-(+9.7)$ 　　　(4) $(-4.2)-(-7.5)$

(5) $\left(-\dfrac{1}{4}\right)-\left(+\dfrac{1}{3}\right)$ 　　(6) $\left(+3\dfrac{7}{8}\right)-\left(-5\dfrac{5}{8}\right)$

(7) $\left(+1\dfrac{5}{6}\right)-\left(-2\dfrac{1}{4}\right)$ 　(8) $\left(-\dfrac{12}{5}\right)-\left(-\dfrac{7}{2}\right)$

29 次の計算をせよ。

(1) $\begin{array}{r} +4 \\ -)\ +3 \\ \hline \end{array}$ 　　　　　(2) $\begin{array}{r} -9 \\ -)\ +5 \\ \hline \end{array}$

(3) $\begin{array}{r} +11 \\ -)\ -24 \\ \hline \end{array}$ 　　　　(4) $\begin{array}{r} -17 \\ -)\ -12 \\ \hline \end{array}$

(5) $\begin{array}{r} +21 \\ -)\ -21 \\ \hline \end{array}$ 　　　　(6) $\begin{array}{r} -98 \\ -)\ -98 \\ \hline \end{array}$

(7) $\begin{array}{r} +1.7 \\ -)\ -2.5 \\ \hline \end{array}$ 　　　　(8) $\begin{array}{r} -3.1 \\ -)\ +1.8 \\ \hline \end{array}$

例題 4 次の計算をせよ。

$$(-7)-(-2)-(+8)-(-10)$$

解説 減法を加法になおし，正の数，負の数を別々に加えて計算する。

解答
$$
\begin{aligned}
(-7)-(-2)-(+8)-(-10) &= (-7)+(+2)+(-8)+(+10) \\
&= \{(-7)+(-8)\}+\{(+2)+(+10)\} \\
&= (-15)+(+12) \\
&= -3 \ \cdots\cdots\cdots(答)
\end{aligned}
$$

演習問題

30 次の計算をせよ。

(1) $(-5)-(-9)-(+4)$

(2) $(+5)-(-7)-(+18)$

(3) $(-3)-(+7)-(-11)$

(4) $(-4.8)-(-2.5)-(+0.7)$

(5) $(-7.1)-(-0.8)-(-2.9)$

(6) $\left(+\dfrac{3}{4}\right)-\left(-\dfrac{1}{6}\right)-\left(+\dfrac{5}{3}\right)$

(7) $\left(+\dfrac{1}{2}\right)-\left(+\dfrac{7}{6}\right)-\left(-\dfrac{1}{9}\right)$

31 次の計算をせよ。

(1) $(-4)-(+6)-(-7)-(+4)$

(2) $(-10)-(+21)-(-34)-(-45)$

(3) $(-40)-(-13)-(-28)-(-11)$

(4) $(+7.3)-(-5.9)-(-6.6)-(+9)$

(5) $(-4.5)-(-3.7)-(+2.1)-(-1.6)$

(6) $\left(+\dfrac{7}{5}\right)-\left(+\dfrac{7}{4}\right)-\left(-\dfrac{6}{5}\right)-\left(+\dfrac{1}{2}\right)$

(7) $\left(-\dfrac{1}{2}\right)-\left(-\dfrac{1}{3}\right)-\left(-\dfrac{4}{15}\right)-\left(+\dfrac{7}{10}\right)$

(8) $(-11)-(+4)-(-17)-(+8)-(-6)$

(9) $\left(-\dfrac{1}{2}\right)-\left(-\dfrac{5}{4}\right)-\left(+\dfrac{4}{3}\right)-\left(+\dfrac{7}{6}\right)-\left(-\dfrac{3}{2}\right)$

4 加法と減法の混じった計算

---

1 **加法と減法の混じった計算**

　加法と減法の混じった計算は，減法の部分を，符号を変えて加法になおして計算する。

　与えられた式を加法だけの式で表したとき，加法の記号＋で結ばれた1つ1つの部分を，それぞれ**項**という。

> **例**　$(+3)+(-5)-(-4)$ を加法だけの式になおして，
> $(+3)+(-5)+(+4)$ と表したとき，項は $+3$，-5，$+4$ である。

> ⚠ $+3$，$+4$ を**正の項**，-5 を**負の項**という。

▤ 基本問題 ▤

32 次の計算をせよ。

(1) $(+2)-(-4)+(-3)$ (2) $(-6)-(+2)+(-1)$

(3) $(+4)+(-9)-(-5)$ (4) $(-7)-(-3)-(-5)$

例題 5 次の計算をせよ。
$$(-15)-(-7)+(-6)+(+4)-(+8)$$

解説 減法の部分を加法になおし，正の項の和，負の項の和を別々に求めて計算する。

解答
$$(-15)-(-7)+(-6)+(+4)-(+8)$$
$$=(-15)+(+7)+(-6)+(+4)+(-8)$$
$$=\{(-15)+(-6)+(-8)\}+\{(+7)+(+4)\}$$
$$=(-29)+(+11)$$
$$=-18 \cdots\cdots（答）$$

▤ 演習問題 ▤

33 次の計算をせよ。

(1) $(-14)-(-3)+(-7)$

(2) $(-24)+(+9)-(-13)$

(3) $(-6)-(+12)+(-9)$

(4) $(+3)-(-5)-(+8)+(-10)$

(5) $0-(-26)+(-15)-(-5)+(-14)$

34 次の計算をせよ。

(1) $(+2.4)-(+3.1)+(-4.3)$

(2) $-(-3.5)+(-5.3)-(+2.1)$

(3) $\left(-\dfrac{5}{4}\right)-\left(-\dfrac{3}{2}\right)+\left(-\dfrac{1}{8}\right)$

(4) $(-0.8)+\left(-\dfrac{1}{6}\right)-(-1.2)$

(5) $\left(-2\dfrac{3}{4}\right)-\left(+3\dfrac{1}{12}\right)-\left(-4\dfrac{2}{3}\right)+\left(+\dfrac{1}{6}\right)$

例題 6 次の計算をせよ。

(1) $3-5-12+8$

(2) $1.8-\{-3-(-0.7+1.9)\}$

(3) $|-4+2|-|-7|-|8-1|$

解説 (1) 3 や 5 のように, 符号のついていない数は, それぞれ +3, +5 と同じである。

よって, $3-5-12+8=(+3)-(+5)-(+12)+(+8)$
$\qquad\qquad\qquad\qquad =(+3)+(-5)+(-12)+(+8)$

と考えられる。

したがって, 符号のついていない数の計算は, 加法, 減法の記号をそのまま正の符号, 負の符号とみて, それらの数の和を求めればよい。

(2) 小かっこと中かっこが混じった式は, 小かっこの中を先に計算する。

(3) 絶対値記号をふくむ式は, 絶対値記号の中を先に計算する。

解答 (1) $3-5-12+8=3+8-5-12$
$\qquad\qquad\qquad\quad =11-17$
$\qquad\qquad\qquad\quad =-6$ ………(答)

(2) $1.8-\{-3-(-0.7+1.9)\}=1.8-(-3-1.2)$
$\qquad\qquad\qquad\qquad\qquad\quad =1.8-(-4.2)$
$\qquad\qquad\qquad\qquad\qquad\quad =1.8+4.2$
$\qquad\qquad\qquad\qquad\qquad\quad =6$ ………(答)

(3) $|-4+2|-|-7|-|8-1|=|-2|-7-|7|$
$\qquad\qquad\qquad\qquad\qquad\quad =2-7-7$
$\qquad\qquad\qquad\qquad\qquad\quad =2-14$
$\qquad\qquad\qquad\qquad\qquad\quad =-12$ ………(答)

⚠ (2)のように, 答が正の数のときは, 今後は +6 と書かずに, 単に 6 と書く。

35 次の計算をせよ。

(1) $-5+8-7$

(2) $12-15-5$

(3) $4-8-1-2$

(4) $-5-7-3+14$

(5) $-1.5+3.2+4.1-2.8$

(6) $5.6-6.9+0.8-1.1$

(7) $-2.5+4.8-0.9-0.7$

(8) $-3.3+2.5+1.2-6.1$

36 次の計算をせよ。

(1) $-\dfrac{3}{4}+\dfrac{1}{6}-\dfrac{1}{3}$

(2) $-\dfrac{1}{4}+\dfrac{4}{5}-\dfrac{3}{2}$

(3) $-\dfrac{1}{3}+\dfrac{1}{2}-\dfrac{2}{5}+\dfrac{3}{4}$

(4) $\dfrac{1}{4}-\dfrac{1}{2}-\dfrac{2}{3}+\dfrac{1}{6}$

(5) $2-1\dfrac{2}{5}-2\dfrac{1}{3}+\dfrac{4}{15}$

(6) $-\dfrac{4}{3}+\dfrac{5}{18}+\dfrac{1}{9}-\dfrac{5}{6}$

37 次の計算をせよ。

(1) $2-3-(-5)$

(2) $4+(-1)-2$

(3) $51-20-(-9)$

(4) $-64+(-97)-(-64)$

(5) $-\dfrac{2}{3}+\left(-\dfrac{1}{2}\right)-\left(+\dfrac{5}{6}\right)$

(6) $8.3+(-7.6)-(-5.9)-4.2$

38 次の計算をせよ。

(1) $4-\{3-(7-2)\}$

(2) $-\{-8-(-2+4)\}-(-3-5)$

(3) $-(-1.5+0.8)-\{2.3-(-0.3-1.7)\}$

(4) $9.5+(-7.2+4.3)-\{10-(2.2-11.1)\}$

(5) $\dfrac{1}{3}-\left\{-\dfrac{1}{6}-\left(\dfrac{3}{4}+\dfrac{1}{2}-\dfrac{4}{3}\right)-\dfrac{5}{12}\right\}$

(6) $-\left\{-\left(\dfrac{2}{5}-\dfrac{4}{15}\right)+\dfrac{4}{3}\right\}-\left(\dfrac{1}{6}-\dfrac{5}{12}-\dfrac{1}{2}\right)$

39 次の計算をせよ。

(1) $|-3|-|8-2|-|-12+3|$

(2) $|-2-5|-|6-1|+|7-9|$

(3) $|-3.1+2.5-1.4|-|8.3-(5.4+7.9)|$

(4) $\left|\dfrac{2}{3}-\left(\dfrac{1}{2}-\dfrac{1}{4}\right)-\dfrac{5}{6}\right|-\left|\dfrac{3}{8}-\dfrac{5}{6}\right|$

1. **同符号の2数の積**

   正の数と正の数，負の数と負の数の積は，それらの数の絶対値の積に，**正の符号**をつける。

   > **例** $(+5)\times(+7)=+(5\times7)=+35=35$
   > $(-2)\times(-5)=+(2\times5)=+10=10$

2. **異符号の2数の積**

   正の数と負の数の積は，それらの数の絶対値の積に，**負の符号**をつける。

   > **例** $(+4)\times(-8)=-(4\times8)=-32$
   > $(-7)\times(+6)=-(7\times6)=-42$

3. **3つ以上の数の積**

   3つ以上の数の積は，それらの数の絶対値の積をつくり，そのかける数のうち，負の数の個数が $\left\{\begin{array}{l}\text{偶数のときは正の符号}\\\text{奇数のときは負の符号}\end{array}\right\}$ をつける。

   > **例** $(+4)\times(-3)\times(-5)\times(+1)=+(4\times3\times5\times1)=+60=60$
   > $(-4)\times(-2)\times(+2)\times(-3)=-(4\times2\times2\times3)=-48$

4. **乗法の性質**

   (1) $a\times0=0\times a=0,\quad a\times1=1\times a=a$

   (2) $a\times b=b\times a$　（**乗法の交換法則**）

   (3) $(a\times b)\times c=a\times(b\times c)$　（**乗法の結合法則**）

5. **累乗**

   (1) いくつかの同じ数の積を，その数の**累乗**（るいじょう）という。n 個の a の積を a^n と書き，a の **n 乗**と読む。また，n を a^n の**指数**という。

   > **例** $(-3)\times(-3)=(-3)^2$　（-3 の **2乗**，または -3 の**平方**）
   > $5\times5\times5=5^3$　（5 の **3乗**，または 5 の**立方**）

   (2) **累乗の計算**

   ① 正の数の累乗は，その数の絶対値の累乗に**正の符号**をつける。

   ② 負の数の累乗は，その数の絶対値の累乗をつくり，

   指数が $\left\{\begin{array}{l}\text{偶数のときは正の符号}\\\text{奇数のときは負の符号}\end{array}\right\}$ をつける。

   > **例** $(+2)^3=+2^3=+8=8$
   > $(-3)^2=+3^2=+9=9$　　　　$(-3)^3=-3^3=-27$

   ⚠ $-a^2=-(a\times a)$ と $(-a)^2=(-a)\times(-a)$ のちがいをはっきり区別する。

   　［例］ $-2^4=-16$　　　$(-2)^4=16$

40 次の計算をせよ。

(1) $(+6) \times (+2)$ (2) $(-3) \times (-9)$

(3) $(+5) \times (-4)$ (4) $(-7) \times (+3)$

(5) $1 \times (-2)$ (6) $(+8) \times 0$

41 次の計算をせよ。

(1) $(-4) \times (+1.3)$ (2) $(-2.1) \times (-1.4)$

(3) $\left(-\dfrac{1}{3}\right) \times \left(-\dfrac{6}{7}\right)$ (4) $\left(+\dfrac{3}{10}\right) \times \left(-\dfrac{5}{12}\right)$

(5) $\left(-\dfrac{9}{28}\right) \times \left(+\dfrac{7}{15}\right)$ (6) $\left(-\dfrac{9}{25}\right) \times \left(-\dfrac{5}{18}\right)$

例題 (7) 次の計算をせよ。

(1) $13 \times (-3)$

(2) -4×7

(3) $-\dfrac{5}{6} \times (-1.6)$

解説 (1) $13 \times (-3)$ は $(+13) \times (-3)$ と同じである。

(2) -4×7 は $(-4) \times (+7)$ と同じである。

(3) $-\dfrac{5}{6} \times (-1.6)$ は $\left(-\dfrac{5}{6}\right) \times (-1.6)$ と同じである。

解答 (1) $13 \times (-3) = -(13 \times 3) = -39$ ………(答)

(2) $-4 \times 7 = -(4 \times 7) = -28$ ………(答)

(3) $-\dfrac{5}{6} \times (-1.6) = -\dfrac{5}{6} \times \left(-\dfrac{8}{5}\right) = +\left(\dfrac{5}{6} \times \dfrac{8}{5}\right) = \dfrac{4}{3}$ ………(答)

⚠ (1) $13 \times (-3)$ を 13×-3 のように，かっこを省略してはいけない。

(2) -4×7 のように，先頭に負の符号があるときは，かっこを省略してもよい。

≡≡ **演習問題** ≡≡

42 次の計算をせよ。

(1) -3×4 (2) $4 \times (-6)$ (3) $-7 \times (-2)$

(4) -11×0 (5) $-0.5 \times (-2)$ (6) $-\dfrac{3}{4} \times \dfrac{10}{21}$

(7) $-\dfrac{8}{3} \times \left(-\dfrac{9}{4}\right)$ (8) $3\dfrac{5}{9} \times \left(-1\dfrac{7}{8}\right)$ (9) $-3.6 \times \left(-1\dfrac{1}{9}\right)$

例題 8 次の計算をせよ。

(1) $(+2) \times (-3) \times (-5) \times (+3) \times (-1)$

(2) $-3 \times (-2) \times (-4) \times (-5) \times 3$

(3) $2.8 \times \left(-2\dfrac{6}{7}\right) \times \dfrac{3}{32} \times (-12)$

解説 3つ以上の数の積は，まず答の符号を決め，つぎにそれらの数の絶対値の積を計算するとよい。

(1) 負の数が3個（奇数個）あるから，負の符号をつける。

(2) 負の数が4個（偶数個）あるから，正の符号をつける。

(3) 負の数が2個（偶数個）あるから，正の符号をつける。

解答 (1) $(+2) \times (-3) \times (-5) \times (+3) \times (-1) = -(2 \times 3 \times 5 \times 3 \times 1) = -90$ ………(答)

(2) $-3 \times (-2) \times (-4) \times (-5) \times 3 = +(3 \times 2 \times 4 \times 5 \times 3) = 360$ ………(答)

(3) $2.8 \times \left(-2\dfrac{6}{7}\right) \times \dfrac{3}{32} \times (-12) = \dfrac{14}{5} \times \left(-\dfrac{20}{7}\right) \times \dfrac{3}{32} \times (-12)$

$$= +\left(\dfrac{14}{5} \times \dfrac{20}{7} \times \dfrac{3}{32} \times 12\right) = 9 \text{ ………(答)}$$

⚠ 絶対値の積を計算するときは，かける順序を変えてもその積は変わらないので，かけ算の結果が簡単になるものを先にかけるなど，かける順序をくふうしてもよい。たとえば，(1)において，次のように計算する。

$(+2) \times (-3) \times (-5) \times (+3) \times (-1) = -(2 \times 3 \times 5 \times 3 \times 1)$

$$= -(2 \times 5 \times 3 \times 3 \times 1)$$

$$= -(10 \times 9) = -90$$

演習問題

43 次の計算をせよ。

(1) $(-3) \times (+4) \times (-2)$

(2) $(-2) \times (-7) \times (-5)$

(3) $2 \times (-6) \times (-1) \times (-3)$

(4) $(-5) \times 3 \times (-4) \times 9$

(5) $-12 \times (-3) \times 3 \times (-5) \times 4$

(6) $-8 \times 3 \times (-10) \times 0 \times (-2) \times 5$

44 次の計算をせよ。

(1) $\left(-\dfrac{1}{5}\right) \times \left(+\dfrac{25}{49}\right) \times \left(+\dfrac{7}{10}\right)$

(2) $\left(-\dfrac{5}{8}\right) \times \left(+3\dfrac{1}{5}\right) \times \left(-\dfrac{1}{4}\right)$

(3) $-6 \times \dfrac{5}{9} \times 4 \times \left(-\dfrac{1}{16}\right)$

(4) $-\dfrac{5}{6} \times \dfrac{3}{7} \times \left(-\dfrac{20}{3}\right) \times \left(-\dfrac{12}{25}\right)$

(5) $3.5 \times \left(-\dfrac{2}{49}\right) \times 1.75 \times \left(-\dfrac{4}{3}\right)$

(6) $-\dfrac{6}{7} \times (-2.8) \times \dfrac{1}{3} \times (-10)$

例題 **9** 次の計算をせよ。

(1) $(-5)^2$　　　　　(2) $(-2)^5$　　　　　(3) -3^4

(4) $-\left(-\dfrac{2}{3}\right)^2$　　　(5) $(-3)^2\times(-2)^3\times(-5^2)$

解説 負の数の累乗は，累乗の指数が偶数のときは正の数，奇数のときは負の数になる。

(3) $-3^4=-(3\times3\times3\times3)$ である。$(-3)^4=(-3)\times(-3)\times(-3)\times(-3)$ とのちがいに気をつけること。

(4) $-\left(-\dfrac{2}{3}\right)^2=-\left\{\left(-\dfrac{2}{3}\right)\times\left(-\dfrac{2}{3}\right)\right\}$ である。$-\left(-\dfrac{2}{3}\right)^2=+\left(+\dfrac{2}{3}\right)^2$ としないこと。

(5) それぞれの累乗を先に計算してから，それらの積をつくる。

解答 (1) $(-5)^2=+5^2=25$ ………(答)

(2) $(-2)^5=-2^5=-32$ ………(答)

(3) $-3^4=-81$ ………(答)

(4) $-\left(-\dfrac{2}{3}\right)^2=-\left(+\dfrac{4}{9}\right)=-\dfrac{4}{9}$ ………(答)

(5) $(-3)^2\times(-2)^3\times(-5^2)=9\times(-8)\times(-25)$
$$=+(9\times8\times25)$$
$$=1800 \text{ ………(答)}$$

演習問題

45 次の計算をせよ。

(1) $(-1)^3$　　　　　　(2) $(-1)^{20}$

(3) $(-9)^2$　　　　　　(4) $(-6)^3$

(5) $-(-4)^4$　　　　　(6) -7^2

(7) $-\left(\dfrac{1}{3}\right)^3$　　　　(8) $-(-0.1)^2$

(9) $\left(-\dfrac{1}{4}\right)^3$　　　　(10) $-\left(-1\dfrac{1}{2}\right)^3$

46 次の計算をせよ。

(1) $-8^2\times(-5)$　　　　(2) $(-2)^2\times(-2^3)$

(3) $(-2)^2\times(-1)^7\times(-3)^3$　　(4) $(-2^5)\times(-2^2)\times\left(\dfrac{1}{2}\right)^3$

(5) $-2^3\times(-3^2)\times(-1)^9$　　(6) $-2\times(-2^6)\times(-2)^3\times(-1)^{17}$

---

1 **同符号の2数の商**

正の数と正の数，負の数と負の数の商は，それらの数の絶対値の商に，**正の符号**をつける。

例 $(+9) \div (+3) = +(9 \div 3) = +3 = 3$

$(-10) \div (-7) = +(10 \div 7) = +\dfrac{10}{7} = \dfrac{10}{7}$

2 **異符号の2数の商**

正の数と負の数の商は，それらの数の絶対値の商に，**負の符号**をつける。

例 $(+8) \div (-2) = -(8 \div 2) = -4$

$(-4) \div (+5) = -(4 \div 5) = -\dfrac{4}{5}$

3 **0との除法**

$0 \div a = 0$ （ただし，a は 0 ではない数）

⚠ 0で割ることはできない。

4 **逆数と除法**

(1) $a \times b = 1$ のとき，b を a の **逆数**（a を b の逆数）という。

例 -2 の逆数は $-\dfrac{1}{2}$，$\dfrac{2}{3}$ の逆数は $\dfrac{3}{2}$

⚠ 0にどんな数をかけても0となり，1にはならないので，0の逆数はない。

(2) a を b で割ることは，a に b の逆数をかけることと同じである。

例 $\left(+\dfrac{3}{10}\right) \div \left(-1\dfrac{3}{5}\right) = \left(+\dfrac{3}{10}\right) \div \left(-\dfrac{8}{5}\right)$

$= \left(+\dfrac{3}{10}\right) \times \left(-\dfrac{5}{8}\right) = -\left(\dfrac{3}{10} \times \dfrac{5}{8}\right) = -\dfrac{3}{16}$

▒▒ **基本問題** ▒▒

47 次の数の逆数を求めよ。

(1) 6　　　　(2) $\dfrac{3}{7}$　　　　(3) 0.75　　　　(4) $1\dfrac{1}{4}$

(5) -4　　　(6) $-\dfrac{1}{5}$　　　(7) -0.05　　　(8) -1

48 次の計算をせよ。

(1) $(+12) \div (+3)$ (2) $(-24) \div (-3)$ (3) $(+54) \div (-9)$

(4) $(-42) \div (+6)$ (5) $(-11) \div (+11)$ (6) $0 \div (-5)$

(7) $-21 \div 7$ (8) $45 \div (-9)$ (9) $13 \div (-4)$

(10) $20 \div (-6)$ (11) $-4.2 \div 7$ (12) $-\dfrac{9}{14} \div 6$

例題 10 次の計算をせよ。

(1) $-120 \div (-4) \div 6$ (2) $3\dfrac{1}{5} \div \left(-1\dfrac{3}{5}\right) \div \dfrac{3}{4}$

解説 $a \div b = a \times \dfrac{1}{b}$ であるから，除法を逆数の乗法になおして計算すればよい。

解答 (1) $-120 \div (-4) \div 6$

$= -120 \times \left(-\dfrac{1}{4}\right) \times \dfrac{1}{6}$

$= +\left(120 \times \dfrac{1}{4} \times \dfrac{1}{6}\right)$

$= 5 \ \cdots\cdots\cdots$（答）

(2) $3\dfrac{1}{5} \div \left(-1\dfrac{3}{5}\right) \div \dfrac{3}{4}$

$= \dfrac{16}{5} \div \left(-\dfrac{8}{5}\right) \div \dfrac{3}{4}$

$= \dfrac{16}{5} \times \left(-\dfrac{5}{8}\right) \times \dfrac{4}{3}$

$= -\left(\dfrac{16}{5} \times \dfrac{5}{8} \times \dfrac{4}{3}\right)$

$= -\dfrac{8}{3} \ \cdots\cdots\cdots$（答）

▨▨▨ 演習問題 ▨▨▨

49 次の計算をせよ。

(1) $3.6 \div (-0.6)$ (2) $-\dfrac{5}{12} \div \left(-\dfrac{5}{4}\right)$

(3) $\dfrac{4}{9} \div \left(-\dfrac{8}{21}\right)$ (4) $0 \div \left(-3\dfrac{5}{7}\right)$

(5) $-3\dfrac{3}{10} \div 2\dfrac{1}{5}$ (6) $-2\dfrac{2}{5} \div 0.6$

50 次の計算をせよ。

(1) $80 \div (-2) \div 5$ (2) $-36 \div 3 \div (-6)$

(3) $-0.7 \div (-2.1) \div \left(-\dfrac{3}{5}\right)$ (4) $-\dfrac{5}{6} \div (-0.6) \div \dfrac{2}{9}$

(5) $1\dfrac{2}{5} \div \left(-\dfrac{21}{4}\right) \div \left(-\dfrac{4}{5}\right)$ (6) $-2\dfrac{1}{3} \div \left(-2\dfrac{4}{5}\right) \div \left(-1\dfrac{4}{11}\right)$

7 乗法と除法の混じった計算

┌───┐
│ **1** **乗法と除法の混じった計算**
│   乗法と除法の混じった計算は，乗法だけの式になおして計算するとよい。
│ 累乗がある場合は，累乗を先に計算する。
└───┘

基本問題

51 次の計算をせよ。

(1) $-4 \times (-6) \div (-8)$

(2) $-12 \div 3 \times (-2)$

(3) $(-4)^2 \div 12$

(4) $-6 \div (-3)^3$

┌───┐
│ **例題 (11)** 次の計算をせよ。
│
│ (1) $1\dfrac{11}{16} \div \left(-2\dfrac{1}{7}\right) \times \left(-1\dfrac{19}{21}\right)$
│
│ (2) $(-6)^3 \div (-10^2) \div (-15)^2$
└───┘

解説 (2) 累乗を先に計算し，つぎに乗法だけの式になおして計算する。

解答 (1) $1\dfrac{11}{16} \div \left(-2\dfrac{1}{7}\right) \times \left(-1\dfrac{19}{21}\right) = \dfrac{27}{16} \div \left(-\dfrac{15}{7}\right) \times \left(-\dfrac{40}{21}\right)$

$$= \dfrac{27}{16} \times \left(-\dfrac{7}{15}\right) \times \left(-\dfrac{40}{21}\right)$$

$$= +\left(\dfrac{27}{16} \times \dfrac{7}{15} \times \dfrac{40}{21}\right)$$

$$= \dfrac{3}{2} \quad \cdots\cdots\cdots (答)$$

(2) $(-6)^3 \div (-10^2) \div (-15)^2 = (-216) \div (-100) \div 225$

$$= (-216) \times \left(-\dfrac{1}{100}\right) \times \dfrac{1}{225}$$

$$= +\left(216 \times \dfrac{1}{100} \times \dfrac{1}{225}\right)$$

$$= \dfrac{6}{625} \quad \cdots\cdots\cdots (答)$$

52 次の計算をせよ。

(1) $\dfrac{5}{12} \times \left(-\dfrac{7}{5}\right) \div \left(-\dfrac{3}{4}\right)$

(2) $-0.9 \times \left(-\dfrac{7}{3}\right) \div 7$

(3) $1.4 \div 0.56 \times (-4.2)$

(4) $-\dfrac{4}{9} \div \dfrac{7}{6} \times \left(-\dfrac{3}{8}\right)$

(5) $-\dfrac{20}{3} \div \left\{-\dfrac{25}{11} \times \left(-\dfrac{22}{5}\right)\right\}$

(6) $-4\dfrac{5}{7} \div \left\{5\dfrac{25}{28} \div (-1.4)\right\}$

(7) $\dfrac{14}{15} \div \left(-\dfrac{3}{10}\right) \div \left(-1\dfrac{5}{6}\right) \times 1\dfrac{5}{7}$

(8) $-\dfrac{4}{13} \div \dfrac{3}{17} \times \left(-\dfrac{39}{44}\right) \div 4\dfrac{1}{4} \div \left(-\dfrac{8}{11}\right)$

53 次の計算をせよ。

(1) $(-2)^3 \div (-4)^2$

(2) $-3^4 \div (-3)^3$

(3) $(-15)^2 \div (-5)^4$

(4) $(-2)^3 \div \left(-\dfrac{1}{2}\right)^2$

(5) $\left(-\dfrac{3}{2}\right)^3 \div \left(-\dfrac{15}{8}\right)^2$

(6) $(-3)^3 \div \dfrac{1}{2} \times \left(-\dfrac{5}{6}\right)^2$

(7) $\left(-\dfrac{1}{2}\right)^4 \div \left(-1\dfrac{1}{4}\right)^2 \div \left(-\dfrac{1}{10}\right)$

(8) $-2^2 \div (-6)^2 \div \left(-\dfrac{1}{9}\right)^3$

(9) $\left(-\dfrac{5}{3}\right)^4 \div (-10)^3 \div \left(-\dfrac{4}{9}\right)^2 \div (-0.25)$

(10) $\left(-\dfrac{1}{2}\right)^5 \div \left(-\dfrac{1}{7}\right)^3 \times \left(-\dfrac{1}{6}\right) \div \left(-\dfrac{3}{4}\right)^3 \div \left(-\dfrac{14}{3}\right)^2$

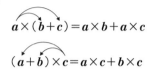

8 　四則の混じった計算

1. 四則（加法，減法，乗法，除法）の混じった計算
   四則の混じった計算は，次の順序で行う。
   ① 累乗の計算　　② 乗法，除法の計算　　③ 加法，減法の計算
   ⚠ かっこがあるときは，かっこの中を先に計算する。かっこの中の計算も，
   上の①，②，③の順序で行う。

2. 分配法則

$$a \times (b+c) = a \times b + a \times c$$

$$(a+b) \times c = a \times c + b \times c$$

基本問題

54 次の計算をせよ。

(1) $5-2 \times (-3)$

(2) $-4 \times 2 - 5$

(3) $7+8 \div (-4)$

(4) $-6 \div (-3) - 9$

例題 12 次の計算をせよ。

(1) $(-2)^3 - 3 \times (-2) - (-6)^2 \div (-4)$

(2) $5 - \{(-3)^2 \times (-2) + 12 \div (-2)\} \div (-3)$

解説 (1) まず累乗の計算をし，つぎに乗法，除法の計算をし，最後に加法，減法の計算
をする。

(2) 中かっこの中から先に計算する。

解答 (1) $(-2)^3 - 3 \times (-2) - (-6)^2 \div (-4)$

$= -8 - 3 \times (-2) - 36 \div (-4)$ … 累乗の計算

$= -8 - (-6) - (-9)$ … 乗法，除法の計算

$= -8 + 6 + 9 = 7$ ………(答) … 加法，減法の計算

(2) $5 - \{(-3)^2 \times (-2) + 12 \div (-2)\} \div (-3)$

$= 5 - \{9 \times (-2) + 12 \div (-2)\} \div (-3)$ … 累乗の計算

$= 5 - (-18 - 6) \div (-3)$ … 中かっこの中の乗法，除法の計算

$= 5 - (-24) \div (-3)$ … かっこの中の加法，減法の計算

$= 5 - 8$ … 乗法，除法の計算

$= -3$ ………(答) … 加法，減法の計算

55 次の計算をせよ。

(1) $10+(-3)-(-4)\times(-2)$

(2) $-5\times(-3)-(-2)\times4$

(3) $(-3)^2-8\div(-2)$

(4) $-3^3+7\times(-2)^2$

(5) $-7\times3+(-2)^3\times5$

(6) $(-4)^3+(-4^2)-3^4\div(-9)$

(7) $5-\{8-(14-3)\}+(-2)\times3$

(8) $-3^2+4\times(-2)^3+4^2\div(-1)^5$

56 次の計算をせよ。

(1) $-0.5\times(-3)-(-2.8)\div0.4$

(2) $-(-0.3)^2\times(-2)-(-0.2)^2$

(3) $\left(-\dfrac{1}{4}-\dfrac{2}{3}\right)\div\left(-\dfrac{11}{18}\right)-\dfrac{6}{13}\times\left(-4\dfrac{1}{3}\right)$

(4) $(-0.2)^2\times\dfrac{15}{4}+\left(\dfrac{1}{5}-\dfrac{1}{4}\right)\div\left(-\dfrac{1}{2}\right)^4$

57 次の計算をせよ。

(1) $7-\left\{\dfrac{3}{2}-\left(\dfrac{1}{2}-\dfrac{2}{9}\right)\times\left(-\dfrac{9}{5}\right)\right\}$

(2) $\left\{1-\left(-\dfrac{2}{5}\right)\div\left(-\dfrac{14}{5}\right)\right\}\times(-7^2)$

(3) $\left(\dfrac{3}{4}+\dfrac{1}{2}\right)\div\left\{\left(\dfrac{5}{6}-\dfrac{1}{3}\right)^3-\dfrac{3}{4}\right\}^2$

(4) $-\dfrac{3^4}{2}\div\left\{\dfrac{5^2}{(-2)^3}-\left(-\dfrac{1}{4}\right)^2\right\}$

(5) $-6\div\left[7-\left\{(-3)^3+\left(\dfrac{1}{2}-4\right)^2\right\}\right]\div(-2)^4$

例題 13 分配法則を利用して，次の計算をせよ。

(1) $999\times(-12)$

(2) $32\times57+32\times(-7)$

解説 (1) $999\times(-12)=(1000-1)\times(-12)$ として，

分配法則 $(a+b)\times c=a\times c+b\times c$ を利用する。

(2) 分配法則 $a\times b+a\times c=a\times(b+c)$ を利用する。

解答 (1) $999\times(-12)$

$=(1000-1)\times(-12)$

$=1000\times(-12)-1\times(-12)$

$=-12000+12$

$=-11988$ ………(答)

(2) $32\times57+32\times(-7)$

$=32\times\{57+(-7)\}$

$=32\times50$

$=1600$ ………(答)

58 分配法則を利用して，次の計算をせよ。

 (1) -76×99 (2) $97 \times 14 + 97 \times (-4)$

 (3) $-18 \times \left(-\dfrac{1}{6} + \dfrac{4}{9}\right)$ (4) $7 \times 8 \times 9 + 3 \times 8 \times 9$

 (5) $3 \times 4 \times 5 \times 6 - 2 \times 4 \times 6 \times 8$

例題 14 次の表は，A〜J の 10 人の生徒のテストの得点から，基準にした点をひいた点数を表したものである。10 人の得点の平均点は 72 点であった。

生徒	A	B	C	D	E	F	G	H	I	J
基準点との差	-10	5	15	-25	20	-15	-5	0	-20	-15

(1) この 10 人の得点の最高点と最低点の差は何点か。

(2) C の得点は何点か。

解説 (1) 得点から基準点をひいた点数が，最大な生徒の得点が最高点，最小な生徒の得点が最低点である。

   (2) (基準点)＝(平均点)−{(基準点との差)の平均点} であるから，基準点との差の平均点を求めれば，基準点を求めることができる。

解答 (1) $20 - (-25) = 45$ (答) 45 点

   (2) 基準点との差の平均点は，

$$\frac{(-10)+5+15+(-25)+20+(-15)+(-5)+0+(-20)+(-15)}{10} = \frac{-50}{10}$$

$$= -5 \,(点)$$

    よって，基準点は， $72 - (-5) = 77 \,(点)$

    ゆえに，C の得点は，$77 + 15 = 92 \,(点)$ となる。   (答) 92 点

⚠ (得点)＝(基準点)＋(基準点との差) であるから，10 人の合計点は，

   $\{77+(-10)\} + (77+5) + (77+15) + \{77+(-25)\} + (77+20) + \{77+(-15)\}$

    $+ \{77+(-5)\} + (77+0) + \{77+(-20)\} + \{77+(-15)\}$

$= 77 \times 10 + \underbrace{\{(-10)+5+15+(-25)+20+(-15)+(-5)+0+(-20)+(-15)\}}_{\text{差の合計}}$

   よって，平均点は， $\dfrac{77 \times 10 + (差の合計)}{10} = \dfrac{77 \times 10}{10} + \underbrace{\dfrac{(差の合計)}{10}}_{\text{差の平均点}}$

        $= 77 + (差の平均点)$

   ゆえに，(平均点)＝(基準点)＋{(基準点との差)の平均点} となる。

59 次の表は，A 市におけるある年の 1 月から 6 月までの月ごとの平均気温を表したものである。

	1月	2月	3月	4月	5月	6月
平均気温(℃)	−2.4	−2.5	1.0	6.9	11.7	15.9

(1) 平均気温の最も高い月と最も低い月の差は何℃か。

(2) 1 月から 6 月までの平均気温の平均は何℃か。

60 A，B，C，D，E の 5 人で得点を競うゲームをした。5 人の得点の合計は 0 点になる。

(1) A は 15 点，B は −8 点，C は −4 点，D は 1 点であるとき，E は何点か。

(2) A，B，C，D の 4 人の得点の平均が −3.5 点であるとき，E は何点か。

61 次の表は，A〜J の 10 人の生徒の期末テストの結果を表したもので，差はある点を基準の 0 にしたときの値である。

生徒	A	B	C	D	E	F	G	H	I	J
得点	81		63		70		95		73	
差		−8		7	−5	−21		3		−13

(1) 基準とした点は何点か。

(2) 表の空らんをうめよ。

(3) 差の平均を求めよ。

(4) (3)を利用して実際の平均点を求めよ。

62 次の表は，A〜E の 5 人の生徒の身長から C の身長をひいた差を表したものである。

生徒	A	B	C	D	E
差(cm)	2.7	−5.3	0	4.6	−3.5

(1) 身長が最も高い生徒と最も低い生徒の差は何 cm か。

(2) 5 人の身長の平均が 152.1 cm のとき，C の身長は何 cm か。

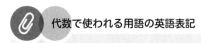

中学1年生の代数の分野で使われる用語のうち，一部の英語表記を紹介しよう。

代数学	algebra	平方	square
素数	prime number	立方	cube
約数	divisor	集合	set
倍数	multiple	文字	letter
公約数	common divisor	代入	substitution
公倍数	common multiple	係数	coefficient
最大公約数	greatest common divisor	項	term
最小公倍数	least common multiple	次数	degree
正の数	positive number	1次式	linear expression
負の数	negative number	交換法則	commutative law
整数	integer	結合法則	associative law
小数	decimal	分配法則	distributive law
分数	fraction	等式	equality
自然数	natural number	不等式	inequality
偶数	even number	方程式	equation
奇数	odd number	(方程式の)解	solution
絶対値	absolute value	移項する	transpose
距離	distance, metric	比	ratio
数直線	number line	関数	function
和	sum	変数	variable
差	difference	(xの)変域	domain
積	product	定数	constant
商	quotient	比例	proportion
加法	addition	反比例	inverse proportion
減法	subtraction	(平面上の)座標	coordinates
乗法	multiplication	軸	axis
除法	division	原点	origin
逆数	inverse number	双曲線	hyperbola
累乗	power	平均値	mean, average
(累乗の)指数	exponent	近似値	approximate value

1 **素数**

(1) **自然数** 1 からはじまって，2，3，4，… と 1 ずつ増えていくこれら
の数を**自然数**という。

(2) **素数** 約数が 1 とその数自身の 2 個しかない自然数を**素数**という。

　例　15 未満の素数は，2，3，5，7，11，13 の 6 個である。

⚠ 1 は素数ではない。

2 **素因数分解**

自然数をいくつかの自然数の積で表すとき，そのそれぞれの数を，もと
の数の**因数**という。また，素数である因数を**素因数**といい，自然数を素因
数の積で表すことを，**素因数分解する**という。

素因数分解は，素因数を書き並べる順序のちがいを区別して考えなけれ
ば，ただ 1 通りである。

　例　18 の素因数は 2，3 で，18 を素因数分解すると，$18 = 2 \times 3^2$ と
なる。

素因数分解

　例　450 を素因数分解してみよう。

▶ 右のように，450 を素数で順に割っていき，商が素数になる
まで続ける。

ゆえに，　$450 = 2 \times 3^2 \times 5^2$ ………（答）

```
2 ) 450
3 ) 225
3 )  75
5 )  25
       5
```

■ 基本問題 ■

63 30 から 50 までの自然数のうち，素数をすべて求めよ。

64 次の数を素因数分解せよ。

(1) 20　　　　　　　(2) 72　　　　　　　(3) 210

(4) 256　　　　　　(5) 441　　　　　　(6) 540

例題 (15) 56 になるべく小さな自然数をかけて，ある自然数の平方になるようにしたい。どんな数をかけると，いくつの平方になるか。

解説 自然数 N の素因数の指数がすべて偶数のとき，N はある自然数の平方となる。

解答 56 を素因数分解すると，　　$56 = 2^3 \times 7$

$2^3 \times 7 = 2^2 \times (2 \times 7)$ であるから，2 乗になっていない 2×7 を 56 にかけると，

$$56 \times (2 \times 7) = (2^3 \times 7) \times (2 \times 7)$$
$$= 2^4 \times 7^2 = (2^2 \times 7)^2 = 28^2$$

ゆえに，56 に 14 をかけると，28 の平方になる。　　　　（答）14，28 の平方

```
2 ) 56
2 ) 28
2 ) 14
    7
```

演習問題

65 次の数になるべく小さな自然数をかけて，ある自然数の平方になるようにしたい。どんな数をかけると，いくつの平方になるか。

(1) 72　　　　　(2) 120　　　　　(3) 504　　　　　(4) 3375

66 6534 を自然数 A で割ると，割り切れて，商はある自然数の 2 乗になる。A のうちで最小のものを求めよ。

67 自然数 a が 2 つの異なる素数 b，c の積で，3 つの数 a，b，c の積は，100 より大きく 200 より小さい。このような自然数 a を求めよ。

例題 (16) 素因数分解を利用して，252，280，420 の最大公約数，最小公倍数を求めよ。

解説 252，280，420 をそれぞれ素因数分解し，指数を使って表す。最大公約数は，3 つの数に共通なすべての素因数の積である。また，最小公倍数は，それぞれの素因数について指数の最も大きいものの積である。

解答 $252 = 2^2 \times 3^2 \times 7$，$280 = 2^3 \times 5 \times 7$，$420 = 2^2 \times 3 \times 5 \times 7$ であるから，

最大公約数は，　　$2^2 \times 7 = 28$ ………（答）

最小公倍数は，　　$2^3 \times 3^2 \times 5 \times 7 = 2520$ ………（答）

参考 次のように書くと，わかりやすい。

```
252 = 2 × 2     × 3 × 3     × 7
280 = 2 × 2 × 2         × 5 × 7
420 = 2 × 2     × 3     × 5 × 7
      2 × 2                 × 7 = 28        ……最大公約数
      2 × 2 × 2 × 3 × 3 × 5 × 7 = 2520      ……最小公倍数
```

参考 最大公約数は，右のように，それぞれの数を共通な素因
数で割ることで求められる。このとき，割った素因数の
積 $2 \times 2 \times 7 = 28$ が最大公約数である。

また，最小公倍数は，最大公約数 28 と，残った商 **9**，
10，**15** の最小公倍数 90 との積 $28 \times 90 = 2520$ である。

```
2 ) 252  280  420
2 ) 126  140  210
7 )  63   70  105
      9   10   15
```

⚠ 3 と 5 のように，2 つの自然数が 1 以外の公約数をもたないとき，この 2 つの自然
数は**互いに素**であるという。

▓▓ 演習問題 ▓▓

68 次の各組の数について，最大公約数，最小公倍数をそれぞれ求めよ。

(1) $2^3 \times 3$, $\quad 2^2 \times 5$

(2) $2 \times 3^2 \times 7^2$, $\quad 2^2 \times 5 \times 7$, $\quad 2 \times 3 \times 5 \times 7$

(3) 66, $\quad$ 572

(4) 153, $\quad$ 238

(5) 56, $\quad$ 70, $\quad$ 126

(6) 72, $\quad$ 180, $\quad$ 270

69 $\dfrac{8}{9}$, $\dfrac{14}{15}$ にそれぞれ異なった自然数をかけて，同じ自然数をつくりたい。で
きる自然数のうち，最も小さいものを求めよ。また，そのとき，それぞれにど
のような自然数をかければよいか。

70 次の問いに答えよ。

(1) 173 と 185 のどちらを割っても 5 余る自然数のうち，最も大きい自然数を
求めよ。

(2) ある自然数で 114 を割ると 6 余り，79 を割ると 7 余る。このような自然
数で考えられるものをすべて求めよ。

71 ある自然数で 51 を割ると 3 余り，88 を割ると 4 余り，245 を割ると 5 余る。
このような自然数をすべて求めよ。

72 14，16，24 の公倍数のうち，1000 に最も近いものを求めよ。

73 8，12，18 のどれで割っても 7 余る 3 けたの自然数のうち，最も小さいもの
と最も大きいものを求めよ。

▓▓ 進んだ問題 ▓▓

74 次の問いに答えよ。

(1) 504 を素因数分解せよ。

(2) 2 つの自然数 A，B と素数 P について，次の関係が成り立つような P を
すべて求めよ。

$$A \times B = 504, \qquad A + B = P$$

10 数の集合と四則

1 数の集合

自然数全体の集まりを**自然数の集合**といい，整数全体の集まりを**整数の集合**という。

また，分数 $\dfrac{m}{n}$（m は整数，n は自然数）の形で表される数を**有理数**といい，有理数全体の集まりを**有理数の集合**という。

自然数の集合は，整数の集合にふくまれ，整数の集合は，有理数の集合にふくまれる。

⚠ 有理数については，『A 級中学数学問題集 3 年』の「2 章 平方根」でくわしく学習する。

▓▓ 基本問題 ▓▓

75 次の数を，右の図の(ア)～(ウ)の正しい場所に分類せよ。

$$-3, \quad 1010, \quad 3\frac{1}{2}, \quad 0.7, \quad -\frac{2}{3}$$

例題 17 次の文について，正しいものには○，正しいとは限らないものには×をつけよ。また，正しいとは限らないものについては，正しくない例を 1 つあげよ。

(1) 2 つの整数の和は整数である。

(2) 2 つの整数の差は整数である。

(3) 2 つの整数の積は整数である。

(4) 2 つの整数の商は整数である。ただし，0 で割ることは考えない。

解説 ある文が「正しい」かどうか聞かれたときは，つねに正しいときは，「正しい」と答える。正しくない例（反例）が 1 つでもあるときは，「正しいとは限らない」と答え，反例を 1 つあげればよい。

30 1章 ● 正の数・負の数

解答 (1) 2つの整数の和はつねに整数であるから正しい。 （答）○

(2) 2つの整数の差はつねに整数であるから正しい。 （答）○

(3) 2つの整数の積はつねに整数であるから正しい。 （答）○

(4) たとえば，2つの整数 5，7について，$5 \div 7 = \dfrac{5}{7}$ であり，$\dfrac{5}{7}$ は整数ではないから，2つの整数の商がつねに整数であるとは限らない。

ゆえに，正しいとは限らない。 （答）× （反例）$5 \div 7 = \dfrac{5}{7}$

⚠ (1)，(2)，(3)のように，2つの整数の和，差，積はつねに整数である。このことを，整数の集合は，加法，減法，乗法のそれぞれについて**閉じている**という。

(4)のように，2つの整数の商はつねに整数になるとは限らない。このことを，整数の集合は，除法について**閉じていない**という。

演習問題

76 次の文について，正しいものには○，正しいとは限らないものには×をつけよ。また，正しいとは限らないものについては，反例を1つあげよ。

(1) 2つの自然数の和は自然数である。

(2) 2つの自然数の差は自然数である。

(3) 2つの有理数の積は有理数である。

(4) 2つの有理数の商は有理数である。ただし，0で割ることは考えない。

77 次の文について，正しいものには○，正しいとは限らないものには×をつけよ。また，正しいとは限らないものについては，反例を1つあげよ。

(1) 2つの負の数の和は負の数である。

(2) 2つの負の数の差は負の数である。

(3) 2つの負の数の積は負の数である。

(4) 2つの負の数の商は負の数である。

78 次の文について，正しいものには○，正しいとは限らないものには×をつけよ。また，正しいとは限らないものについては，反例を1つあげよ。

(1) −1以上1以下の2つの有理数の和は，−1以上1以下の有理数である。

(2) −1以上1以下の2つの有理数の積は，−1以上1以下の有理数である。

(3) −1以上1以下の2つの有理数の商は，−1以上1以下の有理数である。ただし，0で割ることは考えない。

例題 18 2つの数 a, b について，次の関係が成り立つとき，a, b は正の数か，負の数か。それぞれ不等号を使って表せ。

(1) $a+b<0$，　$a \times b>0$　　　　(2) $a-b>0$，　$a \times b<0$

解説 $a \times b>0$ のとき，a と b は同符号，$a \times b<0$ のとき，a と b は異符号である。

解答 (1) $a \times b>0$ より，a と b は同符号である。さらに，$a+b<0$ であるから，a と b はともに負の数である。

(答) $a<0$，$b<0$

(2) $a \times b<0$ より，a と b は異符号である。さらに，$a-b>0$ であるから，a は b よりも大きい。

ゆえに，a は正の数，b は負の数である。

(答) $a>0$，$b<0$

演習問題

79 2つの数 a, b が次の場合，$a+b$，$a \times b$ はどのような値になるか。表の空らんに，$+$，$-$，または 0 のいずれかを入れよ。ただし，$|a|>|b|$ とする。

	$a>0$ $b>0$	$a>0$ $b<0$	$a<0$ $b>0$	$a<0$ $b<0$	$a>0$ $b=0$	$a<0$ $b=0$
$a+b$						
$a \times b$						

80 0 でない2つの数 a, b について，次の関係が成り立つとき，a, b は正の数か，負の数か。それぞれ不等号を使って表せ。

(1) $a+b>0$，　$a \div b>0$

(2) $a-b<0$，　$a \div b<0$

(3) $|a+b|=|a|+|b|$

進んだ問題

81 不等式 $a \times b \times c \times d \times e<0$，$a \times c \times e<0$，$d \times e>0$，$a<b<c<d$ が成り立つとき，5つの数 a, b, c, d, e は正の数か，負の数か。それぞれ不等号を使って表せ。

エラトステネスのふるい

素数を求めるのに，約数の数を1つ1つ調べていくのはたいへんである。

そこで，古代ギリシャの数学者エラトステネスが考えたといわれている，素数でない数をふるい落としていく方法で素数を見つけてみよう。

1から60までの自然数のうち，素数を次の手順で求める。

① 1から60までの自然数を，6個ずつ並べて書く。
② 1は素数でないから消す。
③ 2を残して，2の倍数をすべて消す。
④ 3を残して，3の倍数をすべて消す。
⑤ 5を残して，5の倍数をすべて消す。
⑥ 7を残して，7の倍数をすべて消す。

このように，②〜⑥を実行すると，60以下の素数だけが残る。

ゆえに，1から60までの自然数のうち，素数は，

2, 3, 5, 7, 11, 13, 17, 19, 23, 29, 31, 37,
41, 43, 47, 53, 59

である。

1	2	3	4	5	6
7	8	9	10	11	12
13	14	15	16	17	18
19	20	21	22	23	24
25	26	27	28	29	30
31	32	33	34	35	36
37	38	39	40	41	42
43	44	45	46	47	48
49	50	51	52	53	54
55	56	57	58	59	60

⚠ ①で，6個ずつ並べて書いたのは，消せる数の多くが縦に並ぶからである。

また，11以上の素数の倍数は調べる必要がない。$7^2=49$，$11^2=121$であることから，60以下の11の倍数は，必ず11×（11より小さい整数）で表されるため，③〜⑥の操作によって，すでに消されているからである。同様に，11以上の素数の倍数もすでに消されている。

よって，2乗しても60をこえない範囲の素数の倍数を調べればよい。

このようにして素数を求める方法を，**エラトステネスのふるい**という。

チャレンジ問題

82 和が100になる2つの素数の組をすべて答えよ。

1 次の計算をせよ。

(1)　$2.7 - 8.5 + (-3.4) - (-1.2)$

(2)　$-\dfrac{1}{5} + \dfrac{5}{6} - \left(-\dfrac{1}{3}\right) - \dfrac{3}{10}$

(3)　$-7 - \{8 - (3 - 11)\}$

(4)　$-\left(-1\dfrac{1}{3}\right)^3$

(5)　$-\dfrac{1}{2} \times \dfrac{1}{6} - \dfrac{1}{3} \div 4$

(6)　$-2^4 - (-4)^2 \times (-1) + (-3)^2$

(7)　$-\dfrac{10}{3} \div \left(-\dfrac{20}{9}\right) + \dfrac{7}{8} \div (-0.5)$

(8)　$(-2)^2 \times (-5) - 54 \div (-3)^2$

(9)　$(-0.4)^2 \times 10^3 - \dfrac{3}{5} \times (-10^2)$

(10)　$\dfrac{2}{7} \div \left(-1\dfrac{1}{3}\right) \div \left(-\dfrac{6}{7}\right)$

(11)　$\left(-\dfrac{3}{5}\right)^2 \div \dfrac{1}{10} \times \dfrac{5}{18}$

(12)　$\left(-\dfrac{1}{2}\right)^2 \div \left(-1\dfrac{1}{2}\right)^2 \div \left(-\dfrac{1}{6}\right)$

(13)　$2\dfrac{1}{3} \times \left(-\dfrac{3}{7}\right) - \left(-\dfrac{8}{15}\right) \div \dfrac{2}{3}$

(14)　$(-1)^4 - (-2) \times (-3)^2 \div (-6)$

(15)　$(-1)^{12} \times (-2)^2 + 3 - \dfrac{3}{5} \times (-5)^2$

(16)　$(-3)^2 \times (-2) - \{(-2)^3 - 12\} \div (-5)$

(17)　$3^2 \div (-6)^2 \div \left(-\dfrac{1}{2}\right)^3 \times (-24)$

(18)　$\left(\dfrac{1}{2} + \dfrac{1}{3}\right) \div \left(-\dfrac{5}{6}\right) - \dfrac{5}{14} \times \left(-1\dfrac{5}{9}\right)$

(19)　$1\dfrac{2}{3} \times \left(-\dfrac{3}{4}\right) - (-5 + 3) \div \left(-\dfrac{1}{2}\right)$

(20)　$-1\dfrac{1}{2} + \left(-\dfrac{1}{3} + \dfrac{1}{2}\right) \div \left(-\dfrac{5}{12}\right) \times (-2)$

(21)　$1.5 \div \left(-\dfrac{1}{6}\right)^2 - 2\dfrac{1}{4} \times (-2)^3$

(22)　$\left(-2\dfrac{1}{3}\right)^2 - 2^3 \times (-0.5) \div \left(-\dfrac{3}{4}\right)$

(23)　$-\dfrac{5}{27} \div \dfrac{55}{(-3)^3} + (-3)^2 \div \left(-2\dfrac{1}{5}\right)$

(24)　$11 \div \left\{1\dfrac{5}{9} - \left(\dfrac{1}{2} - \dfrac{3}{4} + \dfrac{1}{6}\right) \div \left(-\dfrac{1}{4}\right)\right\}$

(25)　$0.25 \div \left(-\dfrac{1}{6}\right)^3 - 3\dfrac{3}{4} \times (-2)^3$

1 次の数について，下の(1)〜(5)を求めよ。

$$-5, \quad 0.3, \quad 3\frac{7}{12}, \quad -0.14, \quad \frac{3}{100}, \quad 0.08, \quad -10, \quad \frac{2}{5}, \quad 2$$

(1) 最も大きい数
(2) 最も小さい数
(3) 絶対値の最も大きい数
(4) 絶対値の最も小さい数
(5) 負の数で最も大きい数

2 次の図は，東海道新幹線のいくつかの駅の位置を，名古屋駅を基準とし，東京に向かう向きを正の向きとして表したものである。

基準の駅を京都駅としたとき，京都駅以外の各駅の位置を，正の数，負の数を使って表せ。

3 次の表は，A〜Gの7人の生徒の体重と基準の体重との差を，基準の体重より重いものは正の数，軽いものは負の数で表している。□にあてはまる数，または記号を答えよ。

生徒	A	B	C	D	E	F	G
差(kg)	2	7	8	−10	−4	−1	5

(1) いちばん重い生徒は ［ア］ で，いちばん軽い生徒は ［イ］ である。
(2) 体重が基準の体重に最も近い生徒は ［ウ］ で，最も遠い生徒は ［エ］ である。
(3) GはEより ［オ］ kg重い。
(4) 基準の体重が42kgであるとき，7人の体重の平均は ［カ］ kgである。

4 $4<|x|<13$ を満たす負の整数 x を小さいものから順に並べよ。

5 正方形の面積が5184cm²であるとき，その1辺の長さを素因数分解を利用して求めよ。

6 縦 a cm，横 b cm の長方形の紙があり，その面積は $1350\,\text{cm}^2$ である。この長方形の紙を切って，同じ大きさの正方形を何個かつくり，紙が余らないようにしたい。最も大きな正方形ができるとき，a，b の値をそれぞれ求めよ。また，そのとき，正方形は何個できるか。ただし，a，b は自然数で，$a<b$ とする。　←9

7 次の計算をせよ。　←8

(1)　$-6^2\times\left(\dfrac{7}{2}-\dfrac{2^4}{3}\right)\div\left(-\dfrac{1}{2}-1.7\right)$

(2)　$\left\{\dfrac{2}{(-3)^2}\right\}^2\div\dfrac{-16}{7\times(-6^2)}-\left(2\dfrac{1}{3}-1.5\right)^2$

(3)　$\left\{-\dfrac{9}{4}-\left(-\dfrac{1}{2}\right)\right\}\div\left\{\dfrac{9}{20}\div\left(-\dfrac{3}{40}\right)\right\}$

(4)　$\left(\dfrac{1}{3}-0.75-\dfrac{4^3}{12^2}\right)\times12+(-0.04)^2\times10^4-\dfrac{3}{5}\times(-10)$

8 分配法則を利用して，次の計算をせよ。　←8

(1)　$\dfrac{1}{5}\times\dfrac{7}{6}-\dfrac{1}{5}\times\dfrac{8}{9}$

(2)　$\dfrac{1}{2}\times\dfrac{1}{3}\times\dfrac{1}{4}\times\dfrac{1}{5}-\dfrac{1}{3}\times\dfrac{1}{4}\times\dfrac{1}{5}\times\dfrac{1}{6}$

9 -10，-20，-30，-40，-50，0，10，20，30，40 の数字が 1 つずつ書かれた 10 枚のカードから，5 枚のカードを取り出すとき，次の問いに答えよ。　←8

(1)　3 枚のカードが -10，-40，20 で，5 枚のカードの数字の和が -80 であるとき，残りの 2 枚のカードの数字は何か。考えられるものをすべて答えよ。

(2)　2 枚のカードが -20，40 で，5 枚のカードの数字の平均が -20 であるとき，残りの 3 枚のカードの数字は何か。

10 A さんと B さんがさいころ遊びをした。さいころを 1 回投げて，奇数の目が出たら $+1$ 点，偶数の目が出たら -2 点を得点とし，それぞれ 10 回ずつ投げた。A さんの投げたさいころの目は，5，4，1，2，6，3，5，1，2，6 であった。　←8

(1)　A さんの得点の合計は何点か。

(2)　B さんの得点の合計は -2 点であった。奇数の目，偶数の目はそれぞれ何回出たか。

11 ある工場では，製品（検査前）の1日の生産目標を200個と決めている。月曜日から土曜日までの生産高について，目標からの過不足の個数を，多かったときは正の数で，少なかったときは負の数で，表の左列に記入している。また，各曜日ごとの生産製品を検査した結果，不良品となった製品の個数を表の右列に記入している。右の表は，ある週の結果をまとめたものである。　⇦ 8

曜日	過不足 （個）	不良品 （個）
月	−4	5
火	4	2
水	(ア)	3
木	0	4
金	−3	(イ)
土	2	1
合計	−4	20

(1) 表の(ア)，(イ)にあてはまる数を求めよ。

(2) この週の木曜日の不良品の個数は，その日に生産した製品（検査前）の個数の何%にあたるか。

(3) この6日間で，検査に通った製品の1日あたりの平均個数を求めよ。

=== 進んだ問題 ===

12 a，b，c はそれぞれ −3 より大きく 5 より小さい整数である。次の条件(i)，(ii)を同時に満たす a，b，c の値の組をすべて答えよ。　⇦ 10

(i) a と b の積は 0 で，a と c の積は負である。

(ii) a と c の和は正で，a から c をひいても正である。

2章　文字と式

1　文字を使った式（文字式）

1　文字を使った式の表し方

(1) **積の表し方**　文字式での積の表し方は，次のようにまとめられる。
　① 乗法の記号×は省略する。
　② 文字と数の積では，数を文字の前に書き，文字はふつうアルファベット順に並べる。
　③ 同じ文字の積は，累乗の形で表す。
　④ かっこでくくった部分と，数や文字との間の乗法の記号×は省略する。

>例　① $a \times b = ab$　　　　② $b \times 5 \times a = 5ab$
>　　③ $a \times a = a^2$　　　　④ $(x+y) \times 3 = 3(x+y)$

⚠ 数と数の間の乗法の記号×は，省略してはいけない。

⚠ $1 \times a$, $a \times 1$ は，$1a$ と書かずに，a と書く。
　また，$(-1) \times a$, $a \times (-1)$ は，$-1a$ と書かずに，$-a$ と書く。

⚠ $0.1 \times a$, $a \times 0.1$ は，$0.a$ と書かずに，$0.1a$ と書く。

⚠ $1\frac{2}{3} \times a$ は，$1\frac{2}{3}a$ と書かずに，$1\frac{2}{3}$ を仮分数にして $\frac{5}{3}a$ または $\frac{5a}{3}$ と書く。

(2) **商の表し方**　文字式での商の表し方は，除法の記号÷を使わずに分数の形で表す。

>例　① $a \div 3 = \dfrac{a}{3}$　　　　② $x \div y = \dfrac{x}{y}$
>　　③ $(x+y) \div 2 = \dfrac{x+y}{2}$　　④ $a \times b \div (c+d) = \dfrac{ab}{c+d}$

⚠ ① $a \div 3 = a \times \dfrac{1}{3}$ であるから，$\dfrac{a}{3}$ を $\dfrac{1}{3}a$ と書いてもよい。

　③ $(x+y) \div 2 = (x+y) \times \dfrac{1}{2}$ であるから，$\dfrac{x+y}{2}$ を $\dfrac{1}{2}(x+y)$ と書いてもよい。

② 代入と式の値

式の中の文字を数でおきかえることを，文字にその数を**代入する**という。文字に数を代入したとき，その数を**文字の値**といい，代入して計算した結果を**式の値**という。

> **例** $2a - \dfrac{1}{4}b$ に $a=3$，$b=-6$ を代入すると，
>
> $2a - \dfrac{1}{4}b = 2 \times 3 - \dfrac{1}{4} \times (-6) = 6 + \dfrac{3}{2} = \dfrac{15}{2}$ であるから，
>
> $a=3$，$b=-6$ のときの式 $2a - \dfrac{1}{4}b$ の値は，$\dfrac{15}{2}$ である。

--- 文字を使った式の表し方 ---

> **例** 次の式を，乗法の記号×と，除法の記号÷を使わない式になおしてみよう。
>
> (1) $x \times 7$　　(2) $b \times (-1) \times a$　　(3) $y \times y \times y$　　(4) $x \div (-4)$
>
> ▶ (1) $x \times 7 = 7x$ ………（答）
>
> (2) $b \times (-1) \times a = -ab$ ………（答）
>
> (3) $y \times y \times y = y^3$ ………（答）
>
> (4) $x \div (-4) = \dfrac{x}{-4} = -\dfrac{x}{4}$ ………（答）
>
> ⚠ $-\dfrac{x}{4}$ を $-\dfrac{1}{4}x$ と書いてもよい。

▒▒ 基本問題 ▒▒

1 次の式を，乗法の記号×を使わない式になおせ。

(1) $6 \times a \times b$　　　　　(2) $y \times (-1) \times x \times y$　　　(3) $(x-y) \times (x-y)$

(4) $(a+b) \times 3$　　　　(5) $a \times (x-y)$　　　　　(6) $(a-b) \times (x+y)$

2 次の式を，乗法の記号×と，除法の記号÷を使わない式になおせ。

(1) $x \div 5$　　　　　　(2) $(-2) \div x$　　　　　(3) $(a-2b) \div 4$

(4) $(a+b) \div (x+y)$　　(5) $a \times b \div 3 \times b$　　　(6) $3 \div a - b \times 5$

3 次の式を，乗法の記号×と，除法の記号÷を使った式になおせ。

(1) $3ab$　　　(2) $\dfrac{2x}{y}$　　　(3) $(a+b)x$　　　(4) $\dfrac{x+y}{a}$

(5) $\dfrac{4ab}{x+y}$　　(6) $\dfrac{x-y}{a+b}$　　(7) $xy - 2ab$　　(8) $a^2 + \dfrac{b}{c}$

4 次の数量を，文字を使った式で表せ。

(1) x 円の 8% (2) 3000 円の a 割

(3) 1 個 x 円の桃 3 個と，1 個 150 円の梨 y 個の代金の合計

(4) 時速 a km で 4 時間歩いたときの道のり

(5) 5 km の道のりを，時速 x km で歩いたときにかかる時間

(6) 百の位の数が a，十の位の数が b，一の位の数が c の 3 けたの整数

5 $x = -3$ のとき，次の式の値を求めよ。

(1) $x - 3$ (2) $-5x$ (3) x^2 (4) $4x + 5$ (5) $x^3 + 1$

例題 1 次の式を，乗法の記号 × と，除法の記号 ÷ を使わない式になおせ。

(1) $a \times b \div c$ (2) $a \div b \div c$ (3) $a \div b \times c$

(4) $a \div (b \div c)$ (5) $a \div bc$ (6) $(a-b) \times (a-b) \times 3 - x \div (a+b)$

解説 a を b で割ることは，a に b の逆数をかけることと同じである。よって，除法 $\div b$ は乗法 $\times \dfrac{1}{b}$ になおしてから考える。また，かっこの中の式は，1 つのものとして考える。

解答 (1) $a \times b \div c = a \times b \times \dfrac{1}{c} = \dfrac{ab}{c}$ ………（答）

(2) $a \div b \div c = a \times \dfrac{1}{b} \times \dfrac{1}{c} = \dfrac{a}{bc}$ ………（答）

(3) $a \div b \times c = a \times \dfrac{1}{b} \times c = \dfrac{ac}{b}$ ………（答）

(4) $a \div (b \div c) = a \div \dfrac{b}{c} = a \times \dfrac{c}{b} = \dfrac{ac}{b}$ ………（答）

(5) $a \div bc = a \times \dfrac{1}{bc} = \dfrac{a}{bc}$ ………（答）

(6) $(a-b) \times (a-b) \times 3 - x \div (a+b) = 3(a-b)^2 - \dfrac{x}{a+b}$ ………（答）

⚠ (1) $a \times b \times \dfrac{1}{c}$ を $ab\dfrac{1}{c}$ と書いてはいけない。$\dfrac{ab}{c}$ と書く。

(5) $a \div bc$ は $a \div (\boldsymbol{b \times c})$ であり，$a \div \boldsymbol{b \times c}$ ではない。

▓▓ 演習問題 ▓▓

6 次の式を，乗法の記号 × と，除法の記号 ÷ を使わない式になおせ。

(1) $a \div bc \times a$ (2) $x \div (a \times b) \times 3$ (3) $a \div b \times (-2) \div c$

(4) $a \div \dfrac{1}{3} b \times c$ (5) $x \div (-y) \div z$ (6) $x \times 4 \div (y \div z)$

7 次の式を，乗法の記号×と，除法の記号÷を使わない式になおせ。

(1) $a \div (x+y) \div b$

(2) $(x+y) \div x \times (-4)$

(3) $(a-b) \div xy \times (a-b) \div 2$

(4) $(x-y) \times (x-y) \times a - (a+b) \div x$

(5) $a \div (-2) \div b + a \div (b \times b)$

(6) $x \div bc \div b + (a+b) \div (x+y)$

8 次の式を，乗法の記号×と，除法の記号÷を使った式になおせ。

(1) $\dfrac{3(a+b)}{c}$

(2) $\dfrac{x+y}{z} - ab$

(3) $4a^2b - \dfrac{ab^2}{6}$

(4) $\dfrac{3a}{bc}$

(5) $-\dfrac{5a^2}{x+y}$

(6) $\dfrac{2x^2y}{ab^2}$

例題 2 次の数量を，文字を使った式で表せ。

(1) 定価 a 円の品物を x 割値上げしたときの値段

(2) 5％の食塩水 x g と y％ の食塩水 200 g を混ぜてできる食塩水にふくまれる食塩の重さ

解説 (1) 定価の x 割は（定価）$\times \dfrac{x}{10}$ のことである。

(2) （食塩水にふくまれる食塩の重さ）

$\qquad =$（食塩水全体の重さ）$\times \dfrac{（食塩水の濃度）(\%)}{100}$

解答 (1) a 円の x 割は $a \times \dfrac{x}{10} = \dfrac{ax}{10}$（円）であるから， $\left(a + \dfrac{ax}{10} \right)$ 円 ………（答）

(2) 5％の食塩水 x g にふくまれる食塩の重さは， $x \times \dfrac{5}{100} = \dfrac{x}{20}$（g）

y％ の食塩水 200 g にふくまれる食塩の重さは， $200 \times \dfrac{y}{100} = 2y$（g）

ゆえに，混ぜてできる食塩水にふくまれる食塩の重さは，

$$\left(\dfrac{x}{20} + 2y \right) \text{g} \ \cdots\cdots\cdots（答）$$

別解 (1) x 割値上げするということは $\left(1 + \dfrac{x}{10} \right)$ 倍することと同じであるから，

$$a \times \left(1 + \dfrac{x}{10} \right) = a \left(1 + \dfrac{x}{10} \right) \text{（円）}$$

ゆえに，値上げしたときの値段は， $a \left(1 + \dfrac{x}{10} \right)$ 円 ………（答）

⚠ (1) $\dfrac{a(10+x)}{10}$ 円と答えてもよい。

⚠ 数量を文字を使った式で表すときにも，単位をつける。

▤ 演習問題 ▤

9 次のことがらを，文字を使った式で表せ。

(1) a の 3 乗と b の 2 乗の和

(2) a と b の和と c の積

(3) a から b をひいた差の $\dfrac{1}{3}$

(4) a と b の和の 4 乗

10 次の数量を，〔　〕の中の指示にしたがって，文字を使った式で表せ。

(1) a m と b cm の和　〔答は cm で〕

(2) x g と y kg の和　〔答は kg で〕

(3) x 時間 y 分 z 秒　〔答は分で〕

11 次の数量を，文字を使った式で表せ。

(1) 定価 a 円の品物を x 割引きしたときの値段

(2) x % の食塩水 a g にふくまれる食塩の重さ

(3) a % の食塩水 100 g と 3 % の食塩水 b g を混ぜてできる食塩水にふくまれる食塩の重さ

(4) 100 g あたり a 円の豚肉を b kg 買ったときの代金

(5) 男子 a 人，女子 b 人のクラスで数学のテストを行って，男子の平均点は x 点，女子の平均点は y 点であったときのクラス全体の平均点

(6) 片道 5 km の道のりを往復するのに，行きは a 時間，帰りは b 時間かかったときの平均の速さ

(7) 片道 x km の道のりを往復するのに，行きは時速 a km，帰りは時速 b km で移動したときの往復にかかる時間

12 次の数量を，文字を使った式で表せ。

(1) 縦 a cm，横 b cm の長方形の周の長さ

(2) 1 辺が a cm の正方形の面積

(3) 縦 a cm，横 b cm，高さ c cm の直方体の体積

(4) 1 辺が a cm の立方体の体積と，1 辺が b cm の立方体の体積の和

13 右の図のように，4 つの異なる点 A，B，C，D が，この順に一直線上に並んでいる。点 B から C までの長さが 10 cm，点 A から C までの長さが x cm，点 B から D までの長さが y cm のとき，点 A から D までの長さを，x，y を使って表せ。

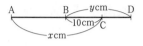

14 右の表は，自然数をある規則にしたがって並べたものである。

1	5	9	13	…
2	6	10	14	…
3	7	11	15	…
4	8	12	16	…

(1) 上から4番目で左から x 番目の数を，x を使って表せ。

(2) 上から2番目で左から y 番目の数を，y を使って表せ。

例題 (3) $x=\dfrac{1}{2}$，$y=-5$ のとき，次の式の値を求めよ。

(1) $2x^2-3xy$ (2) $(x+y)^2$ (3) $\dfrac{x}{y}+\dfrac{y}{x}$

解説 $x=\dfrac{1}{2}$，$y=-5$ を与えられた式に代入して計算する。

(1) x^2 に代入するときは，かっこをつけて $\left(\dfrac{1}{2}\right)^2$ とする。

(3) 分数の値を分数の式に代入するときは，$\dfrac{x}{y}=x\div y$ と変形してから代入する。

解答 (1) $2x^2-3xy=2\times\left(\dfrac{1}{2}\right)^2-3\times\dfrac{1}{2}\times(-5)=\dfrac{1}{2}+\dfrac{15}{2}=8$ ………(答)

(2) $(x+y)^2=\left\{\dfrac{1}{2}+(-5)\right\}^2=\left(-\dfrac{9}{2}\right)^2=\dfrac{81}{4}$ ………(答)

(3) $\dfrac{x}{y}+\dfrac{y}{x}=x\div y+y\div x=\dfrac{1}{2}\div(-5)+(-5)\div\dfrac{1}{2}=-\dfrac{1}{10}-10=-\dfrac{101}{10}$ ……(答)

演習問題

15 $a=-4$，$b=3$ のとき，次の式の値を求めよ。

(1) $2ab-a^2$ (2) $(2a+b-1)^2$ (3) $\dfrac{b}{a}-\dfrac{a}{b}$

16 $x=1$，$y=-2$，$z=-3$ のとき，次の式の値を求めよ。

(1) $x+2y-z$ (2) $xy+yz+zx$ (3) $x^2+y^2+z^2$

17 $x=-\dfrac{1}{3}$，$y=\dfrac{3}{4}$ のとき，次の式の値を求めよ。

(1) $\dfrac{y}{x}$ (2) $-x^2+\dfrac{1}{y}$ (3) $\dfrac{x}{2y}-2xy$

18 $a=-\dfrac{1}{2}$ のとき，a，a^2，$\dfrac{1}{a}$，$\dfrac{1}{a^2}$，$-a$，$-a^2$，$-\dfrac{1}{a}$，$-\dfrac{1}{a^2}$ を小さい数になるものから順に並べよ。

1 **項と係数**

文字式を和の形で表したとき，加法の記号＋で結ばれた 1 つ 1 つの部分を，それぞれ**項**という。文字をふくむ項で，符号をふくめた数の部分をその文字の**係数**という。文字をふくまない数だけの項を**定数項**という。

> 例 $4x-2y+1$ は $4x+(-2y)+1$ であるから，項は $4x$，$-2y$，1 である。x の係数は 4，y の係数は -2，1 は定数項である。

2 **同類項**

文字式において，文字の部分が同じ項を**同類項**という。同類項は，分配法則 $ac+bc=(a+b)c$ を利用して，まとめて簡単にすることができる。

> 例 $5x+9x=(5+9)x=14x$
> $2y-9y-y=(2-9-1)y=-8y$

3 **1 次式**

文字が 1 つだけの項を 1 次の項といい，1 次の項だけか 1 次の項と定数項の和で表された式を **1 次式**という。

> 例 $2x+5$ は x の 1 次式であり，1 次の項は $2x$，5 は定数項である。

4 **かっこのはずし方**

(1) かっこの前が＋のときは，かっこの中の各項の符号をそのままにしてかっこをはずす。

(2) かっこの前が－のときは，かっこの中の各項の符号を変えてかっこをはずす。

> 例 $+(3x-4)=3x-4$ $\qquad$ $-(3x-4)=-3x+4$

5 **1 次式の加法，減法**

1 次式の加法，減法は，かっこをはずしてから，同類項をまとめる。

> 例 $(4x-1)+(-5x+7)=4x-1-5x+7$
> $\qquad\qquad\qquad\quad=(4-5)x+(-1+7)$
> $\qquad\qquad\qquad\quad=-x+6$
> $\quad(4x-1)-(-5x+7)=4x-1+5x-7$
> $\qquad\qquad\qquad\quad=(4+5)x+(-1-7)$
> $\qquad\qquad\qquad\quad=9x-8$

1次式と数の乗法は，分配法則 $a(b+c)=ab+ac$ を利用して計算する。
また，1次式と数の除法は，乗法になおして，

$(a+b) \div c = (a+b) \times \dfrac{1}{c} = \dfrac{a}{c} + \dfrac{b}{c}$ を利用して計算する。

例 $3(6x-2)=3 \times 6x + 3 \times (-2)=18x-6$

$(12x-8) \div 4 = (12x-8) \times \dfrac{1}{4} = \dfrac{12x}{4} - \dfrac{8}{4} = 3x-2$

基本問題

19 次の式の項と係数をそれぞれ答えよ。

(1) $3x+5$　　　(2) $-2a+4b$　　　(3) $\dfrac{x}{6} - \dfrac{7}{9}$　　　(4) $\dfrac{2}{3}x-8y+z$

20 次の(ア)〜(カ)の式のうち，1次式であるものはどれか。

(ア) $3x-1$　　　　　　　(イ) $-\dfrac{a}{4}$　　　　　　　(ウ) $2x^2-4x+7$

(エ) $\dfrac{x}{6} - \dfrac{3}{4}$　　　　　　　(オ) $9xy+8$　　　　　　　(カ) $\dfrac{5-x}{2}$

文字式の計算

例 次の計算をしてみよう。

(1) $8x-5x$　　　　　　　(2) $\dfrac{1}{2}a + \dfrac{1}{3}a$

(3) $-2(3x+1)$　　　　　　(4) $(-7x-14) \times \left(-\dfrac{2}{7}\right)$

▶(1) $8x-5x=(8-5)x=3x$ ………(答)

(2) $\dfrac{1}{2}a + \dfrac{1}{3}a = \left(\dfrac{1}{2} + \dfrac{1}{3}\right)a = \dfrac{5}{6}a$ ………(答)

(3) $-2(3x+1)=-2 \times 3x + (-2) \times 1 = -6x-2$ ………(答)

(4) $(-7x-14) \times \left(-\dfrac{2}{7}\right) = -7x \times \left(-\dfrac{2}{7}\right) - 14 \times \left(-\dfrac{2}{7}\right)$

$= 2x+4$ ………(答)

21 次の計算をせよ。

(1) $3x-x$ (2) $-5a-7a$ (3) $-3a+2a$

(4) $3x-6x+4x$ (5) $\dfrac{4}{3}x-\dfrac{5}{6}x$ (6) $-\dfrac{3}{2}a+\dfrac{7}{4}a+\dfrac{7}{12}a$

22 次の計算をせよ。

(1) $3x+5x+2$ (2) $4y-7y-4$ (3) $-7a+5-4a$

(4) $9x-3-8x-2$ (5) $-6+a+1+9a$

23 次の計算をせよ。

(1) $5(x-2)$ (2) $-3(2a-8)$

(3) $(-8p+4)\times\dfrac{5}{8}$ (4) $(5m-1)\times(-2)^3$

例題 4 次の左の式に右の式を加えよ。また、左の式から右の式をひけ。
$$3x-2, \quad 5x+7$$

解説 左の式から右の式をひくときは、$(3x-2)-(5x+7)$ のようにかっこをつけて考える。また、縦書きで計算をするときは、1 行目と 2 行目の x の項と定数項の順をそろえて書く。減法のときは、ひく式の符号を変えて、加法になおしてから計算してもよい。

解答
$$(3x-2)+(5x+7)=3x-2+5x+7$$
$$=(3+5)x+(-2+7)$$
$$=8x+5 \quad\cdots\cdots\cdots(答)$$

$$
\begin{array}{r}
3x-2 \\
+)\ 5x+7 \\
\hline
8x+5
\end{array}
$$

$$(3x-2)-(5x+7)=3x-2-5x-7$$
$$=(3-5)x+(-2-7)$$
$$=-2x-9 \quad\cdots\cdots\cdots(答)$$

$$
\begin{array}{r}
3x-2 \\
-)\ 5x+7 \\
\hline
-2x-9
\end{array}
\qquad
\begin{array}{r}
3x-2 \\
+)\ -5x-7 \\
\hline
-2x-9
\end{array}
$$

演習問題

24 次の計算をせよ。

(1) $(2x+5)+(-4x+3)$ (2) $(3x+2)-(4x+3)$

(3) $(3y-8)-(2-4y)$ (4) $a+5-(3a-4)+1$

25 次の左の式に右の式を加えよ。また、左の式から右の式をひけ。

(1) $4a+5, \quad 2a-1$ (2) $2x-7, \quad -x-3$

(3) $7x-1, \quad 2-4x$ (4) $3-a, \quad -3a-4$

26 次の計算をせよ。

(1)
$$\begin{array}{r} 7x-\ 6 \\ +)\ -4x+10 \\ \hline \end{array}$$

(2)
$$\begin{array}{r} -3a-8 \\ +)\ -2a+6 \\ \hline \end{array}$$

(3)
$$\begin{array}{r} -5x+2 \\ +)\ \ 9x-5 \\ \hline \end{array}$$

(4)
$$\begin{array}{r} 7x-\ 6 \\ -)\ -4x+10 \\ \hline \end{array}$$

(5)
$$\begin{array}{r} -3a-8 \\ -)\ -2a+6 \\ \hline \end{array}$$

(6)
$$\begin{array}{r} -5x+2 \\ -)\ \ 9x-5 \\ \hline \end{array}$$

27 次の問いに答えよ。

(1) $4x-7$ にどのような式を加えれば $3x-5$ となるか。

(2) $6a-1$ からどのような式をひけば $4a+2$ となるか。

例題 (5) 次の計算をせよ。

(1) $3(a-7)-4(2a-1)$

(2) $\dfrac{2}{3}x-\dfrac{3}{4}-\dfrac{1}{2}x+\dfrac{2}{3}$

(3) $-\{x-3-4(2x-1)-5\}$

解説 かっこのあるものはかっこをはずし，同類項をまとめて簡単にする。

解答 (1) $3(a-7)-4(2a-1)=3a-21-8a+4$

$$=(3-8)a+(-21+4)$$
$$=-5a-17 \cdots\cdots(答)$$

(2) $\dfrac{2}{3}x-\dfrac{3}{4}-\dfrac{1}{2}x+\dfrac{2}{3}=\left(\dfrac{2}{3}-\dfrac{1}{2}\right)x+\left(-\dfrac{3}{4}+\dfrac{2}{3}\right)$

$$=\dfrac{1}{6}x-\dfrac{1}{12} \cdots\cdots(答)$$

(3) $-\{x-3-4(2x-1)-5\}=-(x-3-8x+4-5)$

$$=-\{(1-8)x+(-3+4-5)\}$$
$$=-(-7x-4)$$
$$=7x+4 \cdots\cdots(答)$$

別解 次のように，中かっこから先にはずしてもよい。

(3) $-\{x-3-4(2x-1)-5\}=-x+3+4(2x-1)+5$

$$=-x+3+8x-4+5$$
$$=(-1+8)x+(3-4+5)=7x+4 \cdots\cdots(答)$$

▒▒▒ **演習問題** ▒▒▒

28 次の計算をせよ。

(1) $3(2x+1)+(-5x+1)$

(2) $(3y-8)-2(2y-1)$

(3) $-(5x-2)+2(3+x)$

(4) $3(2x-5)-4(x-3)$

(5) $\dfrac{1}{8}x-\dfrac{2}{7}+\dfrac{3}{4}x+2$

(6) $\dfrac{1}{3}-\dfrac{1}{4}x+\dfrac{5}{6}x-\dfrac{4}{5}$

29 次の計算をせよ。

(1) $x - \{5 - (3x - 7)\}$

(2) $6a - \{-2a + 3(5 - a)\}$

(3) $\left(-\dfrac{1}{2}x + \dfrac{1}{3}\right) - \left(-\dfrac{2}{3}x + \dfrac{1}{4}\right)$

(4) $-\left(\dfrac{3}{4}x - \dfrac{2}{5}\right) + \left(\dfrac{1}{2}x - \dfrac{3}{10}\right)$

(5) $6\left(\dfrac{1}{6}x + \dfrac{1}{9}\right) - 3\left(\dfrac{1}{4}x - \dfrac{1}{6}\right)$

(6) $-6\left(\dfrac{1}{18}x - \dfrac{1}{6}\right) - \left(-\dfrac{1}{3}x + 3\right)$

30 次の計算をせよ。

(1) $3(x + 4) - 2(x - 3) - 5(x + 2)$

(2) $-4(3 - x) - 3(2x + 1) + 2(4x - 1)$

(3) $-\{2x - 3(2x - 1)\} - 5 + 4(3 - 2x)$

(4) $-\left\{\dfrac{1}{3}x - \left(\dfrac{1}{2}x - 4\right)\right\} - \left(\dfrac{1}{4} + \dfrac{1}{3}x\right)$

例題 6 次の計算をせよ。

(1) $(36x - 12) \div (-4)$

(2) $\dfrac{2x - 5}{6} \times 12$

(3) $\dfrac{1}{3}(x - 1) - \dfrac{1}{2}(x - 2)$

(4) $\dfrac{7x + 1}{2} - \dfrac{5x + 1}{4}$

解説 (1) 除法を乗法になおしてから，分配法則を利用する。

(2) $\dfrac{2x - 5}{\cancel{6}_1} \times \cancel{12}^{2} = (2x - 5) \times 2$ と約分してから，分配法則を利用する。

(3) 分配法則を利用して，$\dfrac{1}{3}x - \dfrac{1}{3} - \dfrac{1}{2}x + 1$ としてから，同類項をまとめる。

または，$\dfrac{x - 1}{3} - \dfrac{x - 2}{2} = \dfrac{2(x - 1) - 3(x - 2)}{6}$ と通分してから，分子を整理する。

(4) 分配法則を利用して，$\dfrac{1}{2}(7x + 1) - \dfrac{1}{4}(5x + 1) = \dfrac{7}{2}x + \dfrac{1}{2} - \dfrac{5}{4}x - \dfrac{1}{4}$ としてから，同類項をまとめる。

または，$\dfrac{2(7x + 1)}{4} - \dfrac{5x + 1}{4} = \dfrac{2(7x + 1) - (5x + 1)}{4}$ と通分してから，分子を整理する。

解答 (1) $(36x-12)\div(-4)$

$= (36x-12)\times\left(-\dfrac{1}{4}\right)$

$= 36x\times\left(-\dfrac{1}{4}\right)-12\times\left(-\dfrac{1}{4}\right)$

$= -9x+3$ ‥‥‥‥(答)

(2) $\dfrac{2x-5}{6}\times 12$

$= (2x-5)\times 2$

$= 4x-10$ ‥‥‥‥(答)

(3) $\dfrac{1}{3}(x-1)-\dfrac{1}{2}(x-2)$ 　　または　　 $\dfrac{1}{3}(x-1)-\dfrac{1}{2}(x-2)$

$= \dfrac{1}{3}x-\dfrac{1}{3}-\dfrac{1}{2}x+1$ 　　　　　　　　　　$= \dfrac{2(x-1)-3(x-2)}{6}$

$= \left(\dfrac{1}{3}-\dfrac{1}{2}\right)x+\left(-\dfrac{1}{3}+1\right)$ 　　　　　$= \dfrac{2x-2-3x+6}{6}$

$= -\dfrac{1}{6}x+\dfrac{2}{3}$ ‥‥‥‥‥(答) 　　　　　$= \dfrac{(2-3)x+(-2+6)}{6}$

　　　　　　　　　　　　　　　　　　　　　　$= \dfrac{-x+4}{6}$ ‥‥‥‥‥(答)

(4) $\dfrac{7x+1}{2}-\dfrac{5x+1}{4}$ 　　または　　 $\dfrac{7x+1}{2}-\dfrac{5x+1}{4}$

$= \dfrac{1}{2}(7x+1)-\dfrac{1}{4}(5x+1)$ 　　　　　　　$= \dfrac{2(7x+1)-(5x+1)}{4}$

$= \dfrac{7}{2}x+\dfrac{1}{2}-\dfrac{5}{4}x-\dfrac{1}{4}$ 　　　　　　　$= \dfrac{14x+2-5x-1}{4}$

$= \left(\dfrac{7}{2}-\dfrac{5}{4}\right)x+\left(\dfrac{1}{2}-\dfrac{1}{4}\right)$ 　　　　$= \dfrac{(14-5)x+(2-1)}{4}$

$= \dfrac{9}{4}x+\dfrac{1}{4}$ ‥‥‥‥‥(答) 　　　　　　$= \dfrac{9x+1}{4}$ ‥‥‥‥‥(答)

⚠ (3) $\dfrac{-x+4}{6}=\dfrac{1}{6}(-x+4)=-\dfrac{1}{6}x+\dfrac{2}{3}$ である。

⚠ (4) かっこをつけずに $\dfrac{2(7x+1)-5x+1}{4}$ とするまちがいが多い。

$\dfrac{2(7x+1)-(5x+1)}{4}$ とすること。

▨▨▨ 演習問題 ▨▨▨

31 次の式を，$ax+b$（a，b は数）の形にせよ。

(1) $\dfrac{15x-20}{5}$ 　　　　(2) $-\dfrac{-6x+3}{3}$ 　　　　(3) $(9x-7)\div(-15)$

(4) $(-6x+9)\div\left(-\dfrac{3}{2}\right)$ 　　(5) $8\times\dfrac{3x-5}{4}$ 　　(6) $\dfrac{-3(16-48x)}{8}$

32 次の計算をせよ。

(1) $\dfrac{1}{3}(2x-5)-\dfrac{1}{2}(x+3)$

(2) $\dfrac{5x-4}{3}\times(-3)^3$

(3) $9\left(\dfrac{2a-7}{3}-a\right)$

(4) $\left(2x-1-\dfrac{4x-3}{5}\right)\times 5$

(5) $-14\left(\dfrac{x+1}{2}-\dfrac{-x+4}{7}\right)$

(6) $3x+\dfrac{1}{3}(5x-2)$

(7) $7y-5-\dfrac{12y+1}{6}$

(8) $\dfrac{3x-2}{4}-\dfrac{5x-1}{3}$

(9) $x+2-\dfrac{1}{3}(2x+3)+\dfrac{1}{6}(x-1)$

(10) $\dfrac{a+3}{5}-\dfrac{3a-1}{9}-\dfrac{2a+7}{15}$

例題 7 $x=-\dfrac{1}{12}$ のとき，次の式の値を求めよ。

(1) $(7x-9)-(6-5x)$

(2) $3\left(x+\dfrac{4}{9}\right)-\left(x+\dfrac{1}{2}\right)$

解説 式にそのまま代入するより，式を計算して簡単な形にしてから代入するほうがよい。

解答 (1) $(7x-9)-(6-5x)=7x-9-6+5x=12x-15$

この式に $x=-\dfrac{1}{12}$ を代入すると， $12\times\left(-\dfrac{1}{12}\right)-15=-16$ ………(答)

(2) $3\left(x+\dfrac{4}{9}\right)-\left(x+\dfrac{1}{2}\right)=3x+\dfrac{4}{3}-x-\dfrac{1}{2}=2x+\dfrac{5}{6}$

この式に $x=-\dfrac{1}{12}$ を代入すると， $2\times\left(-\dfrac{1}{12}\right)+\dfrac{5}{6}=\dfrac{2}{3}$ ………(答)

▓ 演習問題 ▓

33 $x=\dfrac{1}{5}$ のとき，次の式の値を求めよ。

(1) $(4x-3)-(9x+7)$

(2) $-4(3x-4)+8(x-2)$

34 $x=-13$ のとき，次の式の値を求めよ。

(1) $2(7x-3)-3(7x+9)+6(x+5)$

(2) $-\dfrac{2}{3}(3x-4)+\dfrac{1}{6}(13x-9)$

35 $A=x+3$，$B=-2x+1$，$C=5x-2$ のとき，次の式を計算せよ。

(1) $A+B-C$

(2) $A-B+C$

(3) $A-B-C$

3 関係を表す式

1 **等式**

等号＝を使って，2つの数量の間の関係が等しいことを表した式を**等式**という。等号の左側の式を**左辺**，右側の式を**右辺**といい，左辺と右辺をまとめて**両辺**という。

例 $5a-b=c$, $2x-3=5x$, $a(b+c)=ab+ac$
はすべて等式である。

2 **不等式**

(1) **不等号** 2つの数量の間の大小関係を表す記号を**不等号**という。
不等号は，次の4つの記号を使って表す。

a が b より大きいとき $\qquad\qquad a>b$

a が b より小さいとき $\qquad\qquad a<b$

a が b より大きいか，または等しいとき $\qquad a\geqq b$

a が b より小さいか，または等しいとき $\qquad a\leqq b$

例 $x\geqq 3$ は，「x は3より大きいか，または等しい数」
すなわち「x は3以上の数」であることを表す。
$x\leqq 5$ は，「x は5より小さいか，または等しい数」
すなわち「x は5以下の数」であることを表す。
$x<7$ は，「x は7より小さい数」
すなわち「x は7未満の数」であることを表す。

(2) **不等式** 不等号を使って，2つの数量の間の大小関係を表した式を**不等式**という。不等号の左側の式を**左辺**，右側の式を**右辺**といい，左辺と右辺をまとめて**両辺**という。

例 「a は b の2倍に c を加えた数より大きい」を不等式で表すと，
$a>2b+c$ となる。

⚠ 数量の間の関係を，等式または不等式で表すときは，必ず両辺の単位をそろえる。

> **例** 次の数量の関係を，等式，または不等式で表してみよう。
> (1) 半径 r cm の円の周の長さは ℓ cm である。ただし，円周率は π（パイ）を使って表す。
> (2) x の 4 倍から y をひいた数は，a の 2 倍に b を加えた数以下である。
>
> ▶ (1) π は，積の中では数の後，文字の前に書く。
> $$\ell = 2\pi r \quad \cdots\cdots（答）$$
> (2) 「〜以下」とは，「〜より小さいか，または等しい」ということである。
> $$4x - y \leqq 2a + b \quad \cdots\cdots（答）$$

基本問題

36 次の数量の関係を，等式で表せ。
(1) x の 6 倍から y の 3 倍をひくと，40 に等しい。
(2) 1 個 x 円のみかん 3 個と 1 個 y 円のりんご 5 個を買ったときの代金の合計は 1000 円であった。
(3) クッキー a 個を 9 人に b 個ずつ配ると 5 個余った。
(4) ある生徒の 3 教科のテストのそれぞれの点数が a 点，b 点，80 点で，その平均点は c 点であった。
(5) 10 km の道のりを，行きは時速 a km，帰りは時速 b km で往復したところ，x 時間かかった。

37 次の数量の関係を，不等式で表せ。
(1) a は負の数である。
(2) x に -3 をかけて 5 をひいた数は y より大きい。
(3) 1 個 300 円のケーキを a 個と，1 個 b 円のアイスクリームを 7 個買ったところ，代金の合計は 2500 円以下であった。
(4) 時速 4 km で a 時間歩いたときの道のりは，9 km 未満であった。
(5) 半径 a cm の円の面積と，半径 b cm の円の面積の和は S cm² 以上である。ただし，円周率は π を使って表す。

38 ある博物館の入館料は，大人 1 人が x 円，子ども 1 人が y 円である。このとき，次の等式，もしくは不等式はどのようなことを表しているか。
(1) $2x + 3y = 5400$
(2) $x - y = 700$
(3) $x + 2y \leqq 4000$
(4) $2x > 3y$

次の数量の関係を，等式で表せ。

(1) a％の食塩水 100g と b％の食塩水 300g を混ぜると，c％の食塩水になる。

(2) 時速 $a$km で x 時間移動し，さらに，時速 $b$km で y 時間移動したときの平均の速さは，時速 $c$km である。

解説 (1) 混ぜ合わせた食塩水にふくまれる食塩の重さが，c％の食塩水にふくまれる食塩の重さと等しい。

(2) 移動した道のりを求める。平均の速さとは，移動した全体の道のりをかかった全体の時間で割ったものである。

解答 (1) a％，b％，c％の食塩水にふくまれる食塩の重さはそれぞれ

$100 \times \dfrac{a}{100}$（g），$300 \times \dfrac{b}{100}$（g），$(100+300) \times \dfrac{c}{100}$（g）である。

よって，$\quad 100 \times \dfrac{a}{100} + 300 \times \dfrac{b}{100} = (100+300) \times \dfrac{c}{100}$

ゆえに，$\quad a+3b=4c$ ………（答）

(2) 時速 $a$km で x 時間移動したときの道のりは ax km，時速 $b$km で y 時間移動したときの道のりは by km である。

ゆえに，$\quad \dfrac{ax+by}{x+y}=c$ または $ax+by=c(x+y)$ ………（答）

別解 (1) a％の食塩水 100g と，b％の食塩水 300g を混ぜた食塩水にふくまれる食塩の重さは，$\quad 100 \times \dfrac{a}{100} + 300 \times \dfrac{b}{100} = a+3b$（g）

そのときの食塩水の重さは，$\quad 100+300=400$（g）

よって，$\quad \dfrac{a+3b}{400} \times 100 = c \qquad$ ゆえに，$\dfrac{a+3b}{4}=c$ ………（答）

演習問題

39 次の数量の関係を，等式で表せ。

(1) 1個 150 円のメロンぱん x 個の代金は，1個 120 円のあんぱん y 個の代金より 200 円高い。

(2) a を b で割ったとき，商は q で余りは r である。

(3) 現在，父は a 歳，子どもは b 歳であり，x 年後，父の年齢は子どもの年齢の 2 倍になる。

(4) ある中学校では，昨年の男子と女子の人数はそれぞれ a 人，b 人であった。今年の男子の人数は昨年の男子の人数より 2 割増え，今年の女子の人数は昨年の女子の人数より 2 割減ったので，今年の全体の人数は c 人であった。

40 次の数量の関係を，等式で表せ。

(1) $a\%$ の食塩水 $400\,\mathrm{g}$ に食塩を $100\,\mathrm{g}$ 混ぜると，$b\%$ の食塩水になる。

(2) 1分間に 13 回転する歯数 x の歯車 A に，歯数 40 の歯車 B をかみ合わせると，歯車 B は 1 分間に y 回転した。

(3) 時速 $x\,\mathrm{km}$ で走る長さ $a\,\mathrm{m}$ の列車が，長さ $1500\,\mathrm{m}$ の鉄橋を渡りはじめてから渡り終えるまでに t 秒かかった。

例題 9 次の数量の関係を，不等式で表せ。

a 個のおにぎりを x 人のサッカー部員で分けるのに，20 人には y 個ずつ，残りの人には z 個ずつ配ると，まだ余っていた。

解説 y 個ずつ配られた人数は 20 人，z 個ずつ配られた人数は $(x-20)$ 人である。

解答 配ったおにぎりの数は全部で $y\times20+z\times(x-20)=20y+(x-20)z$ （個）であり，これは a 個より少ない。

ゆえに，　　$20y+(x-20)z<a$ ………(答)

⚠ a は自然数であるから，a 個より少ないということは，$(a-1)$ 個以下ということと同じである。

よって，$20y+(x-20)z\leqq a-1$ としてもよい。

演習問題

41 次の数量の関係を，不等式で表せ。

(1) a 枚の絵はがきを x 人の子どもに 3 枚ずつ配ると不足する。

(2) 1 冊 130 円のノート a 冊と，1 本 50 円の鉛筆 b 本を買うのに 1000 円札を 1 枚出すと，おつりがきた。

(3) 水が $200\,\mathrm{L}$ 入った浴そうから，毎分 $a\,\mathrm{L}$ の割合で水をぬくと，水をぬきはじめてから 3 分後の浴そうの水の量は $b\,\mathrm{L}$ より少なかった。

(4) $5\,\mathrm{km}$ の道のりを，兄は時速 $a\,\mathrm{km}$ で移動し，弟ははじめの $x\,\mathrm{km}$ を時速 $b\,\mathrm{km}$，残りを時速 $c\,\mathrm{km}$ で移動したところ，兄のほうが弟より早く着いた。

(5) 十の位の数が a，一の位の数が b である 2 けたの整数は，十の位と一の位の数を入れかえてできる整数の 2 倍より大きい。

(6) $a\%$ の食塩水 $400\,\mathrm{g}$ から水を $x\,\mathrm{g}$ 蒸発させると，食塩水の濃度は $b\%$ 以上になる。

17 段目の不思議

次の手順で下の表のそれぞれの段に数字を書き入れてみよう。

① 1 段目に 0 以上 9 以下の整数のうち，異なる 4 つの整数を書く。
② 1 段目と 2 段目の数の和の，一の位の数を 3 段目に書く。
③ 2 段目と 3 段目の数の和の，一の位の数を 4 段目に書く。
④ 同様に，この操作を 17 段目まで続ける。

このとき，17 段目の 4 つの数がどのようになるかを考えよう。

ある列の 1 段目に書き入れる 0 以上 9 以下の整数を a とする。2 段目の数は 5 であるから，

3 段目の数は，	$a+5$
4 段目の数は，	$a+10$
5 段目の数は，	$2a+15$
6 段目の数は，	$3a+25$
7 段目の数は，	$5a+40$
8 段目の数は，	$8a+65$
9 段目の数は，	$13a+105$
10 段目の数は，	$21a+170$
11 段目の数は，	$34a+275$
12 段目の数は，	$55a+445$
13 段目の数は，	$89a+720$
14 段目の数は，	$144a+1165$
15 段目の数は，	$233a+1885$
16 段目の数は，	$377a+3050$
17 段目の数は，	$610a+4935$

の一の位の数となる。

a は整数であるから，$610a$ の一の位の数は 0 である。
よって，$610a+4935$ の一の位の数は 5 である。
ゆえに，17 段目の数は，1 段目の a の値に関係なく
4 つともすべて 5 となる。

1 段目				
2 段目	5	5	5	5
3 段目				
4 段目				
5 段目				
6 段目				
7 段目				
8 段目				
9 段目				
10 段目				
11 段目				
12 段目				
13 段目				
14 段目				
15 段目				
16 段目				
17 段目				

チャレンジ問題

42 上の表で，2 段目の数が 3 のとき，17 段目の数はどのようになるか。

1 次の計算をせよ。

(1) $-5x-2x$

(2) $-b+0.9b$

(3) $\dfrac{1}{3}x-\dfrac{5}{6}-\dfrac{4}{9}x+\dfrac{1}{2}$

(4) $-x+9+6x-3$

(5) $5y-(-2+8y)+1$

(6) $-(2.3x-1.3)+7.2x-6.3$

(7) $(-13a+5)-(-4-11a)$

(8) $-(-0.5x-0.4)-(0.7x-0.6)$

(9) $2(x-3)-(9-x)$

(10) $-3(7-2x)-2(3x-9)$

(11) $2\left(3a-\dfrac{1}{2}\right)+4\left(\dfrac{3}{2}a-2\right)$

(12) $2\left(\dfrac{3}{10}x-\dfrac{1}{6}\right)-3\left(\dfrac{7}{30}x+\dfrac{2}{15}\right)$

(13) $-3\{2a-(a-2)\}$

(14) $-(4x+3)+(1+5x)-(2x-8)$

(15) $-9x-2\{-3(4x-1)+5\}$

(16) $3(2x-3)-7(x+2)-4(4-5x)$

(17) $\dfrac{-2x+5}{3}\times(-12)$

(18) $\left(\dfrac{1}{4}x-3\right)-\left(-x+\dfrac{1}{2}\right)-\dfrac{4}{5}x$

(19) $(-2)^4\times\dfrac{-3x+5}{4}$

(20) $6\left(\dfrac{1-2x}{3}-x\right)$

(21) $-99\left(\dfrac{5x-2}{11}-\dfrac{2x+5}{3}\right)$

(22) $12\left\{\dfrac{2(x+2)}{3}-\dfrac{x-3}{2}\right\}$

(23) $\dfrac{2a-1}{5}+\dfrac{a}{2}$

(24) $x-\dfrac{x+1}{6}$

(25) $\dfrac{1}{3}(4b-2)-\dfrac{1}{4}(5b+3)$

(26) $\dfrac{3x+5}{4}-\dfrac{x-2}{6}$

(27) $\dfrac{9(1-2x)}{2}+3\left(3x-\dfrac{1}{2}\right)$

(28) $\dfrac{x+1}{2}-\dfrac{2x-1}{3}+\dfrac{x-3}{4}$

(29) $\dfrac{3x-8}{6}+\dfrac{3x-2}{3}-\dfrac{5x-3}{4}$

(30) $\dfrac{2x-5}{8}-\dfrac{2-3x}{4}-x$

(31) $x+\dfrac{2x-5}{3}-\dfrac{3x+2}{4}$

(32) $\dfrac{x+7}{3}-\dfrac{x-1}{12}-\dfrac{x+3}{4}+\dfrac{x-2}{6}$

(33) $\dfrac{2(x+1)}{3}+\dfrac{6x-1}{5}-\dfrac{7x+1}{15}$

(34) $\dfrac{3(2a-3)}{7}-\dfrac{a-4}{9}+\dfrac{2(-a+1)}{3}$

(35) $\dfrac{a-1}{2}-3a+1-\dfrac{2+a}{6}$

(36) $12\left(\dfrac{2a-1}{3}-\dfrac{5a+3}{6}\right)-3(a+5)$

(37) $3x-10\left(\dfrac{2x+3}{5}-\dfrac{1}{2}\right)$

(38) $-4[2a-\{4-3(5-2a)\}]$

❶ 次の式の変形は正しいか。正しくないものについては右辺を正しくなおせ。

⇦ **1** **2**

(1) $a \div \dfrac{2}{3} b = \dfrac{3ab}{2}$

(2) $1\dfrac{2}{3} \times a \times 3 = 2a$

(3) $7a - a = 7$

(4) $3a + 4a = 7a$

(5) $x \div yz = \dfrac{x}{yz}$

(6) $x \div y \times z = \dfrac{x}{yz}$

(7) $x + x + x = 3x$

(8) $x \times x \times x = 3x$

(9) $\dfrac{8x-4}{4} = 2x - 4$

(10) $-\dfrac{6x+9}{3} = -2x + 3$

❷ 次の数量を，文字を使った式で表せ。　　　　　　　　　　　⇦ **1**

(1) 1周 a km の池のまわりを，時速 x km で n 周したときにかかる時間

(2) a ％ の砂糖水 x g に，砂糖を y g 加えてよく混ぜたときの砂糖水の濃度（答は％で）

(3) a 人のクラスでテストを行った。全体の平均点は x 点で，A さんを除いた残りの生徒の平均点が y 点のときの A さんの点数

(4) 原価 a 円の品物に x 割の利益を見込んで定価をつけ，これを定価の y 割引きで売るときの売価

❸ 次の式の値を求めよ。　　　　　　　　　　　　　　　　　⇦ **2**

(1) $a = -3$ のとき，$2(a+2) - 3(2a-1)$

(2) $x = -2$，$y = -1$ のとき，$x^2 + 2xy + y^2$

(3) $x = \dfrac{1}{2}$，$y = \dfrac{1}{3}$ のとき，$\dfrac{2x}{y} + \dfrac{3y}{x}$

❹ $A = 2x - 1$，$B = 4 - 3x$，$C = 4x + 1$ のとき，次の式を計算せよ。　⇦ **2**

(1) $A - B + 2C$

(2) $-A + 2(B + C)$

❺ a が正の数で，b が負の数のとき，次の(ア)～(ケ)のうち，式の値がつねに正となるものはどれか。また，つねに負となるものはどれか。　⇦ **2**

(ア) ab　　　(イ) $\dfrac{a}{b}$　　　(ウ) $a+b$　　　(エ) $a-b$　　　(オ) $b-a$

(カ) a^2+b^2　　　(キ) a^2-b^2　　　(ク) a^3+b^3　　　(ケ) a^3-b^3

6 縦 $10x$ m，横 20m の長方形の土地がある。縦を 5m だけ長くしたときの土地の面積は，横を 4m だけ短くしたときの土地の面積よりどれだけ大きいか。

⤶ 2

7 次の数量の関係を，等式または不等式で表せ。　⤶ 3
  (1)　十の位の数が x である 2 けたの整数 y があって，その整数の各位の数の和は 10 である。
  (2)　時速 x km で a 分間走るよりも，分速 y km で b 時間走るほうが遠くまで移動できる。
  (3)　水そうに a L の水が入っている。毎分 x L の割合で水をくみ上げるポンプ 2 台と，毎分 y L の割合で水をくみ上げるポンプ 3 台を使って水をくみ出したところ，10 分後にはすでに水そうの水がなくなっていた。

8 ある町には 1 万人の有権者がおり，その x 割は男の人である。ある選挙で，投票した人は y 人で，他の人は棄権した。投票した人の z 割は女の人であった。右の表の空らんにあてはまる式を求めよ。

⤶ 1

	男	女	合計
投票した人			y
棄権した人			
合計			10000

9 1 辺の長さが 1cm の立方体について，各辺を n 等分する点とすべての頂点に • 印をつける。つけた • 印の個数を n を使って表せ。ただし，n は 2 以上の整数とする。　⤶ 1

10 5 つの地点 A，B，C，D，E はこの順に一直線上に並んでいる。右の表は，この 5 つの地点のうち，異なる 2 つの地点間の距離を表したものである。

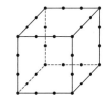

				E 地点
			D 地点	
		C 地点	a	$3a$
	B 地点		55	
A 地点				100

（単位 km）

　たとえば，表の 55 は，B 地点と D 地点の間の距離が 55km であることを表している。このとき，表の空らんにあてはまる式を求めよ。

⤶ 1

≡≡≡ 進んだ問題 ≡≡≡

11 右の図は，自然数をある規則にしたがって，並べたものである。図の

	8	9
	10	11

のような，隣り合う4つの数の組を

	a	b
	c	d

とする。　⇦ 3

	1列	2列	3列	4列	5列	·	·	·	·
1段	1	2	3	4	5	·	·	·	·
2段	3	4	5	6	7	·	·	·	·
3段	5	6	7	8	9	·	·	·	·
4段	7	8	9	10	11	·	·	·	·
5段	9	10	11	12	13	·	·	·	·
·	·	·	·	·	·	·	·	·	·
·	·	·	·	·	·	·	a	b	·
·	·	·	·	·	·	·	c	d	·
·	·	·	·	·	·	·	·	·	·

(1) 次の等式は a, b, c, d の関係を表したものである。

　□ にあてはまる数を求めよ。

① $a-b-c+d=$ □

② $a+b-c-d=$ □

③ $a-b+c-d=$ □

(2) a が上から x 段目，左側から y 列目にあるとき，$a+b+c+d$ を x と y の式で表せ。

3章　方程式

1 方程式とその解

1 **方程式とその解**

　等号を使って数量の関係を表した式を**等式**という。式の中の文字に，ある値を代入したときだけ成り立つ等式を**方程式**という。また，その方程式を成り立たせる値を，その方程式の**解**といい，方程式の解を求めることを，方程式を**解く**という。

> 例　等式 $3x-1=x+3$ は $x=2$ を解とする方程式である。
> 　　$x=1$ と $x=-1$ は方程式 $x^2-1=0$ の解である。

2 **等式の性質**

(1) **等式の性質**　$A=B$ であるとき，次の等式が成り立つ。

① $A+C=B+C$

② $A-C=B-C$

③ $AC=BC$

④ $\dfrac{A}{C}=\dfrac{B}{C}$ （ただし，$C\neq0$）

　⚠ $C\neq0$ は，C が 0 でないことを表す。

(2) **移項**　等式の性質を利用して，等式の一方の辺にある項を，その項の符号を変えて他方の辺に移すことを**移項**という。

> 例　$5x-3=2$ ならば，$5x=2+3$
> 　　（-3 を左辺から右辺へ移項）
> 　　$3x=x+8$ ならば，$3x-x=8$
> 　　（x を右辺から左辺へ移項）

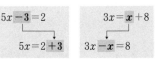

3 **1次方程式**

(1) **1次方程式**　移項して整理することによって，$ax=b$（a, b は定数，$a\neq0$）または，（x の1次式）$=0$ の形に変形できる方程式を，x についての**1次方程式**という。

> 例　$2x-1=-5x+1$ は，$7x=2$ または $7x-2=0$ となるので，
> 　　x についての1次方程式である。

(2) **1次方程式の解き方**　1次方程式は，次のような手順で解く。
　① 　かっこがあるときは，かっこをはずす。
　② 　係数に分数や小数があるときは，各係数が整数になるようになおす。
　③ 　文字 x をふくむ項を左辺に，数の項（定数項）を右辺に移項する。
　④ 　両辺をそれぞれ計算して $ax=b$ の形にする。
　⑤ 　$ax=b$ の両辺を x の係数で割ると，解は $x=\dfrac{b}{a}$ となる。

4 　**比例式**

　比 $a:b$ に対して，分数の形で表した $\dfrac{a}{b}$ を**比の値**という。

　$a:b$ の比の値 $\dfrac{a}{b}$ と，$c:d$ の比の値 $\dfrac{c}{d}$ が等しいとき，

　$a:b=c:d$ と表し，これを**比例式**という。

　$a:b=c:d$ のとき $ad=bc$ が成り立つ。

$$a:b=c:d$$
$$\uparrow \ \downarrow 同じ$$
$$\frac{a}{b}=\frac{c}{d}$$

　⚠　比例式 $a:b=c:d$ で，外側の a と d を**外項**，b と c を**内項**という。外項
　　の積 ad と内項の積 bc は等しい。

1次方程式の解き方

例　次の方程式を解いてみよう。

　　(1)　$x+6=2$　　　　(2)　$-\dfrac{2}{5}x=6$　　　　(3)　$9-4x=x+11$

▶ (1)　　　　　$x+6=2$
　　　　　　　　$x=2-6$　　　　　6を右辺へ移項する

　　ゆえに，　　$x=-4$ ……（答）

　(2)　　　　　$-\dfrac{2}{5}x=6$
　　　　　　　　　　　　　　　　　　　両辺を x の係数 $-\dfrac{2}{5}$ で割る
　　$-\dfrac{2}{5}x \div \left(-\dfrac{2}{5}\right)=6 \div \left(-\dfrac{2}{5}\right)$

　　　　　　　　$x=6 \times \left(-\dfrac{5}{2}\right)$

　　ゆえに，　　$x=-15$ ……（答）

　(3)　　　　　$9-4x=x+11$
　　　　　　　$-4x-x=11-9$　　　　x を左辺へ，9を右辺へ移項する
　　　　　　　　$-5x=2$
　　　　$-5x \div (-5)=2 \div (-5)$　　　両辺を x の係数 -5 で割る

　　ゆえに，　　$x=-\dfrac{2}{5}$ ……（答）

1 次の(ア)～(エ)の方程式のうち，$x=3$ を解とするものはどれか。

(ア)　$x-5=2$　　　　　　　　　　　(イ)　$2x+3=9$

(ウ)　$3x+2=4(x-1)+3$　　　　　(エ)　$x^2-x-6=0$

2 次の方程式を解け。

(1)　$x+2=5$　　　　(2)　$x-3=-2$　　　　(3)　$x+7=0$

(4)　$x-4=-4$　　　(5)　$3x=6$　　　　　(6)　$12x=-3$

(7)　$\dfrac{x}{2}=2$　　　　　(8)　$-\dfrac{2}{3}x=4$

3 次の方程式を解け。

(1)　$2x-3=5$　　　　(2)　$6x+13=-5$　　　(3)　$4+3x=1$

(4)　$5-x=8$　　　　(5)　$-5y-1=-7y-3$　(6)　$x+9=11+5x$

(7)　$4x-1=5x+3$　　(8)　$6-2y=3y+4$

例題 1 次の方程式を解け。

(1)　$3(2x-3)+x=5x-9$　　　　(2)　$2-\{3(x-1)-2x\}=x-2$

解説 かっこをはずし，x の項を左辺に，定数項を右辺に移項して解く。

解答 (1)　$3(2x-3)+x=5x-9$

$6x-9+x=5x-9$ 〉かっこをはずす

$7x-9=5x-9$ 〉同類項をまとめる

$7x-5x=-9+9$ 〉移項する

$2x=0$ 〉両辺をそれぞれ計算する

ゆえに，　　$x=0$ ……(答) 〉両辺を x の係数 2 で割る

(2)　$2-\{3(x-1)-2x\}=x-2$

$2-(3x-3-2x)=x-2$ 〉中かっこの中の小かっこをはずす

$2-(x-3)=x-2$ 〉かっこの中を計算する

$2-x+3=x-2$ 〉かっこをはずす

$-x+5=x-2$ 〉左辺を計算する

$-x-x=-2-5$ 〉移項する

$-2x=-7$ 〉両辺をそれぞれ計算する

ゆえに，　　　　$x=\dfrac{7}{2}$ ……(答) 〉両辺を x の係数 -2 で割る

参考 求めた値を両辺に代入すれば，求めた値が正しいかどうかを確かめられる（**検算**）。

(1)で，$x=0$ のとき，（左辺）$=3\times(2\times0-3)+0=-9$，（右辺）$=5\times0-9=-9$ より，両辺の値が一致するから，求めた値は方程式の解であることが確かめられる。

4 次の方程式を解け。

(1) $3(x+4)=5x+6$ (2) $5y-14=2(y-9)$

(3) $5(1-x)=-2(x+5)$ (4) $-4(3-x)=8-3(x-5)$

(5) $-3(x+1)+5=3-7(x-1)$ (6) $2y-3(y-4)=4(1-2y)-20$

5 次の方程式を解け。

(1) $6-\{2(2x+1)-14x\}=6x-1$

(2) $2(3x+4)=2-3\{x+2-2(x-4)\}$

例題〔2〕 次の方程式を解け。

(1) $\dfrac{x+1}{3}-\dfrac{3x-5}{4}=2$ (2) $5(0.1x-1)+1.9=-3(5-1.3x)$

解説 各項の係数に分数や小数がふくまれるときは，両辺に同じ数をかけて，係数を整数になおしてから解く。

(1) 両辺に分母である 3 と 4 の最小公倍数 12 をかけて，分数をふくまない形に変形する。このような変形を**分母をはらう**という。

(2) かっこをはずして両辺を 10 倍する。

解答 (1)
$$\dfrac{x+1}{3}-\dfrac{3x-5}{4}=2$$

〉 両辺に 12 をかける

$$12\times\dfrac{x+1}{3}-12\times\dfrac{3x-5}{4}=12\times2$$

$$4(x+1)-3(3x-5)=24$$

$$4x+4-9x+15=24$$

$$-5x=5$$

ゆえに， $x=-1$ ……(答)

(2) $5(0.1x-1)+1.9=-3(5-1.3x)$

$$0.5x-5+1.9=-15+3.9x$$

$$0.5x-3.1=-15+3.9x$$

〉 両辺を 10 倍する

$$10\times(0.5x-3.1)=10\times(-15+3.9x)$$

$$5x-31=-150+39x$$

$$-34x=-119$$

ゆえに， $x=\dfrac{119}{34}=\dfrac{7}{2}$ ……(答)

⚠ (1) 分母をはらうときに，$\dfrac{x+1}{3}-\dfrac{3x-5}{4}=2$ から，$4x+4-9x$ **-15** $=24$ とする誤りが多い。$4(x+1)-3(3x-5)=24$ とすること。

参考 (2) かっこをはずす前に，両辺を 10 倍して計算してもよい。

$$5(0.1x-1)+1.9=-3(5-1.3x)$$
$$10\times5(0.1x-1)+10\times1.9=10\times(-3)\times(5-1.3x)$$
両辺を 10 倍する
$$5(x-10)+19=-3(50-13x)$$

▧ 演習問題 ▧

6 次の方程式を解け。

(1) $\dfrac{1}{3}x+2=\dfrac{1}{3}$

(2) $\dfrac{1}{4}x=\dfrac{3}{4}x+2$

(3) $\dfrac{1}{5}x-2=\dfrac{1}{3}x$

(4) $2x-\dfrac{1}{4}=\dfrac{15}{4}x+\dfrac{1}{3}$

(5) $\dfrac{3}{16}x-\dfrac{3}{8}-\dfrac{1}{2}x=-\dfrac{1}{4}x$

(6) $\dfrac{3-5x}{4}=2$

(7) $y-\dfrac{1}{3}(y-4)=\dfrac{1}{6}$

(8) $-\dfrac{2}{5}x=\dfrac{1}{5}-\dfrac{2}{3}(2x+1)$

7 次の方程式を解け。

(1) $\dfrac{x-2}{5}=\dfrac{x+2}{3}$

(2) $1+\dfrac{x+1}{3}=-\dfrac{x-1}{2}$

(3) $\dfrac{3(x-1)}{4}=2+\dfrac{x-3}{2}$

(4) $x-\dfrac{4x-3}{10}=4-\dfrac{3x+4}{4}$

(5) $\dfrac{3-x}{2}-\dfrac{2x-5}{4}=-\dfrac{1}{4}$

(6) $\dfrac{3(2x-15)}{7}-\dfrac{x-6}{3}+\dfrac{9}{7}=0$

(7) $1.6x-0.8=1.1x+1.7$

(8) $0.3x+5=0.2(4x+10)$

(9) $0.05(x-1)=0.02x-0.03$

(10) $0.3(2x+5)-5(0.3x-0.6)=0.3(x+5)$

例題 **3** 次の等式を満たす x の値を求めよ。
$$(x+2):(2x-6)=7:9$$

解説 $a:b=c:d$ のとき，$\dfrac{a}{b}=\dfrac{c}{d}$ である。$\dfrac{a}{b}=\dfrac{c}{d}$ に bd をかけると，$\dfrac{a}{b}\times bd=\dfrac{c}{d}\times bd$

よって，$ad=bc$ が成り立つ。

比例式 $a:b=c:d$ において，外項の積 ad と内項の積 bc は等しい。

解答 $(x+2):(2x-6)=7:9$
$$(x+2)\times9=(2x-6)\times7$$
$$9x+18=14x-42$$
$$-5x=-60 \qquad ゆえに，\quad x=12 \cdots\cdots(答)$$

8 次の等式を満たす x の値を求めよ。

(1) $x:5=4:7$

(2) $3:5=(4x+1):15$

(3) $(2x+1):(16-x)=3:4$

(4) $0.9:(2x-7)=2.3:2x$

(5) $(2x-0.5):(1.2x+3)=13:10$

(6) $2:\dfrac{2-x}{9}=\dfrac{3}{2}:\left(1-\dfrac{4}{3}x\right)$

例題【4】 次の方程式が〔 〕の中に示された値を解にもつとき，a の値を求めよ。

$$(a-1)x+12=4ax-a \quad 〔x=-2〕$$

解説 $x=-2$ を与えられた方程式に代入して，a についての方程式をつくり，それを解く。

解答 $x=-2$ を与えられた方程式に代入して，

$$(a-1)\times(-2)+12=4a\times(-2)-a$$
$$-2a+14=-9a$$
$$7a=-14$$

ゆえに， $a=-2$ ………(答)

■ 演習問題 ■

9 次の方程式が〔 〕の中に示された値を解にもつとき，a の値を求めよ。

(1) $4-3(3a-2x)=-5a-2x$ 〔$x=-1$〕

(2) $\dfrac{ax-6}{3}-\dfrac{x-2a}{2}=1$ 〔$x=3$〕

(3) $5x-2(x-3a)=-3(x-7)+a$ $\left[x=-\dfrac{2}{3}\right]$

(4) $\dfrac{2x+a}{6}=1-\dfrac{3ax-1}{2}$ 〔$x=-2$〕

10 次の等式が〔 〕の中に示された値を解にもつとき，a の値を求めよ。

$$\dfrac{ax+2}{2}:1=\dfrac{x-a}{4}:2 \quad \left[x=-\dfrac{1}{3}\right]$$

1 **応用問題の解き方**
　① 問題をよく読んで，図や表を使って内容をよく理解し，与えられたものは何か，求める数量は何かをはっきりさせる。
　② 求める数量（または，それに関連する数量）を文字 x を使って表す。
　③ 問題の数量関係を見つけて，文字 x の方程式をつくる。数量に単位があるときは，単位をそろえる。
　④ つくった方程式を解く。
　⑤ 方程式の解が問題に適しているかどうかを確かめて，適しているものを答とする。（これを，解の吟味という。）

2 **方程式をつくるときの基本的な数量関係**
　　（代金）＝（1個の値段）×（個数）
　　（道のり）＝（速さ）×（時間）
　　（定価）＝（原価）＋（利益）
　　（食塩の重さ）＝（食塩水の重さ）×$\dfrac{（食塩水の濃度）（\%）}{100}$

━━ **基本問題** ━━

11 次の x についての方程式をつくり，x の値を求めよ。

(1) ある数 x を5倍して6をひいたら，x の3倍になった。

(2) 1個 x 円のみかん3個と，1個 $(x+50)$ 円のりんご5個の値段の合計は730円である。

(3) 分速60mで歩いて150分かかる道のりを，自動車に乗って時速30kmで走ると x 分かかる。

(4) 原価 x 円の品物に原価の2割の利益を見込んで定価をつけると，1個につき60円の利益となる。

12 次の問いに答えよ。

(1) 1分間に8Lの割合で水を入れると，15分間でいっぱいになる水そうがある。この水そうに1分間に5Lの割合で水を入れるとき，何分間でいっぱいになるか。

(2) 今年，さつまいもを122kg収穫した。これは，昨年収穫した量の $\dfrac{5}{7}$ より37kg多い。昨年は何kg収穫したか。

13 次の問いに答えよ。

(1) Aさんは，昨日から本を読みはじめた。昨日は全体の $\frac{1}{4}$ を読み，今日は残りの $\frac{5}{9}$ を読んだところ，残りは 68 ページになった。この本の全体のページ数を求めよ。

(2) 長方形の土地がある。その周囲の長さは 150 m で，縦が横の 2 倍である。縦と横の長さをそれぞれ求めよ。

例題 (5) みかんを何人かの子どもに分けるのに，1 人に 8 個ずつ配ると 5 個不足し，7 個ずつ配ると 6 個余る。子どもの人数とみかんの個数をそれぞれ求めよ。

解説 子どもの人数を x 人とおいても，みかんの個数を x 個とおいてもよい。このような場合，方程式のつくりやすいほうを x とおくとよい。

解答 子どもの人数を x 人とすると，みかんの個数は $(8x-5)$ 個，または $(7x+6)$ 個と表されるから，　　$8x-5=7x+6$

ゆえに，　　　　　　　　$x=11$

子どもの人数は 11 人であるから，みかんの個数は，

$$8 \times 11 - 5 = 83 \text{（個）}$$

11 人で 83 個とすると問題に適する。

（答）　子どもの人数 11 人，みかんの個数 83 個

別解 みかんの個数を x 個とする。$(x+5)$ 個あれば 1 人に 8 個ずつ配れるので，子どもの人数は $\frac{x+5}{8}$ 人と表される。また，$(x-6)$ 個あれば 1 人に 7 個ずつ配れるので，子どもの人数は $\frac{x-6}{7}$ 人と表される。

よって，　　　$\frac{x+5}{8} = \frac{x-6}{7}$

両辺に 56 をかけて分母をはらうと，

$$7x+35 = 8x-48 \qquad -x = -83$$

ゆえに，　　　　　　　$x=83$

みかんの個数は 83 個であるから，子どもの人数は，

$$\frac{83+5}{8} = 11 \text{（人）}$$

11 人で 83 個とすると問題に適する。

（答）　子どもの人数 11 人，みかんの個数 83 個

⚠ x をおくときに，単位が必要なときには単位をつけることを忘れないこと。

14 ある数の4倍から2をひいた数を $\frac{1}{2}$ 倍すると，もとの数の $\frac{2}{3}$ 倍に7を加えた数と等しくなった。もとの数を求めよ。

15 現在，父の年齢は45歳，子どもの年齢は13歳である。父の年齢が子どもの年齢の3倍になるのはいまから何年後か。

16 連続した3つの偶数があって，その和は126である。この3つの偶数を求めよ。

17 姉が持っている鉛筆の本数は，弟が持っている鉛筆の本数の3倍より5本多い。姉が持っている鉛筆のうち，10本を弟に渡したところ，姉が持っている鉛筆の本数は，弟が持っている鉛筆の本数の2倍になった。姉が最初に持っていた鉛筆は何本か。

18 卒業式のため，講堂に長いすを何脚か並べた。卒業生が1脚の長いすに3人ずつすわると，25人すわれなかった。1脚に4人ずつすわると，長いすはちょうど4脚余った。卒業生の人数と長いすの脚数をそれぞれ求めよ。

19 縦1cm，横2cmの長方形のタイルがある。このタイルを，下の図の1番目，2番目，3番目，4番目，…のように，規則正しく並べ，図形をつくる。このとき，タイルは，1番目のときに1枚，2番目のときに4枚，3番目のときに9枚，4番目のときに16枚，…と使われている。図の太線は，図形の周囲を表すものとする。
(1) 6番目のときに使われるタイルの枚数と，つくられる図形の周囲の長さをそれぞれ求めよ。
(2) 図形の周囲の長さが150cmになるのは何番目のときか。

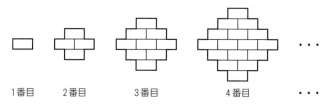

1番目　　2番目　　　3番目　　　　4番目　　　…

例題 6 ある人が A 町から B 町へ仕事に出かけた。行きは自転車で時速 15km で走り，帰りは時速 5km で歩いた。B 町で仕事を終えるのに 1 時間 40 分かかり，A 町を出てから帰るまでに全部で 3 時間 48 分かかった。A 町と B 町の間の道のりを求めよ。

解説 (時間)＝$\dfrac{(道のり)}{(速さ)}$ の関係を利用する。単位をそろえることに注意する。

A 町と B 町の間の道のりを $x$km とすると，行きにかかった時間は $\dfrac{x}{15}$ 時間，帰りにかかった時間は $\dfrac{x}{5}$ 時間，仕事に要した時間は 1 時間 40 分，すなわち，$1\dfrac{2}{3}$ 時間である。

これらの時間の合計が，3 時間 48 分，すなわち $3\dfrac{4}{5}$ 時間と等しい。

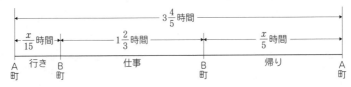

解答 A 町と B 町の間の道のりを $x$km とすると，

$$\frac{x}{15}+\frac{x}{5}+1\frac{2}{3}=3\frac{4}{5}$$

$$\frac{x}{15}+\frac{x}{5}+\frac{5}{3}=\frac{19}{5}$$

両辺を 15 倍して，

$$x+3x+25=57$$

$$4x=32$$

ゆえに， $x=8$

この値は問題に適する。

（答） 8km

演習問題

20 A さんはハイキングに行き，自宅から湖までの道のりを往復した。行きは時速 2km で歩き，湖で 2 時間休み，帰りは時速 3km で歩いたところ，全部で 7 時間かかった。自宅から湖までの道のりを求めよ。

21 2 つの地点 A，B 間を往復するのに，行きは 30 分かかり，帰りの速さは行きの速さより分速 20m だけ遅かったので，帰りは 42 分かかった。AB 間の道のりは何 m か。また，行きの速さは分速何 m か。

22 静水時の速さが時速 12km の船が，下流の A 地点から上流の B 地点まで進むのに 3 時間かかった。B 地点から A 地点にもどるとき，船が故障したため，静水時の速さが $\frac{1}{3}$ に落ちたので，5 時間かかった。このとき，川の流れる速さは時速何 km か。また，AB 間の距離は何 km か。

23 右の図のように，P 地点から Q 地点までの道のりが 3km のサイクリングコースがある。このコース上に 2 つの地点 A，B があり，A 地点から B 地点までの道のりは，P 地点から A 地点までの道のりの 2 倍である。はるなさんが自転車に乗ってこのコース上を P 地点から Q 地点まで走ったとき，平均の速さはそれぞれ P 地点から A 地点までが分速 300m，A 地点から B 地点までが分速 200m，B 地点から Q 地点までが分速 300m で，P 地点を出発してから 13 分後に Q 地点に到着した。このとき，P 地点から A 地点までの道のりを求めよ。

24 妹が時速 4km で A 町を出発した。妹が出発してから 40 分後に，姉は同じ道を時速 6km で A 町から妹を追って出発した。姉が妹に追い着くのは，姉が出発してから何分後か。

25 ある電車が，長さ 240m の鉄橋を渡りはじめてから，渡り終わるまでに 28 秒かかる。この電車が，同じ速さで長さ 1068m の鉄橋を渡りはじめてから，渡り終わるまでに 1 分 40 秒かかる。この電車の長さは何 m か。また，この電車の速さは秒速何 m か。

26 A さんと B さんが 100m 競走をした。A さんがゴールに着いたとき，B さんは 4m 後ろにいた。いま，2 人が同時にゴールに着くように，A さんはスタートラインの x m 後ろからスタートした。x の値を求めよ。

27 弟は自転車に乗って分速 150m で，兄は歩いて分速 90m で，それぞれ家から駅まで行くことにした。弟は家を出発して，駅までの道のりのちょうど半分の地点で，忘れ物に気がついて家にひき返し，忘れ物を取ってすぐに駅に向かった。兄は，弟がはじめに出発してから 6 分後に家を出発して，一度，弟とすれちがい，弟と同時に駅に到着した。
(1) 家から駅までの道のりは何 m か。
(2) 兄が家を出発してから弟とすれちがうまでに何分かかったか。

例題 (7) 10％の食塩水と5％の食塩水を混ぜて，8％の食塩水を400g つくりたい。それぞれ何gずつ混ぜればよいか。

解説 （食塩の重さ）＝（食塩水の重さ）× $\dfrac{（食塩水の濃度）（\%）}{100}$ の関係を利用して，食塩水にふくまれる食塩の重さについての方程式をつくる。

10％の食塩水を x g 混ぜるとすると，それにふくまれる食塩の重さは

$$x \times \frac{10}{100}（\text{g}）$$

5％の食塩水は $(400-x)$ g 混ぜることになるから，それにふくまれる食塩の重さは

$$(400-x) \times \frac{5}{100}（\text{g}）$$

この2つの食塩水を混ぜてできる食塩水にふくまれる食塩の重さは

$$400 \times \frac{8}{100}（\text{g}）$$

である。

解答 10％の食塩水を x g 混ぜるとすると，

$$\frac{10}{100}x + \frac{5}{100}(400-x) = 400 \times \frac{8}{100}$$

$$\frac{1}{10}x + \frac{1}{20}(400-x) = 32$$

両辺に20をかけて，

$$2x + 400 - x = 640$$

ゆえに，$\qquad\qquad\qquad x = 240$

したがって，10％の食塩水は240gであるから，5％の食塩水は，

$$400 - 240 = 160（\text{g}）$$

この値は問題に適する。

（答）　10％の食塩水 240g，5％の食塩水 160g

━━━ **演習問題** ━━━

28 18％の食塩水120gがある。これに何gの食塩を加えると，20％の食塩水になるか。

29 20％のアルコールと4％のアルコールを混ぜて，15％のアルコールを800gつくりたい。それぞれ何gずつ混ぜればよいか。

30 ある中学校の生徒数は全体で 330 人である。そのうち男子の 10％ と女子の 15％ が水泳部員で，その人数の合計は 42 人である。この中学校全体の男子と女子の生徒数をそれぞれ求めよ。

31 ある商品に原価の 35％ の利益を見込んで定価をつけた。この商品を定価の 2 割引きで売ると，120 円の利益があった。この商品の原価を求めよ。

32 ある店では，トンカツを 1 枚 350 円で販売した。用意した枚数の半分が売れたところで，残りのトンカツを 2 割引きで販売したところ，10 枚が残った。この 10 枚を最初の値段の半額にして販売するとすべて売り切れ，売上額は全部で 24150 円であった。最初に用意したトンカツは何枚か。

33 8％ の食塩水 100 g が容器に入っている。ここから x g をくみ出し，残りの食塩水を加熱したところ，x g の水が蒸発し，濃度が 14％ になった。x の値を求めよ。

34 容器 A には 2％，容器 B には x％ の食塩水がそれぞれ 1 kg ずつ入っている。容器 A から食塩水を 200 g 取り出し，容器 B に移してよく混ぜた後，B から食塩水を y g 取り出し，A に移してよく混ぜたところ，A の食塩水の濃度は 3％，B の食塩水の濃度は 5％ になった。x, y の値をそれぞれ求めよ。

35 容器 A には x％ の食塩水が，容器 B には水がそれぞれ 500 g ずつ入っている。容器 A から食塩水を 100 g 取り出し，容器 B に移してよく混ぜた後，B から食塩水を 100 g 取り出し，A に移してよく混ぜたところ，A の食塩水の濃度は 5％ になった。x の値を求めよ。

 記号の歴史

四則演算，等号，不等号の記号は，15～17 世紀にヨーロッパで使われはじめた。

記号	年	発案者
＋ －	1489	ヨハネス・ウィッドマン （ドイツ）
×	17 世紀	ウィリアム・オートレッド （イギリス）
÷	1659	ヨハン・ラーン （スイス）
＝	1557	ロバート・レコード （イギリス）
＞ ＜	1631	トマス・ハリオット （イギリス）

例題(8) 右の図のように，1辺の長さが3cmの正方形ABCDの辺上を動く2点P，Qがある。点Pは頂点Aを出発し，秒速3cmで時計まわりに1周し，Aに到着後，反時計まわりに1周してAにもどる動きをくり返す。点QはPと同時に頂点Bを出発し，秒速1cmで時計まわりに1周し，Bに到着後，反時計まわりに1周してBにもどる動きをくり返す。

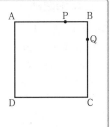

(1) 2点P，Qがはじめて重なるのは，出発してから何秒後か。

(2) 2点P，Qが2回目に重なるのは，出発してから何秒後か。

解説 n 秒後の点Pと点Qの位置を表にすると，下のようになる。

n	0	1	2	3	4	5	6	7	8	9	…
P	A	B	C	D	A	D	C	B	A	B	…
Q	B			C			D			A	…

2点P，Qがはじめて重なるのは辺BC上，2回目に重なるのは辺CD上である。

解答 (1) 出発してから x 秒後にはじめて重なるとする。点Pが最初に時計まわりをする間に，2点P，Qははじめて重なるから，x の値の範囲は $0<x<4$ である。

x 秒間に点Pが移動した道のりと点Qが移動した道のりの差が，正方形ABCDの1辺の長さと等しいから，

$$3x-x=3$$

ゆえに，　　　$x=\dfrac{3}{2}$

この値は，$0<x<4$ を満たすので問題に適する。　　　　　　　　（答）$\dfrac{3}{2}$ 秒後

(2) 出発してから y 秒後に2回目に重なるとする。点Pが最初に反時計まわりをする間に，2点P，Qは2回目に重なるから，y の値の範囲は $4<y<8$ である。

y 秒間に2点P，Qが移動した道のりの合計は，正方形ABCDの周の長さ $3×4=12$（cm）と，3辺AD，DC，CBの長さの和 $3×3=9$（cm）との合計と等しいから，

$$3y+y=12+9$$
$$4y=21$$

ゆえに，　　　$y=\dfrac{21}{4}$

この値は，$4<y<8$ を満たすので問題に適する。　　　　　　　　（答）$\dfrac{21}{4}$ 秒後

▚▚ 演習問題 ▚▚

36 右の図のように，縦が 20cm，横が 30cm の長方形 ABCD の辺上を動く 2 点 P，Q がある。点 P は頂点 A を出発し，秒速 3cm で反時計まわりに動き，点 Q は P と同時に頂点 C を出発し，秒速 5cm で反時計まわりに動く。2 点 P，Q が 2 回目に重なるのは，出発してから何秒後か。

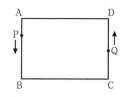

37 右の図は，1 辺が 12cm の正方形から，1 辺が 6cm の正方形を取り除いてできた図形 ABCDEF である。この図形の辺上を動く 2 点 P，Q がある。点 P は頂点 A を出発し，辺 AF，FE 上を秒速 2cm で頂点 E まで移動する。点 Q は P と同時に頂点 B を出発し，辺 BC，CD 上を秒速 3cm で頂点 D まで移動する。

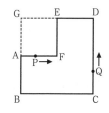

(1) t の値の範囲が $4 < t < 6$ のとき，出発してから t 秒後の三角形 BCQ，台形 EPQD の面積を，それぞれ t を使った式で表せ。

(2) 出発してから 4 秒後と 6 秒後の間で，三角形 BQP の面積が $50 \mathrm{cm}^2$ になるのは，出発してから何秒後か。

例題 ⑨ 現在，父の年齢は 46 歳，子どもの年齢は 13 歳である。父の年齢が子どもの年齢の 4 倍になるのは，父が何歳のときか。

解説 いまから x 年後として方程式をつくる。x の値が負の数のときは，その意味を考える。

解答 いまから x 年後に，父の年齢が子どもの年齢の 4 倍になるとすると，そのときの父の年齢は $(46+x)$ 歳，子どもの年齢は $(13+x)$ 歳であるから，

$$46+x=4(13+x)$$
$$46+x=52+4x$$
$$-3x=6$$

ゆえに，　　　　　$x=-2$

いまから -2 年後は，いまから 2 年前と考えられ，そのときの父の年齢は 44 歳，子どもの年齢は 11 歳となるから，この値は問題に適する。

(答)　44 歳

38 現在，母の年齢は 47 歳，子どもの年齢は 20 歳である。母の年齢が子どもの年齢の 2 倍より 10 歳だけ多くなるのは，子どもが何歳のときか。

39 毎月，しげるさんは 1500 円ずつ，ひろしさんは 1000 円ずつ貯金している。現在，しげるさんは 21000 円，ひろしさんは 8000 円の貯金がある。しげるさんの貯金がひろしさんの貯金の 3 倍になるのはいつか。ただし，利息は考えないものとする。

例題 10 350 円のかごに，1 個 150 円のりんごと 1 個 130 円の柿を合わせて 12 個詰めて，代金の合計をちょうど 2000 円にしたい。りんごと柿をそれぞれ何個ずつ詰めたらよいか。

解説 りんごを x 個詰めるとすると，柿は $(12-x)$ 個詰めることになる。x の値の条件を考える。

解答 りんごを x 個詰めるとすると，柿は $(12-x)$ 個詰めることになるから，
$$150x+130(12-x)+350=2000$$
$$150x+1560-130x+350=2000$$
$$20x=90$$
ゆえに， $x=4.5$

x はりんごの個数を表しているから，x の値は整数である。4.5 は整数ではないから，この値は問題に適さない。

(答) 問題に合うように詰めることはできない

---

40 箱の中に赤玉と白玉が合わせて 114 個入っている。赤玉の個数を 15 % 増やし，白玉の個数を 12 % 減らして，合計を 123 個にしたい。現在，箱の中に入っている赤玉の個数を求めよ。

41 兄は家から 3.5 km 離れた野球場まで行くのに分速 75 m で歩いた。兄が出発してから 20 分後に，弟が時速 7.5 km で走って兄を追いかけた。弟は家から何 km のところで兄に追い着くか。

42 A さんは 100 点満点のゲームを 5 回行う。いままでに 4 回行って，その得点は，それぞれ 75 点，80 点，88 点，91 点であった。最後に何点得点すれば平均点が 90 点となるか。

例題 (11) 底辺が a，高さが h である三角形の面積を S とすると，$S=\dfrac{1}{2}ah$ である。この公式を変形して，高さ h を求める式をつくれ。

解説 S，a を数のように考えて，h についての1次方程式を解けばよい。

解答 $S=\dfrac{1}{2}ah$ の両辺に2をかけて， $2S=ah$

両辺を a で割って， $\dfrac{2S}{a}=h$

すなわち， $h=\dfrac{2S}{a}$ （答） $h=\dfrac{2S}{a}$

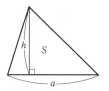

⚠ $S=\dfrac{1}{2}ah$ を $h=\dfrac{2S}{a}$ に変形することを，**h について解く**という。

演習問題

43 次の等式を，〔 〕の中に示された文字について解け。

(1) $V=\dfrac{1}{3}Sh$ 〔S〕

(2) $S=\dfrac{1}{2}(1+rx)$ 〔x〕

(3) $C=\dfrac{5}{9}(F-32)$ 〔F〕

(4) $S=\dfrac{h}{2}(a+b)$ 〔b〕

(5) $a=\dfrac{3b+c}{2}$ 〔b〕

(6) $\dfrac{h}{3}=\dfrac{(a+b)c}{4}$ 〔a〕

進んだ問題

44 A さんが電車の線路ぞいの道を時速4kmで歩いていたところ，13分ごとに電車に追いこされ，11分ごとに向こうからくる電車とすれちがった。どの電車の速さも一定であり，電車は等間隔で運転されているとき，電車の速さは時速何kmか。

45 右の図のように，縦が180cm，横が120cmの長方形 ABCD の辺上を動く2点 P，Q がある。点 P は頂点 A を出発し，秒速12cmで反時計まわりに動き，点 Q は P と同時に頂点 B を出発し，秒速15cmで反時計まわりに動く。

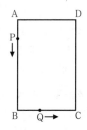

(1) 点 Q が点 P をはじめて追いぬくのは，出発してから何秒後か。

(2) 点 Q がある角を曲がったとき，Q から見てまっすぐ前方を動いている点 P がはじめて見えるのは，出発してから何秒後か。

1 次の方程式を解け。

(1) $-x+10=6$

(2) $-\dfrac{7}{5}x=14$

(3) $30-4a=16$

(4) $-a-2=-4a+16$

(5) $-42=6(y-9)$

(6) $-3(x+3)+7(x-1)=0$

(7) $9x-5=7(3x+1)$

(8) $3(x+2)=4x-(5x-18)$

(9) $7(2x+3)-4(x-3)=-3(4x-11)$

(10) $8y-3(y-4)+1=3+4(1-5y)-3y$

(11) $11(8-x)-7(2x+7)=18-4(13x-3)$

(12) $5x+2=7-\{3(-x+3)+2x\}$

(13) $3-4\{2x+6-3(x+3)\}=5(2x-3)$

(14) $\dfrac{1}{2}a-\dfrac{1}{3}=\dfrac{1}{6}a+2$

(15) $2x+\dfrac{1}{4}(x-5)=0$

(16) $\dfrac{1}{4}(5-2x)-\dfrac{2}{3}(x-6)=0$

(17) $\dfrac{1}{2}\left(\dfrac{a}{3}+4\right)=1-\dfrac{2}{3}\left(3-\dfrac{a}{2}\right)$

(18) $\dfrac{y-3}{9}+\dfrac{2y+5}{36}=\dfrac{1-3y}{2}$

(19) $1.5x-2(0.1x-1)+0.4=1.2(x+2)$

(20) $2.4(2x-0.5)+2(3.2x-5)=0$

(21) $1.2(0.2x-0.05)-0.01(32x-5)=0$

(22) $0.25(x+8)-3(1-0.5x)=3x+2$

(23) $\dfrac{2x+1}{3}-\dfrac{5x-2}{6}=\dfrac{x}{2}-\dfrac{10-x}{3}$

(24) $x+5=11-2\left\{x-\left(\dfrac{1}{2}x+7\right)\right\}$

(25) $\dfrac{3-2x}{4}-2.8=\dfrac{7x-2}{5}+8x$

1 次の方程式を解け。 ⮐**1**

(1) $-2(x+1)-3(3x-2)-4(10-x)+10(x+3)=0$

(2) $2x-1=2[5x-\{2x-(1-x)\}]$

(3) $\dfrac{x+2}{2}-\dfrac{3x-2}{3}=-\dfrac{x+2}{4}+x-2$

(4) $\dfrac{7-x}{3}+1.2=\dfrac{x+3}{5}+4x$

(5) $3\left(x+\dfrac{7}{9}\right)-0.2(x+2)=0.1x+\dfrac{2}{15}$

2 次の問いに答えよ。 ⮐**1**

(1) x についての1次方程式 $ax-3(a-1)x=7-6x$ の解が $x=-1$ のとき, a の値を求めよ。

(2) $(2x+1):(3x-1)=3:4$ のとき, $(2x-1):(3x-a)=3:4$ となるという。a の値を求めよ。

3 次の式を x について解け。 ⮐**2**

(1) $\dfrac{3x+5y}{4}=2$　　　　(2) $z=\dfrac{5y-2x}{3}+1$

4 ある水そうの水の深さをはかるのに, ある長さの棒を半分に切ってはかったら, 深さはこれより0.8m浅かった。また, 同じ長さの棒を3等分したものではかったら, 深さはこれより0.3m浅かった。この水そうの水の深さは何mか。 ⮐**2**

5 あるクラスの男子の生徒数は, 女子の生徒数の $\dfrac{5}{4}$ 倍である。このクラスで10点満点のテストをしたところ, 男子の平均点は7.2点, 女子の平均点は6.5点であった。ところが, このうちの1人が5点少ない点数で採点されていたので, 正しい得点で計算しなおしたところ, クラス全体の平均点は7点になった。このクラスの生徒数を求めよ。 ⮐**2**

6 縦24cm, 横36cm, 高さ x cm の直方体の容器がある。この容器の内部を, 1辺が3cmの立方体でうめつくすのに必要な個数は, 1辺が4cmの立方体でうめつくすのに必要な個数の2倍よりも300個多かった。このとき, x の値を求めよ。 ⮐**2**

7 2つの数 a, b について，$a*b=a+b-ab$ とするとき，次の問いに答えよ。

　　　　　　　　　　　　　　　　　　　　　　　　　　　　　　　🔄 **2**

(1) $5*x=3$ を満たす x の値を求めよ。

(2) $5*(y*2)=3$ を満たす y の値を求めよ。

8 原価 x 円の品物を 100 個売ることにした。原価の 2 割の利益を見込んで定価をつけて売ったところ，63 個売れた。そこで，残りを定価の 2 割引きで売ったところ，25 個売れた。さらに，残りを定価の半額で売ったところ，全部売り切れた。このとき，実際の利益は 4420 円であった。x の値を求めよ。 🔄 **2**

9 ある仕事を仕上げるのに，A 1 人では 60 日，B 1 人では 40 日かかる。A がこの仕事にとりかかってから何日か後に，B が A にかわって仕事をし，A がはじめてから 47 日後に仕上げた。A が仕事をした日数を求めよ。 🔄 **2**

10 時計の長針と短針が 3 時と 4 時の間で重なる時刻を求めよ。また，直角になる時刻を求めよ。ただし，3 時ちょうどはふくまないものとする。 🔄 **2**

11 150km 離れた A 港と B 港がある。貨物船 P が A 港を出発し，時速 20km で B 港に向かった。ところが，途中の C 地点で故障のため停止したので，ただちに B 港に救助を求めた。連絡を受けると同時に B 港から時速 30km でむかえの船が出発し，C 地点に到着するとすぐに貨物船 P を曳航（自力で走れない船をひっぱって航行すること）して，時速 15km で B 港にひき返した。B 港に着いたのは，貨物船 P の到着予定時刻より 1 時間 30 分後だった。C 地点は A 港から何 km 離れたところか。 🔄 **2**

進んだ問題

12 P 町から R 村に行くには，車を使うか，R 村の手前 2km にある Q 町までバスで行き，Q 町バス停から徒歩で行く方法がある。A さんはバスで R 村へ向かい，B さんは A さんが乗ったバスの 30 分後に出発するバスに乗り R 村へ向かった。C さんは B さんが出発した後，しばらくしてから車で R 村へ向かった。B さんが乗るバスは，P 町を出発してから 36 分後に C さんの車にぬかれ，A さんは C さんが R 村に到着してから 6 分後に R 村に着いた。車は時速 40km，バスは時速 20km で走り，人は時速 4km で歩くものとする。 🔄 **2**

(1) C さんが P 町を出発したのは，B さんが出発してから何分後か。

(2) P 町から R 村までの道のりは何 km か。

(3) C さんは R 村に到着して 14 分間休んだ後，B さんを車でむかえに行った。B さんは予定より何分早く R 村に着くことができたか。

13 2L 入る水そうの中に，最初に水が xL 入っている。この水そうの中の水の量を増やしたり減らしたりする操作を，□内のルールにしたがってくり返し行い，水そうが空(から)になったときこの操作を終了する。ただし，$0<x<1$ とする。

- 水そうの中の水の量が 1L 未満のときは，水そうの中の水の量が 2倍になるように水を加える。
- 水そうの中の水の量が 1L 以上になったときは，水そうの中の水の量を 1L だけ減らす。

たとえば，$x=\dfrac{1}{5}$ のとき，操作の回数と，操作後の水そうの中の水の量を表にすると次のようになる。　　　　　　　　　　　　　　 ⇐ 2

操作の回数	0回	1回	2回	3回	4回	...
操作後の水そうの中の水の量(L)	$\dfrac{1}{5}$	$\dfrac{2}{5}$	$\dfrac{4}{5}$	$\dfrac{8}{5}$	$\dfrac{3}{5}$	...

(1)　$x=\dfrac{1}{5}$ のとき，この操作を 20 回行うと，水そうの中の水の量は何 L になるか。

(2)　この操作を 3 回行うと，水そうの中の水の量が最初の xL にもどった。このような x の値をすべて求めよ。

(3)　この操作を 4 回行うと，水そうが空になった。このような x の値をすべて求めよ。

4章 比例と反比例

1 関数

---

1 変数と変域

いろいろな値をとることのできる文字を**変数**といい，変化しない決まった数を**定数**という。変数のとりうる値の範囲を，その変数の**変域**という。

2 関数

ともなって変わる2つの変数 x，y があって，x の値を決めると，それに対応する y の値がただ1つに決まるとき，**y は x の関数である**という。また，y が x の関数であるとき，x の値 p に対応する y の値を，$x=p$ のときの**関数の値**という。

.... 変域の表し方 ....

例 次の変数 x の変域を，不等号，または { } を使って表してみよう。

(1) x は2以上6未満の数である。

(2) x は12の約数である。

(3) x は自然数である。

▶ (1) 2以上であることを，不等号を使って $x \geqq 2$ と表し，6未満は $x<6$ と表す。

ゆえに，　$2 \leqq x < 6$ ………(答)

(2) 12の約数は1，2，3，4，6，12であるから，

　　　　{1，2，3，4，6，12} ………(答)

(3) 自然数は1，2，3，4，5，… であるから，

　　　　{1，2，3，4，5，…} ………(答)

⚠ 変域を数直線上に表す場合，端の数をふくむときは●で表し，ふくまないときは○で表す。

1 縦 3cm，横 $x$cm の長方形の周の長さを $y$cm として，x のいろいろな値に対応する y の値を求め，右の表を完成せよ。

x	1	2	3	4	5
y					

2 次の変数 x と y の関係は，下のア～ウのどの場合か。
  (1) 1 個 200 円のケーキを買うとき，個数 x とその代金 y 円
  (2) たかしさんの年齢 x 歳と体重 $y$kg
  (3) 100 m の距離を走るとき，走る速さ秒速 xm とかかる時間 y 秒
  (4) 半径 $x$cm の円の面積 $y$cm²
  (5) 29 を自然数 x で割ったときの余り y
    ア．x が増すにつれて y も増す。
    イ．x が増すにつれて y は減る。
    ウ．アでもイでもない。

3 次の変数 x の変域を，不等号，または { } を使って表せ。
  (1) x は 5 より小さい数である。
  (2) x は −3 より大きく 7 以下の数である。
  (3) x は 0 より大きく，24 の約数である。
  (4) x は 0 以上の整数である。

4 次の(ア)～(カ)のうち，y が x の関数であるものはどれか。
  (ア) 1 個 x 円の商品を 1 割引きで買うと，代金は y 円となる。
  (イ) 身長 $x$cm の人の体重は $y$kg である。
  (ウ) 1 辺の長さが $x$cm の正方形の面積は $y$cm² である。
  (エ) 10 % の食塩水 xg にふくまれる食塩の重さは yg である。
  (オ) 正の整数 x の約数は正の整数 y である。
  (カ) 周の長さが $x$cm の長方形の面積は $y$cm² である。

5 長さ 20 m のひもを xm 使った残りを ym とするとき，次の問いに答えよ。
  (1) y を x の式で表せ。
  (2) x の変域が $0<x\leqq14$ のとき，y の変域を求めよ。

例題〔1〕 1枚50円の画用紙 x 枚の代金が y 円のとき，次の問いに答えよ。

x	0		2	3	…	11	…		…
y		50			…		…	1250	…

(1) x の変域を求めよ。

(2) y を x の式で表せ。

(3) 上の表の空らんをうめよ。

(4) y の変域を求めよ。

解説 (1) x の値は0以上の整数である。

(2) 50円の画用紙 x 枚の代金は $50x$ 円である。

(3) (2)を利用して空らんの値を求める。

解答 (1) x の変域 $\{0,\ 1,\ 2,\ 3,\ 4,\ \cdots\}$

(2) $y = 50x$

(3)

x	0	**1**	2	3	…	11	…	**25**	…
y	**0**	50	**100**	**150**	…	**550**	…	1250	…

(4) y の変域 $\{0,\ 50,\ 100,\ 150,\ 200,\ \cdots\}$

演習問題

6 あるバス会社の運賃は，2km以下のときは200円，2kmをこえて2.8kmまでは260円，その後800m増すごとに60円ずつ増す。A停留所からの道のりが x km のときの料金を y 円として，次の問いに答えよ。ただし，A停留所から終点のB停留所までの道のりは5.5kmとする。

(1) 右の表を完成せよ。

(2) $y = 380$ のとき，x の変域を求めよ。

(3) x の変域，y の変域をそれぞれ求めよ。

x	1.8	3	3.5	5	5.5
y					

7 5kmのコースを，分速150mでジョギングすることにした。出発してから x 分後の残りの道のりは y km であった。

(1) 右の表の空らんをうめよ。

(2) x の変域，y の変域をそれぞれ求めよ。

(3) y を x の式で表せ。

x	8		30
y		3	

---

1 比例

　y が x の関数であり，変数 x，y の間に **$y=ax$**（a は 0 でない定数）の関係が成り立つとき，**y は x に比例する**といい，この a を**比例定数**という。

　$x \neq 0$ のとき，$\dfrac{y}{x}$ の値は一定で，この値が比例定数 a である。

2 座標

(1)　それぞれの原点で直角に交わっている 2 本の数直線を考える。このとき，横方向の数直線を，**x 軸**または**横軸**，縦方向の数直線を，**y 軸**または**縦軸**，x 軸と y 軸を合わせて**座標軸**といい，座標軸の交点 O を**原点**という。

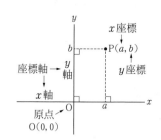

(2)　座標軸の定められた平面を**座標平面**という。

(3)　座標平面上の点 P の位置を表すには，P から x 軸，y 軸にそれぞれひいた垂直な直線と x 軸，y 軸との交点の目もり a，b を読み取り，P(a, b) と表す。このとき，a を点 P の **x 座標**，b を点 P の **y 座標**，(a, b) を点 P の**座標**という。また，原点 O の座標は $(0, 0)$ で，O$(0, 0)$ と表す。

3 比例 **$y=ax$** のグラフ

(1)　グラフは，原点を通る直線である。

(2)　比例 $y=ax$ のグラフは次の図のようになる。

　① $a>0$ のとき　　　　　② $a<0$ のとき
　　x の値が増加すると，y の値も　　　x の値が増加すると，y の値は
　　増加する。（右上がりの直線）　　　減少する。（右下がりの直線）

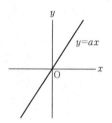 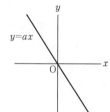

8 次の(ア)～(カ)の式で表される変数 x と y の関係のうち，y が x に比例するものはどれか。また，その比例定数を答えよ。

(ア) $y=3x$　　　　(イ) $y=2x+1$　　　　(ウ) $y=-5x$

(エ) $y=\dfrac{x}{4}$　　　　(オ) $5x=-8y$　　　　(カ) $7xy=2$

9 次の(ア)～(エ)の表で表される変数 x と y の関係のうち，y が x に比例するものはどれか。また，その比例定数を答えよ。

(ア)

x	1	2	3	4	5
y	8	7	6	5	4

(イ)

x	1	2	3	4	5
y	-2	-4	-6	-8	-10

(ウ)

x	1	2	3	4	5
y	1.2	2.4	3.6	4.8	6

(エ)

x	1	2	3	4	5
y	1	2	4	8	16

10 右の図で，点 A，B，C，D，E，F，G，H の座標をそれぞれ求めよ。

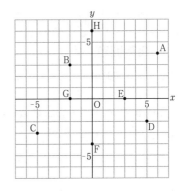

11 座標平面をかいて，次の点をかき入れよ。

A(2, 3)　　　B(−5, 4)　　　C(−2, −5)　　　D(0, 5)

E(−3, 0)　　　F(4, −2)　　　G(1, 0)

12 変数 x と y の関係について，次の式が成り立つとき，表を完成せよ。

(1) $y=2x$

x	…	−3	−2	−1	0	1	2	3	…
y	…								…

(2) $y=-\dfrac{1}{3}x$

x	…	−9	−6	−3	0	3	6	9	…
y	…								…

13 次のグラフをかけ。

(1) $y = 3x$ 　　　　　　　　　　(2) $y = -\dfrac{2}{3}x$

例題 (2) y は x に比例し，$x=6$ のとき $y=-8$ である。

(1) y を x の式で表せ。

(2) $x=-15$ のときの y の値を求めよ。

解説 y が x に比例するとき，$y=ax$（a は比例定数）と表すことができる。
$x=6$，$y=-8$ をこの式に代入して a の値を求める。

解答 (1) y は x に比例するから，$y=ax$（a は比例定数）とおける。

$x=6$ のとき $y=-8$ であるから，　　　　$-8=6a$

よって，　$a=-\dfrac{4}{3}$ 　　　　ゆえに，　$y=-\dfrac{4}{3}x$ ………(答)

(2) $y=-\dfrac{4}{3}x$ に $x=-15$ を代入して，　$y=-\dfrac{4}{3}\times(-15)=20$ ………(答)

▨▨▨ 演習問題 ▨▨▨

14 y は x に比例し，$x=2$ のとき $y=3$ である。

(1) y を x の式で表せ。　　　　(2) $x=10$ のときの y の値を求めよ。

(3) $y=-9$ のときの x の値を求めよ。

15 y が x に比例するとき，右の表の空らんをうめよ。また，y を x の式で表せ。

x	-15	0		12
y	-10		6	

16 y は x に比例し，そのグラフは点 $(4, 12)$ を通る。y を x の式で表せ。

17 右の図の⑦～⑨の直線は，比例のグラフを表したものである。それぞれのグラフについて，y を x の式で表し，その比例定数を答えよ。

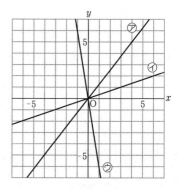

18 点 $(p, -3)$ が，$y=-4x$ のグラフ上にあるように，p の値を定めよ。

19 縦 2cm，横 x cm，高さ 6cm の直方体の体積を y cm³ とする。

(1) y を x の式で表せ。また，x，y の変域をそれぞれ答えよ。

(2) x の値が 20% 増加すると，y の値は何%増加，または減少するか。

20 y が比例定数 a で x に比例するとき，x は y に比例することを説明せよ。また，そのときの比例定数を答えよ。

例題〔3〕 S さんは A 町から 120km 離れた B 町まで行くのに分速 0.8km の自動車で走った。S さんが x 分間に走った道のりを y km とするとき，y を x の式で表し，x の変域を求めよ。また，そのグラフをかけ。

解説 x 分間に走った道のりが y km であるから，y は x に比例する。グラフをかくときは，変数 x の変域に注意する。

解答 分速 0.8km で x 分間走ったときの道のりが y km であるから，　　$y = 0.8x$

また，$\dfrac{120}{0.8} = 150$（分）で B 町に着くから，

x の変域は，　　$0 \leqq x \leqq 150$

（答）$y = 0.8x$（$0 \leqq x \leqq 150$），グラフは右の図

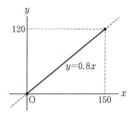

⚠ 右のグラフでは，答の部分を実線で，それ以外の部分を点線で示した。点線の部分は省略して，実線の部分だけを答えてもよい。

演習問題

21 次のグラフをかけ。

(1) $y = \dfrac{5}{6}x$（$-6 \leqq x \leqq 9$）

(2) $y = -4x$（$-2 \leqq x < 1$）

(3) $y = 3x$ $\left(x \leqq \dfrac{5}{2} \right)$

(4) $y = -\dfrac{1}{2}x$（$x > 4$）

22 次のことがらについて，y を x の式で表し，x の変域を求めよ。また，そのグラフをかけ。

(1) 底辺が x cm で，高さが 7cm の三角形の面積は y cm² である。

(2) 10% の食塩水が 700g ある。この食塩水を x g 取り出したとき，それにふくまれる食塩の量は y g である。

(3) 200L の水が入る空の水そうに，毎分 5L の割合でいっぱいになるまで水を入れるとき，x 分間に入る水の量は y L である。

(4) 600m 離れた目的地まで時速 4km で歩いて行くとき，x 分間に進む道のりは y m である。

 **例題（4）** 右の図は，x と y の関係を表したグ
ラフである。

(1) x の変域を求めよ。

(2) y を x の式で表せ。

(3) y の変域を求めよ。

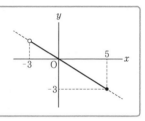

解説 このグラフは原点を通る直線であるから，比例のグラフで，$y=ax$（a は比例定数）
と表すことができる。

解答 (1) x の変域は， $-3 < x \le 5$ ………(答)

(2) グラフは原点を通る直線であるから，比例のグラフで，$y=ax$（a は比例定数）
とおける。点 $(5,\ -3)$ を通るから，$x=5$，$y=-3$ を代入して，

$$-3 = 5a \qquad a = -\frac{3}{5}$$

ゆえに， $y = -\dfrac{3}{5}x$ ………(答)

(3) (2)より， $y = -\dfrac{3}{5}x$

$x=-3$ のとき，$y = -\dfrac{3}{5} \times (-3) = \dfrac{9}{5}$ である

から，y の変域は，

$$-3 \le y < \frac{9}{5} \quad ………(答)$$

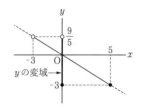

演習問題

23 次の問いに答えよ。

(1) $y = -3x$ で，x の変域が $x > 4$ のとき，y の変域を求めよ。

(2) $y = \dfrac{4}{5}x$ で，x の変域が $-10 < x \le 3$ のとき，y の変域を求めよ。

(3) $y = -6x$ で，y の変域が $-18 \le y \le -5$ のとき，x の変域を求めよ。

24 右の図は，x と y の関係を表したグラフである。

(1) x の変域を求めよ。

(2) y を x の式で表せ。

(3) y の変域を求めよ。

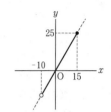

25 関数 $y=ax$ で，x の変域が $-2 \le x \le 3$ のとき，y の変域は $-4 \le y \le b$ である。このとき，定数 a，b の値をそれぞれ求めよ。

3 反比例とそのグラフ

---

1 **反比例**

　　y が x の関数であり，変数 x，y の間に $\boldsymbol{y=\dfrac{a}{x}}$ （a は 0 でない定数）の関係が成り立つとき，$\boldsymbol{y}$ **は** $\boldsymbol{x}$ **に反比例する**といい，この a を**比例定数**という。このとき，xy の値は一定で，この値が比例定数 a である。

2 **反比例** $\boldsymbol{y=\dfrac{a}{x}}$ **のグラフ**

(1) グラフは，原点について対称な曲線である。この曲線を**双曲線**という。

(2) 反比例 $y=\dfrac{a}{x}$ のグラフは次の図のようになる。

① $a>0$ のとき
$x<0$，$x>0$ の範囲で，
x の値が増加すると，
y の値は減少する。

② $a<0$ のとき
$x<0$，$x>0$ の範囲で，
x の値が増加すると，
y の値も増加する。

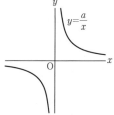

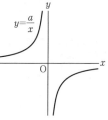

⚠ $x=0$ のときの y の値は存在しない。

▓▓▓ **基本問題** ▓▓▓

26 次の(ア)〜(カ)の式で表される変数 x と y の関係のうち，y が x に反比例するものはどれか。また，その比例定数を答えよ。

(ア) $y=\dfrac{2}{x}$ 　　　　　(イ) $y=-\dfrac{10}{x}$ 　　　　　(ウ) $y=\dfrac{1}{3x}$

(エ) $y=-3x$ 　　　　　(オ) $xy=-5$ 　　　　　(カ) $y=-3x+2$

27 次の(ア)〜(エ)の表で表される変数 x と y の関係のうち，y が x に反比例するものはどれか。また，その比例定数を答えよ。

(ア)

x	1	2	3	4	5
y	3	6	9	12	15

(イ)

x	1	2	3	4	5
y	30	15	10	7.5	6

(ウ)

x	1	2	3	4	5
y	-60	-30	-20	-15	-12

(エ)

x	1	2	3	4	5
y	1	4	9	16	25

28 変数 x と y の関係について，$y=\dfrac{9}{x}$ が成り立つとき，次の表を完成させ，そのグラフをかけ。

x	…	-9	-6	-3	-1	0	1	3	6	9	…
y	…					✕					…

29 次のグラフをかけ。

(1) $y=\dfrac{4}{x}$

(2) $y=-\dfrac{12}{x}$

例題⑤ y は x に反比例し，$x=4$ のとき $y=-2$ である。

(1) y を x の式で表せ。

(2) $x=-6$ のときの y の値を求めよ。

解説 y が x に反比例するとき，$y=\dfrac{a}{x}$（a は比例定数）と表すことができる。

$x=4$，$y=-2$ をこの式に代入して a の値を求める。

解答 (1) y は x に反比例するから，$y=\dfrac{a}{x}$（a は比例定数）とおける。

$x=4$ のとき $y=-2$ であるから，

$$-2=\frac{a}{4}$$

よって，$a=-8$

ゆえに，$y=-\dfrac{8}{x}$ ………(答)

(2) $y=-\dfrac{8}{x}$ に $x=-6$ を代入して，

$$y=-\frac{8}{-6}=\frac{4}{3}$$ ………(答)

参考 (1) $xy=a$ より，比例定数は，$a=4\times(-2)=-8$ として求めてもよい。

30 y は x に反比例し，$x=-2$ のとき $y=12$ である。

(1) y を x の式で表せ。

(2) $x=4$ のときの y の値を求めよ。

(3) $x=-0.5$ のときの y の値を求めよ。

(4) $y=-\dfrac{6}{5}$ のときの x の値を求めよ。

31 y が x に反比例するとき，右の表の空らんを
うめよ。また，y を x の式で表せ。

x	$-\dfrac{1}{6}$	4	10	
y		$\dfrac{1}{8}$		$\dfrac{1}{32}$

32 y は x に反比例し，そのグラフは点 $(3,\ -2)$ を通る。y を x の式で表せ。

33 右の図の⑦，⑦の双曲線は，反比例の
グラフを表したものである。それぞれの
グラフについて，y を x の式で表し，そ
の比例定数を答えよ。

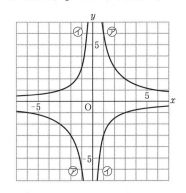

34 点 $(p,\ -12)$ が，$y=-\dfrac{8}{x}$ のグラフ上にあるように，p の値を定めよ。

35 毎分 18L の割合で水を入れると，10 分間でいっぱいになる空の容器がある。
この容器に毎分 xL の割合で水を入れるとき，いっぱいになるまでの時間を y
分とする。

(1) y を x の式で表せ。

(2) x の値が 25% 増加すると，y の値は何%増加，または減少するか。

36 y が比例定数 a で x に反比例するとき，x は y に反比例することを説明せよ。
また，そのときの比例定数を答えよ。

37 次のグラフをかけ。また，y の変域を求めよ。

(1) $y = \dfrac{3}{x}$ （$x < 0$）

(2) $y = -\dfrac{4}{x}$ （$x \geqq 1$）

38 次のことがらについて，y を x の式で表し，x の変域を求めよ。また，その
グラフをかけ。

(1) 10km の道のりを，分速 x km で移動すると y 分かかる。

(2) 縦 x cm，横 y cm の長方形の面積は $6\,\text{cm}^2$ である。ただし，長方形の各辺
の長さは 1cm 以上とする。

39 右の図は，反比例のグラフである。

(1) x の変域を求めよ。

(2) y を x の式で表せ。

(3) y の変域を求めよ。

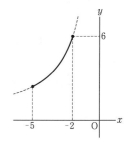

40 次の問いに答えよ。

(1) 関数 $y = -\dfrac{4}{3x}$ で，x の変域が $-2 \leqq x < \dfrac{2}{3}$ （$x \neq 0$）のとき，y の変域を
求めよ。

(2) 関数 $y = \dfrac{a}{x}$ で，x の変域が $2 \leqq x \leqq 9$ のとき，y の変域は $\dfrac{2}{3} \leqq y \leqq b$ であ
る。a，b の値をそれぞれ求めよ。

41 右の図は，$y = \dfrac{a}{x}$ （$a > 0$）のグラフの $x > 0$
の部分である。このグラフ上に点 P をとり，P
から x 軸に垂線をひき，x 軸との交点を Q と
する。このとき，点 P がどこにあっても三角
形 OPQ の面積が一定であることを説明せよ。

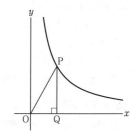

例題⟨6⟩ 次の問いに答えよ。

 (1) y は $x-3$ に比例し，$x=5$ のとき $y=8$ である。y を x の式で表せ。

 (2) $y-4$ は $x+6$ に反比例し，$x=-4$ のとき $y=2$ である。y を x の式で表せ。

解説 (1) △ が □ に比例するとき，△$=a×$□（a は比例定数）である。△ が y，□ が $x-3$ に対応する。

 (2) △ が □ に反比例するとき，△$=\dfrac{a}{□}$（a は比例定数）である。△ が $y-4$，□ が $x+6$ に対応する。

解答 (1) y は $x-3$ に比例するから，$y=a(x-3)$（a は比例定数）とおける。

  $x=5$ のとき $y=8$ であるから，

$$8=a(5-3)\qquad 8=2a\qquad a=4$$

  よって， $y=4(x-3)$

  ゆえに， $y=4x-12$ ………(答)

 (2) $y-4$ は $x+6$ に反比例するから，$y-4=\dfrac{a}{x+6}$（a は比例定数）とおける。

  $x=-4$ のとき $y=2$ であるから，

$$2-4=\dfrac{a}{-4+6}\qquad -2=\dfrac{a}{2}\qquad a=-4$$

  よって， $y-4=-\dfrac{4}{x+6}$

  ゆえに， $y=-\dfrac{4}{x+6}+4$ ………(答)

▨▨▨ 演習問題 ▨▨▨

42 $y+5$ は $3x-1$ に比例し，$x=\dfrac{2}{3}$ のとき $y=-7$ である。

 (1) y を x の式で表せ。

 (2) $x=-1$ のときの y の値を求めよ。

 (3) $y=5$ のときの x の値を求めよ。

43 $y-3$ は $2x+1$ に反比例し，$x=3$ のとき $y=5$ である。

 (1) y を x の式で表せ。

 (2) $x=-2$ のときの y の値を求めよ。

44 次のことがらについて，y を x の式で表せ。また，y が x に比例するもの，および，y が x に反比例するものを選び，その比例定数を答えよ。

(1) 1個50円の品物を x 個買うときの代金は y 円である。

(2) 100 km 離れた2つの地点の間を，時速 x km で往復すると y 時間かかる。

(3) 歯数が x の歯車が y 回転する間に，歯数が 30 の歯車が 5 回転する。

(4) 縦 x cm，横 y cm の長方形の周の長さは 20 cm である。

(5) 3% の食塩水 x g にふくまれる食塩の重さは y g である。

45 $S = \dfrac{1}{2}ah$ について，次の $\boxed{}$ に比例，反比例，または，あてはまる式を入れよ。

(1) a を一定とすると，S は h に $\boxed{(ア)}$ し，比例定数は $\boxed{(イ)}$ である。

(2) h を一定とすると，a は S に $\boxed{(ウ)}$ し，比例定数は $\boxed{(エ)}$ である。

(3) S を一定とすると，h は a に $\boxed{(オ)}$ し，比例定数は $\boxed{(カ)}$ である。

46 右の図で，㋐は反比例のグラフ，㋑は $y = \dfrac{1}{3}x$ のグラフである。

(1) ㋐のグラフについて，y を x の式で表せ。

(2) ㋐のグラフで，x の変域が $2 \leqq x \leqq a$ のとき，y の変域は $3 \leqq y \leqq b$ である。a，b の値をそれぞれ求めよ。

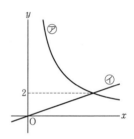

47 次の関数のグラフ上にあり，x 座標，y 座標がともに整数である点は何個あるか。

(1) $y = \dfrac{x}{2}$ $(-4 \leqq x \leqq 12)$ 　　(2) $y = \dfrac{12}{x}$ $(x > 0)$

48 右の図で，㋐は $y = ax$，㋑は $y = \dfrac{2}{x}$ $(x > 0)$ のグラフである。㋐と㋑のグラフの交点 A の x 座標は 2 である。

(1) a の値を求めよ。

(2) 点 P は点 O を出発し，㋐のグラフ上を点 A まで動き，A からは㋑のグラフ上を右へ動く。また，点 P から x 軸に垂線 PQ をひき，△POQ をつくる。点 P の x 座標を t，△POQ の面積を S とするとき，次の①，②について，S を t の式で表せ。

① $0 \leqq t < 2$ のとき　　② $2 \leqq t$ のとき

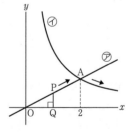

例題〔7〕 y は x に比例し，z は y に比例するとき，次の問いに答えよ。

(1) z は x に比例することを説明せよ。

(2) $x=4$ のとき $z=15$ である。z を x の式で表せ。また，$x=\dfrac{3}{5}$ のとき

の z の値を求めよ。

解説 (1) y は x に比例するから $y=ax$（a は比例定数），z は y に比例するから $z=by$（b は比例定数）と表すことができる。2つの式は，比例定数の値が同じとは限らないので，異なる文字 a, b を使う。

解答 (1) y は x に比例するから，$y=ax$（a は比例定数）　………① とおける。
また，z は y に比例するから，$z=by$（b は比例定数）………② とおける。
②の y に①を代入すると，　$z=b\times ax$　　よって，　$z=abx$
a と b はどちらも 0 でない定数であるから，z は ab を比例定数として x に比例する。

(2) (1)より，z は x に比例するから，$z=cx$（c は比例定数）とおける。
$x=4$ のとき $z=15$ であるから，

$$15=4c \qquad c=\frac{15}{4}$$

ゆえに，　　$z=\dfrac{15}{4}x$

また，$z=\dfrac{15}{4}x$ に $x=\dfrac{3}{5}$ を代入して，

$$z=\frac{15}{4}\times\frac{3}{5}=\frac{9}{4}$$

（答）　$z=\dfrac{15}{4}x$, $z=\dfrac{9}{4}$

▨▨▨ 演習問題 ▨▨▨

49 y は x に反比例し，z は y に比例するとき，次の問いに答えよ。

(1) z は x に反比例することを説明せよ。

(2) $x=4$ のとき $z=-6$ である。z を x の式で表せ。また，$x=-\dfrac{2}{3}$ のとき

の z の値を求めよ。

▨▨▨ 進んだ問題 ▨▨▨

50 y は x に比例する量と x に反比例する量との和であり，そのときの比例定数はともに等しく，$x=2$ のとき $y=40$ である。$x=16$ のときの y の値を求めよ。

4 点の移動

1 象限

座標平面は，2つの座標軸によって4つの部分に分けられる。そのおのおのを右の図のように**第1象限，第2象限，第3象限，第4象限**という。
（座標軸はどの象限にも属さない。）

座標＼象限	1	2	3	4
x 座標の符号	＋	－	－	＋
y 座標の符号	＋	＋	－	－

（右図）
第2象限 $(-, +)$ ／ 第1象限 $(+, +)$
第3象限 $(-, -)$ ／ 第4象限 $(+, -)$

2 座標軸，原点について対称な点

点 $A(a, b)$ と
x 軸について対称な点 B の座標は，
$$(a, -b)$$
y 軸について対称な点 C の座標は，
$$(-a, b)$$
原点 O について対称な点 D の座標は，
$$(-a, -b)$$

⚠ 原点について対称な点は，x 軸（または y 軸）について対称な点を，さらに，y 軸（または x 軸）について対称な点としたものと同じである。

（右図）
$C(-a, b)$　$A(a, b)$
$D(-a, -b)$　$B(a, -b)$

3 点の平行移動

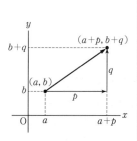

点 (a, b) を，x 軸にそって p，y 軸にそって q だけ平行移動した点の座標は，
$$(a+p, b+q)$$

⚠ $p>0$ のときは右へ，$p<0$ のときは左への平行移動を表す。また，$q>0$ のときは上へ，$q<0$ のときは下への平行移動を表す。

（→p.111，平行移動）

$(a+p, b+q)$

● 数直線上の2点を結ぶ線分の中点の座標

2点 A，B を通る直線のうち，A から B までの部分を**線分 AB** という。この線分 AB を2等分する点をその線分の**中点**という。数直線上の点 A の座標が a であることを $\mathbf{A}(a)$ と表す。

> 数直線上の2点 $\mathbf{A}(a)$，$\mathbf{B}(b)$ を結ぶ線分 AB の中点 M の座標は，$\dfrac{a+b}{2}$

【説明】$a<b$ のとき，M は線分 AB の中点であるから，

$$\text{AM}=\text{MB}$$

中点 M の座標を x とすると，

$$x-a=b-x \qquad 2x=a+b$$

$$x=\frac{a+b}{2}$$

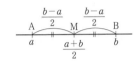

ゆえに，線分 AB の中点 M の座標は $\dfrac{a+b}{2}$ となる。

⚠ $a>b$ のときも同様に説明することができる。

⚠ 式の中の AM，MB は，それぞれ線分 AM，線分 MB の長さを表す。

● 座標平面上の2点を結ぶ線分の中点の座標

> 座標平面上の2点 $\mathbf{A}(a,\ b)$，$\mathbf{B}(c,\ d)$ を結ぶ線分 AB の中点 M の座標は，$\left(\dfrac{a+c}{2},\ \dfrac{b+d}{2}\right)$

【説明】3点 A，B，M から x 軸に垂線をひき，その交点をそれぞれ A′，B′，M′ とすると，M′ は線分 A′B′ の中点である。

A′，B′ の x 座標は，それぞれ a，c であるから，

M′ の x 座標は $\dfrac{a+c}{2}$ となる。

すなわち，　M の x 座標は，$\dfrac{a+c}{2}$

同様に，　　M の y 座標は，$\dfrac{b+d}{2}$

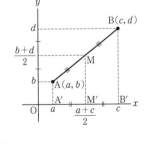

ゆえに，2点 A$(a,\ b)$，B$(c,\ d)$ を結ぶ線分 AB の中点 M の座標は，$\left(\dfrac{a+c}{2},\ \dfrac{b+d}{2}\right)$

⚠ M′ が線分 A′B′ の中点となることは，『A級中学数学問題集3年』の「5章 平行線と比」でくわしく学習する。

51 点 A(−1, 2), B(2, 4), C(3, −5), D(0, −4) は，それぞれ座標平面のどこにあるか。次の(ア)〜(ケ)から選び，E−㋙のように答えよ。

(ア) 第1象限   (イ) 第2象限   (ウ) 第3象限

(エ) 第4象限   (オ) x軸の正の部分   (カ) x軸の負の部分

(キ) y軸の正の部分   (ク) y軸の負の部分   (ケ) 原点

52 右の図について，次の □ にあてはまる語句，または記号を答えよ。

(1) x軸について点Aと対称な点は，点 □ である。

(2) □ について点Bと対称な点は，点Eである。

(3) 原点Oについて点 □ と対称な点は，点Dである。

(4) 点Fをx軸にそって9，y軸にそって −3 だけ平行移動した点は，点 □ である。

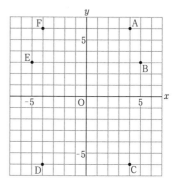

53 点 $\left(\dfrac{1}{2}, -3\right)$ について，次の問いに答えよ。

(1) x軸について対称な点の座標を求めよ。

(2) y軸について対称な点の座標を求めよ。

(3) 原点について対称な点の座標を求めよ。

54 点 (3, −1) を，次のように移動した点の座標を求めよ。

(1) x軸にそって5だけ平行移動

(2) y軸にそって −4 だけ平行移動

(3) x軸にそって −2，y軸にそって6だけ平行移動

55 次の点Aをどのように平行移動すると点Bに重なるか。

(1) A(2, 2), B(−5, 2)

(2) A(6, 4), B(−2, 7)

(3) A(−3, −1), B(5, −8)

56 次の2点A，Bを結ぶ線分ABの中点Mの座標を求めよ。

(1) A(−7, 8), B(7, 2)

(2) A(9, −6), B(3, 4)

(3) A(−11, −7), B(−4, −6)

例題〔8〕 2点 A$(2a+7,\ 4-b)$, B$(a-1,\ -3b)$ がある。

(1) 2点 A, B が原点について対称になるとき, a, b の値をそれぞれ求めよ。

(2) 点 A を x 軸にそって 4, y 軸にそって 6 だけ平行移動すると, 点 B に重なるような a, b の値をそれぞれ求めよ。また, このときの 2 点 A, B の座標をそれぞれ求めよ。

解説 (1) 点 $(p,\ q)$ と原点について対称な点の座標は, $(-p,\ -q)$ である。

(2) 点 $(p,\ q)$ を x 軸にそって 4, y 軸にそって 6 だけ平行移動した点の座標は, $(p+4,\ q+6)$ である。

解答 (1) 点 A$(2a+7,\ 4-b)$ と原点について対称な点の座標は, $(-2a-7,\ -4+b)$ である。

これと点 B$(a-1,\ -3b)$ が重なるから,
$$-2a-7=a-1 \qquad -4+b=-3b$$
これを解いて, $a=-2$, $b=1$ ………(答)

(2) 点 A$(2a+7,\ 4-b)$ を x 軸にそって 4, y 軸にそって 6 だけ平行移動した点の座標は, $(2a+11,\ 10-b)$ である。

これと点 B$(a-1,\ -3b)$ が重なるから,
$$2a+11=a-1 \qquad 10-b=-3b$$
これを解いて, $a=-12$, $b=-5$ ………(答)

また, このとき 2 点 A, B の座標は,
$$\text{A}(-17,\ 9),\ \text{B}(-13,\ 15)\ \text{………(答)}$$

=== **演習問題** ===

57 2点 A$(3a+5,\ b-4)$, B$(1-a,\ 3b)$ がある。

(1) 2点 A, B が x 軸について対称になるとき, a, b の値をそれぞれ求めよ。

(2) 点 A を x 軸にそって 2, y 軸にそって -8 だけ平行移動すると, 点 B に重なるような a, b の値をそれぞれ求めよ。また, このときの 2 点 A, B の座標をそれぞれ求めよ。

58 2点 A$(x,\ -4)$, B$(-7,\ y)$ を結ぶ線分 AB の中点 M の座標が M$(7,\ 4)$ であるとき, x, y の値をそれぞれ求めよ。

59 点 $(3,\ 1)$ について点 $(-2,\ 5)$ と対称な点の座標を求めよ。

例題 9 3点 A(5, 4)，B(−5, 7)，C(−3, −2) を頂点とする三角形 ABC の面積を求めよ。ただし，座標軸の1目もりを1cm とする。

解説 台形をつくって，余分な三角形の面積をひいて求める。

解答 図1のように，点 C を通り x 軸に平行な直線と，点 B，A を通り y 軸に平行な直線との交点をそれぞれ D，E とする。

AE=6，BD=9，CD=2，CE=8，DE=10 であるから，三角形 ABC の面積は，

（台形 ABDE）−（三角形 ACE）−（三角形 BDC）

$$=\frac{1}{2}\times(6+9)\times10-\frac{1}{2}\times8\times6-\frac{1}{2}\times2\times9=42$$

（答） 42cm²

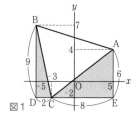

図1

参考 図2のように，点 F(5, 7) を考えて，長方形 BDEF から3つの三角形 BDC，ACE，BAF をひいて求めてもよい。

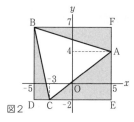

図2

演習問題

60 次の3点 A，B，C を頂点とする三角形 ABC の面積を求めよ。ただし，座標軸の1目もりを1cm とする。

(1) A(0, 0)，B(3, 0)，C(0, 2)

(2) A(0, 3)，B(−5, −2)，C(5, −2)

(3) A(5, 3)，B(−1, 6)，C(2, −4)

61 4点 A(4, 3)，B(−3, 5)，C(−5, −2)，D(3, −3) を頂点とする四角形 ABCD の面積を求めよ。ただし，座標軸の1目もりを1cm とする。

進んだ問題

62 右の図で，長方形 ABCD の頂点 A と対角線 BD の中点 E は，ともに $y=\dfrac{3}{x}$（$x>0$）のグラフ上にあり，辺 BC は x 軸上にある。点 E の x 座標が a であるとき，次の問いに答えよ。

(1) 点 B の x 座標を，a を使って表せ。

(2) 長方形 ABCD の面積を求めよ。ただし，座標軸の1目もりを1cm とする。

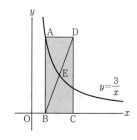

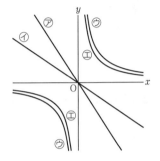

4章の問題

1 次の(ア)〜(ク)の式で表される変数 x と y の関係のうち，y が x に比例するもの，および，y が x に反比例するものはどれか。また，その比例定数を答えよ。

(ア) $y = 5x$

(イ) $y = -\dfrac{5}{x}$

(ウ) $y = 3x + 2$

(エ) $3y + 5x = 0$

(オ) $(x+1)y = 2$

(カ) $\dfrac{1}{x} = \dfrac{3}{4}y$

(キ) $4xy = 9$

(ク) $4x = -3y$

2 次の(1)〜(4)の式で表されるグラフは，右の図の⑦〜④のどれか。

(1) $y = -\dfrac{2}{3}x$

(2) $y = -\dfrac{3}{2}x$

(3) $y = \dfrac{8}{x}$

(4) $y = \dfrac{6}{x}$

3 次のことがらについて，y を x の式で表せ。また，y が x に比例するもの，および，y が x に反比例するものを選び，その比例定数を答えよ。

(1) 底辺が x cm，高さが y cm の三角形の面積は 30 cm² である。

(2) 車が時速 40 km で x km の道のりを走るのにかかった時間は y 時間である。

(3) 濃度 x ％ の食塩水 1 kg の中にふくまれている食塩の重さは y g である。

(4) 1辺が x cm の立方体の表面積は y cm² である。

4 右の表を見て，次の問いに答えよ。

(1) y が x に比例するとき，y を x の式で表せ。また，このとき，表の(ア)，(イ)にあてはまる数を求めよ。

(2) y が x に反比例するとき，y を x の式で表せ。また，このとき，表の(ア)，(イ)にあてはまる数を求めよ。

x	3	4	(イ)
y	12	(ア)	6

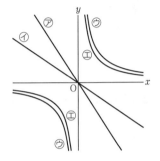

5 次の問いに答えよ。　🔙②③

(1) y は x に比例し，$x=-6$ のとき $y=10$ である。y を x の式で表せ。

(2) y は x に反比例し，$x=8$ のとき $y=6$ である。x の変域が $1 \leqq x \leqq 12$ のとき，y の変域を求めよ。

(3) $y+2$ は $3x$ に反比例し，$x=1$ のとき $y=4$ である。y を x の式で表せ。

6 次の問いに答えよ。　🔙④

(1) y 軸について $y=4x$ のグラフと対称なグラフの式を求めよ。

(2) x 軸について $y=\dfrac{6}{x}$ のグラフと対称なグラフの式を求めよ。

7 点 $P(a, b)$ を x 軸にそって 2，y 軸にそって $a-7$ だけ平行移動した点を Q とする。　🔙④

(1) 点 P の座標が $(4, 5)$ のとき，点 Q の座標を求めよ。

(2) 点 Q が原点となるとき，点 P の座標を求めよ。

8 3点 $A(2, 3)$，$B(-1, -2)$，$C(4, 0)$ がある。　🔙④

(1) 三角形 ABC の面積を求めよ。ただし，座標軸の 1 目もりを 1cm とする。

(2) x 軸について三角形 ABC と対称な三角形 A′B′C′ の頂点の座標を求めよ。

(3) 三角形 ABC を x 軸にそって -1，y 軸にそって 2 だけ平行移動してできる三角形 A″B″C″ の頂点の座標を求めよ。

9 右の図で，㋐は $y=\dfrac{a}{x}$ $(a>0)$，㋑は $y=\dfrac{2}{x}$ のグラフの $x>0$ の部分である。㋐のグラフ上に点 P をとり，P から x 軸に垂線をひき，㋑のグラフとの交点を Q とする。三角形 OPQ の面積が $3cm^2$ のとき，a の値を求めよ。ただし，座標軸の 1 目もりを 1cm とする。　🔙②

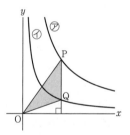

10 $a>2$ のとき，3点 $A(0, a)$，$B(-3, 2)$，$C(2, 0)$ を頂点とする三角形 ABC の面積が $8cm^2$ である。このとき，a の値を求めよ。ただし，座標軸の 1 目もりを 1cm とする。　🔙④

11 $S=\dfrac{1}{2}(a+3)h$ について，次の □ に比例，反比例，または，あてはまる

式を入れよ。 ⇤ **2 3**

(1) a を一定とすると，S は h に 「⑦」 し，比例定数は 「⑦」 である。

(2) h を一定とすると，S は 「⑦」 に 「⑦」 し，比例定数は $\dfrac{1}{2}h$ である。

(3) S を一定とすると，h は 「⑦」 に 「⑦」 し，比例定数は $2S$ である。

12 図1，図2のグラフは，ともに $y=\dfrac{a}{x}$ $(a>0)$

のグラフの $x>0$ の部分である。これらのグラ
フ上に点 $(2,\ 2)$ があるとき，次の問いに答え
よ。ただし，座標軸の1目もりを1cmとする。

⇤ **4**

(1) 図1のように，このグラフ上に点 P をと
るとき，長方形 OQPR の面積を求めよ。

(2) 図2のように，このグラフ上に3点 A，B，
C をとる。点 A，B の x 座標をそれぞれ1，
4とする。2つの線分 AC，BC の長さが等し
いとき，点 C の座標を求めよ。また，その
ときの三角形 ABC の面積を求めよ。

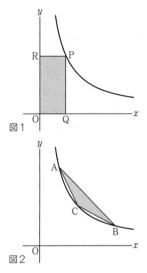

図1

図2

5章 平面図形

1 平面図形の基礎

1 直線，半直線，線分

(1) 2点 A，B を通る直線はただ1つあり，これを**直線 AB** という。

直線 AB

(2) 直線 AB は点 A によって2つの部分に分けられる。このうち，点 B をふくむ部分を**半直線 AB** という。

半直線 AB

(3) 直線 AB のうち，点 A から点 B までの部分を**線分 AB** といい，その長さを**2点 A，B 間の距離**という。線分 AB 上にあって，2点 A，B からの距離が等しい点を，**線分 AB の中点**という。

中点

2 角

(1) 1点から出る2つの半直線によってできる図形を**角**という。

右の図の角は，∠XOY，∠YOX，∠O または ∠a などで表す。このとき，点 O を**頂点**という。

(2) ∠XOY の内部にあって，∠XOP＝∠YOP となる半直線 OP を，∠XOY の**二等分線**という。

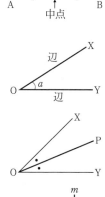

3 垂直

(1) 交わる2つの直線のつくる角が直角のとき，この2つの直線は**垂直**である，または**直交する**といい，一方の直線を他方の直線の**垂線**という。

(2) 2つの直線 ℓ と m が垂直であることを，記号 ⊥ を使って，$\ell \perp m$ と表す。同様に，2直線 AB と CD が垂直のとき，AB⊥CD と表す。

(3) 線分 AB の中点を通り，その線分に垂直な直線を，**線分 AB の垂直二等分線**という。

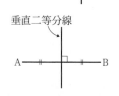

垂直二等分線

(4)　直線 ℓ 上にない点 P から ℓ に垂線をひき，ℓ との交点を H とするとき，線分 PH の長さを**点 P と直線 ℓ との距離**という。

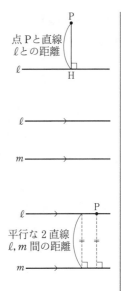

点 P と直線 ℓ との距離

④　平行

(1)　同じ平面上にある 2 つの直線が交わらないとき，この 2 つの直線は**平行**であるといい，一方の直線を他方の直線の**平行線**という。

(2)　2 つの直線 ℓ と m が平行であることを，記号 ∥ を使って，$\ell \mathbin{/\mkern-4mu/} m$ と表す。同様に，2 直線 AB と CD が平行のとき，AB ∥ CD と表す。

(3)　2 つの直線 ℓ と m が平行であるとき，直線 ℓ 上のどこに点 P をとっても，点 P と直線 m との距離は一定である。この一定の距離を**平行な 2 直線 ℓ, m 間の距離**という。

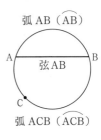

平行な 2 直線 ℓ, m 間の距離

⑤　円

(1)　平面上で，定点から一定の距離にある点全体の集合を**円**または**円周**という。この定点を円の**中心**，中心と円周上の点を結ぶ線分を**半径**という。中心が O である円を**円 O** と表す。

(2)　円周の一部分を**弧**という。円周上に 2 点 A，B があるとき，A から B までの円周の部分を**弧 AB** といい，$\overset{\frown}{AB}$ と表す。（$\overset{\frown}{AB}$ はふつう短いほうの弧を表す。）

弧 AB（$\overset{\frown}{AB}$）

弦 AB

弧 ACB（$\overset{\frown}{ACB}$）

(3)　円周上の 2 点を結ぶ線分を**弦**という。円周上の 2 点 A，B を結ぶ線分を**弦 AB** といい，円の中心を通る弦を**直径**という。

(4)　円と直線が 1 点だけを共有するとき，円と直線は**接する**という。このとき，この直線を円の**接線**，この共有点を円と直線の**接点**という。円の接線は，接点を通る円の半径に垂直である。

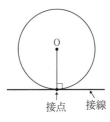

接点　接線

(5)　弧の両端を通る 2 つの半径と，その弧で囲まれた図形を**おうぎ形**という。円 O の 2 つの半径 OA，OB と $\overset{\frown}{AB}$ とでつくられるおうぎ形 OAB で，∠AOB を $\overset{\frown}{AB}$ に対する**中心角**という。

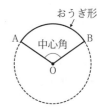

おうぎ形

中心角

基本問題

1 次の ☐ にあてはまる語句，または記号を答えよ。

(1) 直線 AB は点 A によって 2 つの部分に分けられる。このうち，点 B をふくむ部分を ☐⑦ AB という。また，直線 AB の点 A から点 B までの部分を ☐⑦ AB という。

(2) 線分 AB を 2 等分する点を，線分 AB の ☐⑨ といい，☐⑨ を通り線分 AB に垂直な直線を，線分 AB の ☐⑨ という。

(3) 交わる 2 直線 ℓ と m のつくる角が直角のとき，この 2 直線は ☐⑦ であるといい，記号を使って，ℓ ☐⑰ m と表す。このとき，直線 ℓ を直線 m の ☐⑯ という。

(4) 同じ平面上にある 2 直線 ℓ と m が交わらないとき，この 2 直線は ☐⑦ であるといい，記号を使って，ℓ ☐⑰ m と表す。このとき，直線 ℓ を直線 m の ☐⬜ という。

2 次の ☐ にあてはまる語句，または記号を答えよ。

(1) 円周上の異なる 2 点を A，B とする。円周のうち，点 A から点 B までの部分を ☐⑦ AB といい，記号を使って，☐⑦ と表す。また，線分 AB を ☐⑨ AB といい，その長さが最大となるのは，線分 AB が円の ☐⑨ となるときである。

(2) 円と直線が 1 点だけを共有するとき，円と直線は ☐⑦ という。このとき，この直線を円の ☐⑰ といい，この共有点を円と直線の ☐⑯ という。円の ☐⑰ は ☐⑯ を通る半径に ☐⑦ である。

(3) 円 O の 2 つの半径 OA，OB と $\overset{\frown}{AB}$ とで囲まれた図形を ☐⑯ OAB といい，∠AOB を $\overset{\frown}{AB}$ に対する ☐⬜ という。

3 平面上に，どの 3 点も 1 つの直線上にない 4 点 A，B，C，D がある。

(1) 3 点 A，B，C のうち，どれか 2 点を通る直線の数を答えよ。

(2) 4 点 A，B，C，D のうち，どれか 2 点を通る直線の数を答えよ。

4 右の図の長方形 ABCD で，AB＝2cm，AD＝3cm とする。AE は ∠A の二等分線で，FG は線分 AD の垂直二等分線である。

(1) ∠EAB の大きさと線分 BE の長さをそれぞれ求めよ。

(2) 点 E と直線 AD との距離を求めよ。

(3) 平行な 2 直線 AB，FG 間の距離を求めよ。

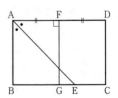

5 右の図で，点 A は円 O の周上にあり，円 O は直線 ℓ と点 B で接し，点 C は直線 ℓ 上にある。次のそれぞれの場合，∠ABC の大きさを求めよ。

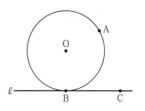

(1) AB＝BC＝CA のとき

(2) 弦 AB が円 O の直径となるとき

(3) 点 A と直線 ℓ との距離が円 O の半径と等しいとき

例題 1 右の図で，AB＝BC＝CD＝DE で，M は線分 BE の中点である。AP＝16cm，EP＝4cm のとき，線分 AM の長さを求めよ。

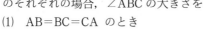

解説 次のような流れで考える。

① 線分 AP，EP の長さから，線分 AE の長さを求める。

② AB＝BC＝CD＝DE から，線分 AB，BE の長さを求める。

③ M は線分 BE の中点であるから，線分 BM の長さは BE の長さの半分である。

④ AM＝AB＋BM から，線分 AM の長さを求める。

解答 AE＝AP－EP＝16－4＝12

AB＝BC＝CD＝DE より，

$$AB=\frac{1}{4}AE=3$$

$$BE=\frac{3}{4}AE=9$$

M は線分 BE の中点であるから，

$$BM=\frac{1}{2}BE=\frac{9}{2}$$

ゆえに，　　AM＝AB＋BM＝$3+\frac{9}{2}=\frac{15}{2}$　　　　（答）$\frac{15}{2}$cm

別解 AE＝AP－EP＝16－4＝12

AB＝BC＝CD＝DE より，

$$AB=\frac{1}{4}AE=3$$

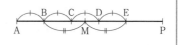

線分 EP 上に EQ＝3 となる点 Q をとると，

M は線分 AQ の中点であるから，

$$AM=\frac{1}{2}AQ=\frac{1}{2}\times5AB=\frac{1}{2}\times5\times3=\frac{15}{2}$$　　　　（答）$\frac{15}{2}$cm

演習問題

6 右の図で，AB＝6cm，BC＝10cm，
CD＝4cm，AM＝MC，BN＝ND のとき，
線分 MN の長さを求めよ。

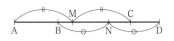

7 右の図で，2点P，R は線分 AB を3等分
し，S は線分 RB の中点，Q は線分 AS の
中点である。AB＝12cm のとき，線分
PQ の長さを求めよ。

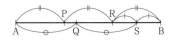

8 右の図で，AB＝BC＝CD，DE＝EF＝FG
である。BE＝8cm，CF＝7cm のとき，
線分 AG の長さを求めよ。

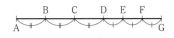

9 右の図で，AB⊥OE，CD⊥OF，∠DOB＝27° で
ある。
(1) ∠EOD の大きさを求めよ。
(2) ∠AOF の大きさを求めよ。

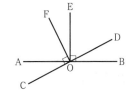

10 右の図で，OP は ∠AOB と∠COD の二等分線
で，∠AOB＝120°，∠COD＝58° である。
(1) ∠COP の大きさを求めよ。
(2) ∠DOB の大きさを求めよ。

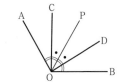

11 右の図で，OP は ∠AOC の二等分線，OQ は
∠BOC の二等分線である。∠POQ＝40° のとき，
∠AOB の大きさを求めよ。

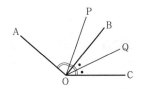

例題 2 右の図で，O は直線 AC 上の点で，OP は ∠AOB の二等分線，OQ は ∠BOC の二等分線である。このとき，∠POQ＝90° である。この理由を説明せよ。

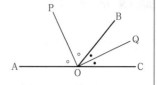

解説 あることがらが正しいという理由を説明する問題では，与えられた条件が何か，説明すべきことがらが何かを整理し，与えられた条件から図形の性質や等式の性質などを使って，そのことがらが正しいことを順に導いていく。

与えられた条件

↓ 理由を説明

説明すべきことがら

この例題においては，

与えられた条件は「OP，OQ はそれぞれ ∠AOB，∠BOC の二等分線」であり，説明すべきことがらは「∠POQ＝90°」である。

解答 OP，OQ はそれぞれ ∠AOB，∠BOC の二等分線であるから，

$$\angle POB = \frac{1}{2}\angle AOB \qquad \angle BOQ = \frac{1}{2}\angle BOC$$

よって，
$$\angle POQ = \angle POB + \angle BOQ$$
$$= \frac{1}{2}\angle AOB + \frac{1}{2}\angle BOC$$
$$= \frac{1}{2}(\angle AOB + \angle BOC)$$
$$= \frac{1}{2}\angle AOC$$
$$= \frac{1}{2}\times 180° = 90°$$

ゆえに，∠POQ＝90° である。

演習問題

12 右の図で，線分 AB の中点を M，線分 BC の中点を N とするとき，

$$MN = \frac{1}{2}AC$$ となることを説明せよ。

13 右の図のように，∠AOB の内部に半直線 OC，OD を，∠AOC＝∠DOB となるようにひく。このとき，∠AOD＝∠BOC となることを説明せよ。

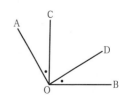

1 **線対称・点対称**

(1) 1つの直線を折り目として折り返したとき，ぴったり重なる図形を**線対称な図形**という。このとき，折り目となる直線を**対称の軸**という。

←対称の軸

(2) 1つの定点を中心として180°回転させたとき，もとの図形にぴったり重なる図形を**点対称な図形**という。このとき，中心となる点を**対称の中心**という。

対称の中心

2 **垂直二等分線・角の二等分線**

(1) 線分 AB は線対称な図形であり，その対称の軸は線分 AB の垂直二等分線である。線分 AB の垂直二等分線上に点 P をとると，PA＝PB となる。

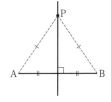

(2) ∠AOB は線対称な図形であり，その対称の軸は∠AOB の二等分線である。∠AOB の二等分線上に点 P をとると，P と半直線 OA，OB との距離は等しくなる。

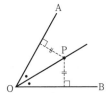

3 **図形の移動**

(1) ① 形や大きさを変えずに，ある図形を他の位置に移すことを**移動**という。

② 移動によってぴったり重ね合わせることができる2つの図形はたがいに**合同である**といい，重ね合わせることができる頂点，辺，角をそれぞれ**対応する頂点，対応する辺，対応する角**という。

③ すべての移動は，**平行移動，回転移動，対称移動**を組み合わせることによって行うことができる。

(2) 図形を一定の方向に，一定の距離だ
け移動させることを**平行移動**という。
右の図で，△ABC を矢印 AA' の方向
に，線分 AA' の長さだけ平行移動さ
せると，△A'B'C' に重ね合わせるこ
とができる。このとき，

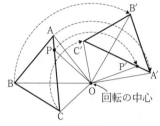

平行移動

$$AA'＝BB'＝CC'＝PP'$$
$$AA' // BB' // CC' // PP'$$

⚠ 三角形 ABC を，記号△を使って △ABC と書く。

(3) 図形を1点 O を中心として一定の
角度だけ回転させることを**回転移動**と
いう。このとき，点 O を**回転の中心**
という。右の図で，△ABC を点 O を
回転の中心として時計まわり（右まわ
り）に，∠AOA' の大きさだけ回転移
動させると，△A'B'C' に重ね合わせ
ることができる。このとき，

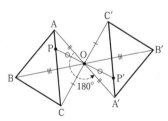

回転移動 回転の中心

$$OA＝OA', \quad OB＝OB'$$
$$OC＝OC', \quad OP＝OP'$$
$$∠AOA'＝∠BOB'＝∠COC'$$
$$＝∠POP'$$

とくに，180°の回転移動を**点対称移
動**という。点対称移動では，対応する
点を結ぶ線分の中点は，回転の中心
（対称の中心）と一致する。

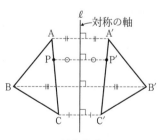

点対称移動

(4) 図形を1つの直線 ℓ を折り目とし
て，折り返すことを**対称移動**という。
このとき，折り目とした直線 ℓ を**対
称の軸**という。右の図で，△ABC を
直線 ℓ を対称の軸として対称移動さ
せると，△A'B'C' に重ね合わせるこ
とができる。

このとき，対称の軸 ℓ は，線分 AA'，
BB'，CC'，PP' の垂直二等分線である。

⚠ 対称移動を**線対称移動**ともいう。

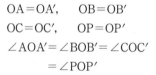

ℓ—対称の軸

対称移動

14 右の図は，半径の異なる2つの円A，Bが2点P，Qで交わってできる図形である。次の ▭ にあてはまる記号を答えよ。

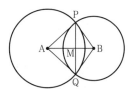

　この図形は，直線 ▭(ア) を対称の軸として線対称な図形である。線分 AB と PQ との交点を M とすると，AP= ▭(イ) ， ▭(ウ) =QB，PM= ▭(エ) ，∠PAB= ▭(オ) ，PQ ▭(カ) AB である。

15 右の図の正六角形 ABCDEF について，次の ▭ にあてはまる数，記号または図形を答えよ。

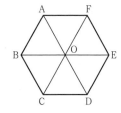

(1) 正六角形 ABCDEF は点対称な図形である。対称の中心は点 ▭(ア) で，辺 AB と対応する辺は辺 ▭(イ) で，∠OAB と対応する角は ▭(ウ) である。

(2) 正六角形 ABCDEF は線対称な図形である。対称の軸は全部で ▭(エ) 本あり，直線 CF を対称の軸とすると，辺 AB と対応する辺は辺 ▭(オ) で，∠OAB と対応する角は ▭(カ) である。

(3) △OAB が点 B から C の方向に，線分 BC の長さだけ平行移動した図形は ▭(キ) である。

(4) 四角形 OABC が点 O を中心として時計まわりに60°回転した図形は ▭(ク) で，時計まわりに240°回転した図形は ▭(ケ) である。

(5) △ABC が直線 CF を対称の軸として対称移動した図形は ▭(コ) で，点 O を中心として点対称移動した図形は ▭(サ) である。

16 右の図で，線分 A′B′ は線分 AB を，点 O を回転の中心として時計まわりに80°回転したものである。

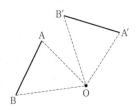

(1) 長さの等しい線分の組をすべて書け。

(2) 大きさが80°である角をすべて書け。

(3) ∠AOB＝52°のとき，∠AOB′の大きさを求めよ。

例題(3) 右の図で，影の部分を，直線 ℓ を対称の軸として対称移動させた図形をかけ。

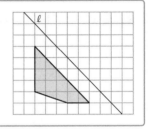

解説 対称移動させた図形ともとの図形で，対応する 2 点を結ぶ線分は対称の軸によって垂直に 2 等分される。1 つの頂点を通り，対称の軸に垂直な直線をひき，対称の軸が垂直二等分線となるように対応する点をとる。

解答 右の図のように，頂点を A，B，C，D とする。

① 頂点 A を通り，直線 ℓ に垂直な直線をひき，ℓ との交点を M とする。

② A′M＝AM となる点 A′ をとる。

③ 同様に，点 B′，C′，D′ をとる。

④ 4 点 A′，B′，C′，D′ を順に結び，四角形 A′B′C′D′ をかく。　　　（答）　右の図

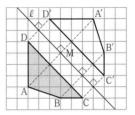

演習問題

17 次の図で，影の部分を次のように移動させた図形をかけ。

(1) 直線 ℓ について対称移動

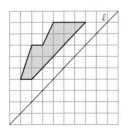

(2) 点 O を中心として時計まわりに 90° だけ回転移動

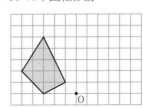

18 右の図で，△ABC を次のように移動させた三角形をかけ。

(1) 右へ 1 目もり，下へ 6 目もりだけ平行移動させた △DEF

(2) 点 O を中心として点対称移動させた △GHI

(3) 直線 ℓ について対称移動させた △JKL

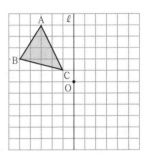

例題 4 右の図のように，点 A を直線 OX について対称移動した点を A′ とし，点 A′ を直線 OY について対称移動した点を A″ とする。このとき，点 A から点 A″ への移動は，点 O を中心とする時計まわりに $2\angle XOY$ の回転移動であることを説明せよ。

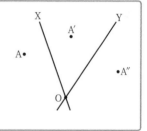

解説 与えられた条件は「点 A と A′ は直線 OX について，点 A′ と A″ は直線 OY について線対称」である。点 A と A′ が直線 OX について線対称であるとき，
$OA=OA'$，$\angle AOX=\angle A'OX$ となる。

説明すべきことがらは「点 A から点 A″ への移動は，点 O を中心とする時計まわりに $2\angle XOY$ の回転移動」である。これを示すには，$OA=OA''$ であることと，$\angle AOA''=2\angle XOY$ であることを説明する。

解答 点 A と A′ は直線 OX について線対称であるから，

$$OA=OA'$$
$$\angle AOX=\angle A'OX$$

点 A′ と A″ は直線 OY について線対称であるから，

$$OA'=OA''$$
$$\angle A'OY=\angle A''OY$$

よって，　　$OA=OA''$

$$\angle AOA''=\angle AOX+\angle A'OX+\angle A'OY+\angle A''OY$$
$$=2\angle A'OX+2\angle A'OY$$
$$=2(\angle A'OX+\angle A'OY)$$
$$=2\angle XOY$$

ゆえに，点 A から点 A″ への移動は，点 O を中心とする時計まわりに $2\angle XOY$ の回転移動である。

演習問題

19 右の図は，正方形を対角線の交点 O を通る 4 本の直線で，合同な 8 つの三角形に分割したものである。次の移動を 1 回行うことによって⑦と重ねることができる三角形を，①～⑦の中からすべて答えよ。

(1) 平行移動

(2) 対称移動

(3) 点 O を中心とする回転移動

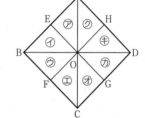

20 右の図のように，∠XOY＝60° のとき，点 A を
直線 OX について対称移動した点を A′ とし，点
A′ を直線 OY について対称移動した点を A″ とす
る。点 A を 1 回の移動で点 A″ に移すには，どの
ような回転移動を行えばよいか。

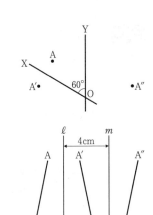

21 右の図で，直線 ℓ と m は平行で，その距離は
4cm である。線分 AB を直線 ℓ について対称移
動した図形を線分 A′B′ とし，A′B′ を直線 m につ
いて対称移動した図形を線分 A″B″ とする。

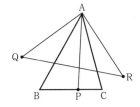

(1) 線分 AA″ の長さを求めよ。

(2) 線分 AB を 1 回の移動で線分 A″B″ に移すに
   は，どのような移動を行えばよいか。

▨▨ 進んだ問題 ▨▨

22 右の図で，P は △ABC の辺 BC 上を動く点で
ある。点 P と直線 AB，AC について対称な点を
それぞれ Q，R とする。

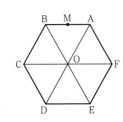

(1) △AQR はどのような三角形か。また，
   ∠QAR の大きさを ∠BAC を使って表せ。

(2) ∠BAC＝45° のとき，△AQR の面積を最小
   にするには，点 P を辺 BC 上のどこにとればよ
   いか。

23 右の図の正六角形 ABCDEF で，3 つの対角線の
交点を O，辺 AB の中点を M とする。この正六角
形を次のように移動させたとき，もとの正六角形と
重なる部分の面積は，もとの正六角形の面積のそれ
ぞれ何倍になるか。

(1) 点 B から A の方向に，線分 AM の長さだけ平
   行移動

(2) 点 A を回転の中心とする反時計まわりに 60° の回転移動

(3) 点 M を回転の中心とする時計まわりに 60° の回転移動

---

1 **作図**

　定規とコンパスのみを使って図形をかくことを**作図**という。

　(1)　**定規でできること**

　　①　与えられた2点を通る直線をひく。

　　②　与えられた線分を延長する。

　(2)　**コンパスでできること**

　　①　与えられた点を中心として，与えられた半径の円をかく。

　　②　与えられた線分の長さを他に移す。

2 **基本的な作図**（図の①，②，③，… は作図の順序を表す。）

　(1)　**角の二等分線**

　　∠XOY の二等分線をひく。

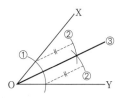

　　（性質）∠XOY の二等分線上
　　の点は，半直線 OX，OY から
　　等距離にある。

　(2)　**垂直二等分線**

　　線分 AB の垂直二等分線をひく。

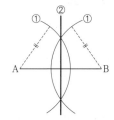

　　（性質）線分 AB の垂直二等分
　　線上の点は，2点 A，B から等
　　距離にある。

　(3)　**直線上の点における垂線**

　　直線 ℓ 上の点 P を通る垂線をひ
　　く。

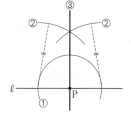

　(4)　**直線外の点を通る垂線**

　　直線 ℓ 上にない点 P から ℓ に垂
　　線をひく。

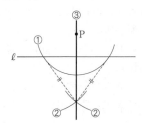

(5) **直線外の点を通る平行線**

直線 ℓ 上にない点 P を通る ℓ の平行線をひく。

(6) **等角**

∠ABC の大きさと等しい ∠XOY をつくる。

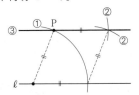

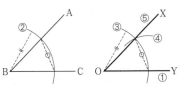

⚠ 作図の問題では，作図に使った線は消さずに残しておく。

▰▰ 基本問題 ▰▰

24 右の図の 3 つの線分を 3 辺の長さとする △ABC を作図せよ。

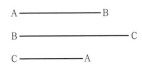

25 正三角形の性質を利用して，60° の大きさの角を作図せよ。また，30° の大きさの角を作図せよ。

26 次の図形を作図せよ。

(1) 線分 AB の垂直二等分線

(2) 点 P を通る直線 ℓ の垂線

(3) 点 P を通る直線 ℓ の垂線

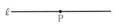

27 右の図で，AB，BC を 2 辺とする平行四辺形 ABCD の頂点 D を作図せよ。

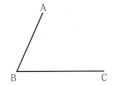

28 右の図で，∠XOY の 2 倍の大きさの ∠ZOY を作図せよ。

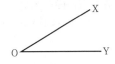

例題 5 右の図で，点 O を中心とし，直線 ℓ に接する円を作図せよ。

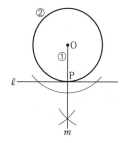

解説 条件からその性質をもつ図形が何であるかを考える。円 O と直線 ℓ が接するとき，その接点を P とすると OP⊥ℓ であるから，「直線 ℓ 上にない点 O を通る ℓ の垂線」を作図する。

解答 ① 点 O から直線 ℓ に垂線 m をひき，ℓ との交点を P とする。
② 点 O を中心とし，半径 OP の円をかく。
これが求める円である。

(答) 右の図

演習問題

29 右の図で，直線 ℓ 上にあり，2 点 A，B から等しい距離にある点 P を作図せよ。

30 右の図で，直線 ℓ 上にあり，点 A からの距離が最も短くなるような点 P を作図せよ。

31 右の図のように，中心角が 90° のおうぎ形 OAB がある。$\overparen{AB}$ 上にあり，∠AOP＝75° となる点 P を作図せよ。

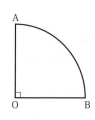

32 右の図の四角形 ABCD で，辺 BC 上にあって，2 辺 AB，CD から等しい距離にある点 P を作図せよ。

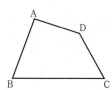

例題 6 右の図で、∠XOY の内部にあって、半直線 OX，OY から等しい距離にあり，かつ 2 点 A，B から等しい距離にある点 P を作図せよ。

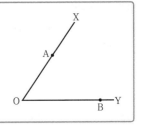

解説 2 つの条件から、その共通の性質をもつ点を作図する。「半直線 OX，OY から等距離にある点」は∠XOY の二等分線上にあり、「2 点 A，B から等距離にある点」は線分 AB の垂直二等分線上にある。これら 2 直線の交点が求める点 P である。

解答 ① ∠XOY の二等分線 ℓ をひく。
② 線分 AB の垂直二等分線 m をひく。
直線 ℓ と m との交点が求める点 P である。
（答） 右の図

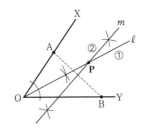

⚠ 上のような問題では、2 点 A，B における線分 AB の垂直二等分線をひく場合、A と B を結ばなくてもよい。

演習問題

33 右の図で、2 点 B，C から等しい距離にあり、点 A からの距離が最も短い点 P を作図せよ。

A・

B・

・C

34 右の図で、点 O からの距離も、直線 ℓ からの距離も、線分 AB の長さに等しい点 P を作図せよ。

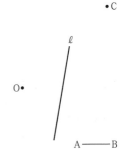

35 右の図の 3 点 A, B, C を通る円を作図せよ。
（この円を 3 点 A, B, C を結んでできる △ABC の
外接円という。）

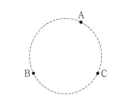

36 右の図の △ABC の 3 つの辺に接する円を作図せ
よ。
（この円を △ABC の **内接円**という。）

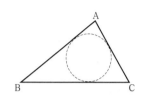

37 右の図で，点 A を通り，点 B で直線 ℓ に接する
円を作図せよ。

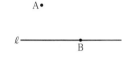

38 右の図は，線分 AB を直径とする円である。4 つ
の頂点がすべて円周上にあり，4 つの辺のうち，1
つの辺が直径 AB に平行である正方形を作図せよ。

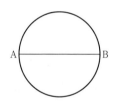

39 右の図のように，円とその円の内部に長方形があ
る。円から長方形を除いた図形の面積を 2 等分する
直線 ℓ を作図せよ。

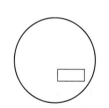

40 右の図で，四角形 ABCD を，点 B を回転の中心と
して，反時計まわりに回転移動させ，辺 BC が半直線
BD に重なるようにする。このとき，点 A が移動し
た後の点 P を作図せよ。

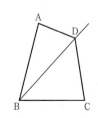

例題 **(7)** 右の図の △ABC で，頂点 A が辺 BC
　上の点 D と重なるように折り返すとき，折り目
　となる直線 ℓ を作図せよ。

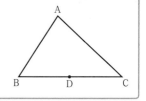

解説 点 A と D は折り目となる直線を対称の軸として線対称であるから，折り目となる
　　　直線 ℓ は線分 AD の垂直二等分線である。

解答 線分 AD の垂直二等分線をひく。
　　　これが求める直線 ℓ である。

　　　　　　　　　　　　　　　　（答）　右の図

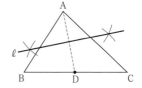

=== **演習問題** ===

41 右の図の四角形 ABCD で，辺 AB が辺 AD に重
　なるように折ったときの折り目となる直線 ℓ を作
　図せよ。

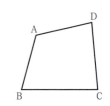

42 右の図の △ABC で，辺 CA 上の点 P を通る直線
　を折り目として，頂点 A が辺 BC 上にくるように
　折り返したい。折り目となる直線 ℓ を作図せよ。

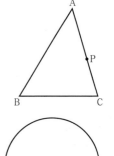

43 右の図の AB を直径とする半円 O で，ある直線
　を折り目として折り返したときの弧と，線分 AB
　が点 C で接するようにしたい。折り目となる直線 ℓ
　を作図せよ。

44 右の図の線分 A′B′ は，線分 AB を対称移動した
　ものである。このときの対称の軸 ℓ を作図せよ。

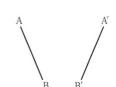

45 右の図をもとにして，直線 ℓ について線対称な六角形 ABCDEF を作図せよ。

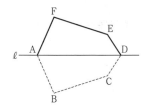

46 次の(1)，(2)の図で，△ABC，円をそれぞれ直線 ℓ について対称移動させた図形を作図せよ。

(1)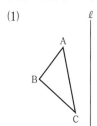

(2)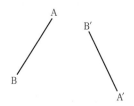

47 右の図の線分 A′B′ は，線分 AB を回転移動したものである。このときの回転の中心 O を作図せよ。

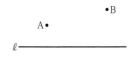

▨▨▨ 進んだ問題 ▨▨▨

48 右の図で，直線 ℓ 上にあって，2 つの線分の長さの和 AP+BP が最小となるような点 P を作図せよ。

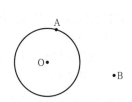

49 右の図のように，O を中心とする円の周上に点 A があり，円の外部に点 B がある。A を接点とする円 O の接線上にあって，2 つの線分の長さの和 OP+PB が最小となるような点 P を作図せよ。

1 右の図で，P は線分 AB の中点，Q は線分 BC の中点，M は線分 AC の中点である。このとき，PM＝BQ であることを説明せよ。 ⇦**1**

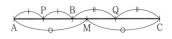

2 右の図で，ℓ は線分 AB の垂直二等分線である。直線 ℓ 上にあって，2 つの線分の長さの和 AP＋PC が最小となるような点 P を求め，それが最小である理由を説明せよ。 ⇦**2**

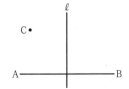

3 図1で，P，Q，R はそれぞれ正方形 ABCD の辺 AD，AB，DC の中点である。図2は，正方形 ABCD を線分 PQ，PR を折り目として折ってできた図形である。図3は，図2の図形を辺 PQ，PR がそれぞれ直線 PA に重なるように折ってできた図形である。 ⇦**2**

(1) 図2で，∠PQB の大きさを求めよ。

(2) 図3で，∠SPT，∠BQC の大きさをそれぞれ求めよ。

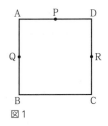

図1

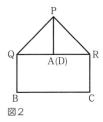

図2

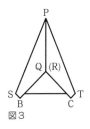

図3

4 右の図の1辺の長さが 2cm の正三角形 ABC で，辺 BC，CA，AB の中点をそれぞれ D，E，F とする。△ABC を次のように移動させた三角形が，もとの △ABC と重なる図形について，その周の長さは，それぞれ何 cm になるか。 ⇦**2**

(1) 点 B から C の方向に，線分 BD の長さだけ平行移動

(2) 直線 EF を対称の軸とする対称移動

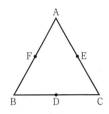

5 右の図で，△ADE は △ABC を頂点 A を中心として反時計まわりに 30°回転移動させたものである。辺 BC と，辺 AD，DE との交点をそれぞれ F，G とする。また，AB＝5cm，∠B＝∠C＝30° である。

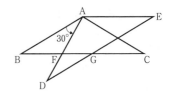

🔙**2**

(1)　∠AFG，∠CAD の大きさをそれぞれ求めよ。

(2)　辺 BC の長さは，線分 BF の長さの何倍か。

(3)　線分 BG の長さを求めよ。

6 右の図の △ABC で，3 点 P，Q，R がそれぞれ辺 AB，BC，CA 上にあるひし形 APQR を作図せよ。　🔙**3**

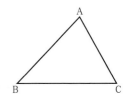

7 右の図で，半直線 OX に接し，かつ点 P で半直線 OY に接する円を作図せよ。　🔙**3**

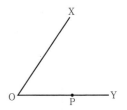

━━━ **進んだ問題** ━━━

8 右の図で，P は ∠XOY の内部の点である。半直線 OX 上に点 M を，半直線 OY 上に点 N を，3 つの線分の長さの和 PM＋MN＋NP が最小になるようにとる。点 M，N を作図せよ。　🔙**3**

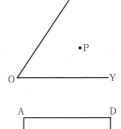

9 右の図で，P は長方形 ABCD の辺 AB 上の点である。辺 AD，DC，CB 上にそれぞれ点 Q，R，S を，四角形 PQRS の周の長さが最小になるようにとる。点 Q，R，S を作図せよ。　🔙**3**

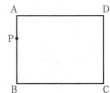

6章　空間図形

1 **平面の決定**

　次の点や直線が指定されたとき，それらをふくむ平面は，ただ1つに定まる。

(1)　1つの直線上にない
　　3点

(2)　1つの直線とその直線上にない1点

(3)　交わる2直線

(4)　平行な2直線

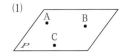

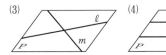

2 **直線と直線**

(1)　**2直線の位置関係**　空間での2直線の位置関係は，次の3通りである。

　　① 直線 ℓ と m は
　　　交わる。

　　② 直線 ℓ と m は
　　　平行である。($\ell \,/\!/\, m$)

　　③ 直線 ℓ と m は
　　　ねじれの位置にある。

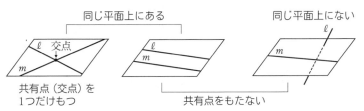

　⚠　同時に2直線上にある点を**共有点**といい，2直線が交わるとき，その共有点を**交点**という。

　⚠　2直線がねじれの位置にあるとは，2直線が同じ平面上にない（空間で，平行でなく，かつ交わらない）ということである。

(2)　異なる3つの直線 ℓ, m, n があって，$\ell \,/\!/\, m$, $\ell \,/\!/\, n$ ならば $m \,/\!/\, n$ である。

(3) **ねじれの位置にある 2 直線のつくる角**

2 直線 l, m がねじれの位置にあるとき，右の図のように，l 上に点 O をとり，O を通り m に平行な直線 m' をひく。2 直線 l と m' のつくる角を，**ねじれの位置にある 2 直線 l と m のつくる角**という。とくに，この角が直角のとき，2 直線 l, m は**垂直**であるといい，$l \perp m$ と表す。

3 **直線と平面**

(1) **直線と平面の位置関係**　空間での直線と平面の位置関係は，次の 3 通りである。

① 直線 l と平面 P は**交わる**。

② 直線 l は平面 P 上にある。

（P は l をふくむ）

③ 直線 l と平面 P は**平行**である。

共有点（交点）を1つだけもつ

共有点を無数にもつ

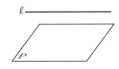

共有点をもたない

⚠ 直線 l と平面 P に共有点がないとき，直線 l と平面 P は**平行**であるといい，$l /\!/ \mathrm{P}$ と表す。

(2) **直線と平面の垂直**　直線 l と平面 P が交わり，P 上のすべての直線と l が垂直であるとき，l と P は**垂直**であるといい，$l \perp \mathrm{P}$ と表す。この直線 l を平面 P の**垂線**という。

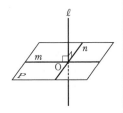

また，直線 l と平面 P との交点を O とし，点 O で交わる P 上の 2 直線 m, n に対して，$l \perp m$，$l \perp n$ ならば $l \perp \mathrm{P}$ である。

(3) **点と平面との距離**　平面 P 上にない点 A から，P にひいた垂線と P との交点を H とするとき，線分 AH の長さを，**点 A と平面 P との距離**という。

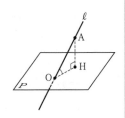

(4) **直線と平面のつくる角**　直線 l が平面 P と点 O で交わっているとき，O と異なる l 上の点 A から P へ垂線 AH をひいてできる $\angle \mathrm{AOH}$ を，**直線 l と平面 P のつくる角**という。

平面と平面

(1) **2平面の位置関係**　空間での2平面の位置関係は，次の2通りである。

① 平面PとQは**交わる**。

② 平面PとQは**平行**である。

(P∥Q)

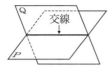

共有点を無数にもつ

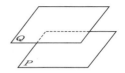

共有点をもたない

(2) **2平面の交線**　2平面P，Qが交わるとき，PとQは1つの直線を共有する。この直線を平面P，Qの**交線**という。

(3) 異なる3つの平面P，Q，Rがあって，P∥Q，P∥R ならば Q∥R である。

(4) **2平面のつくる角**　2平面P，Qが交わり，その交線を ℓ とする。直線 ℓ 上の点Oを通り，2平面P，Q上にそれぞれ ℓ の垂線OA，OBをひくとき，∠AOBを**2平面PとQのつくる角**という。とくに，この角が直角のとき，2平面PとQは**垂直**であるといい，**P⊥Q** と表す。

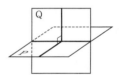

═══ **基本問題** ═══

1 空間で考えて，次のような平面がただ1つに定まるものをすべて答えよ。

(ア) 異なる2点をふくむ平面

(イ) 一直線上にない異なる3点をふくむ平面

(ウ) 一直線上にある3点をふくむ平面

(エ) 交わる2直線をふくむ平面

(オ) 平行な2直線をふくむ平面

(カ) 1つの直線とその直線上にない1点をふくむ平面

2 同一平面上にない4点 A，B，C，D がある。これらのうち，どの3点も同一直線上にないとき，次の問いに答えよ。

(1) これらのうちの2点を通る直線はいくつあるか。

(2) これらのうちの3点を通る平面はいくつあるか。

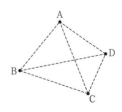

3 次の ◻ にあてはまる語句を答えよ。

(1) 空間で，異なる2つの直線 ℓ と m について，
① 1点だけを共有するとき，ℓ と m は ◻(ア)◻ という。
② 同一平面上にあり，共有点がないとき，ℓ と m は ◻(イ)◻ であるという。
③ 同一平面上にないとき，ℓ と m は ◻(ウ)◻ にあるという。

(2) 空間で，直線 ℓ と平面 P について，
① 1点だけを共有するとき，ℓ と P は ◻(エ)◻ という。
② 共有点がないとき，ℓ と P は ◻(オ)◻ であるという。
③ 1点で交わり，P 上のすべての直線と ℓ が垂直であるとき，ℓ と P は ◻(カ)◻ であるといい，ℓ を P の ◻(キ)◻ という。

(3) 空間で，平面 P 上にない点 A から P にひいた垂線と P との交点を H とするとき，線分 AH の長さを A と P との ◻(ク)◻ という。

(4) 空間で，異なる2つの平面 P と Q について，
① 共有点をもつとき，P と Q は ◻(ケ)◻ といい，P と Q は1つの直線を共有する。この直線を P と Q の ◻(コ)◻ という。
② 共有点がないとき，P と Q は ◻(サ)◻ であるという。

4 右の図の直方体 ABCD–EFGH について，次のような辺や面をすべて答えよ。

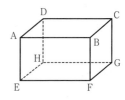

(1) 辺 AB と平行な辺
(2) 辺 AB と垂直な辺
(3) 辺 AB とねじれの位置にある辺
(4) 辺 AB と平行な面
(5) 辺 AB と垂直な面
(6) 面 ABCD と平行な面
(7) 面 ABCD と垂直な面

5 右の図の立体で，$\angle AOB = \angle BOC = \angle COA = 90°$ である。

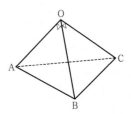

(1) 垂直な辺と面の組をすべて答えよ。
(2) 垂直な2つの面の組をすべて答えよ。
(3) ねじれの位置にある2つの辺の組をすべて答えよ。

例題 1 右の図の立方体 ABCD–EFGH について，次の問いに答えよ。

(1) AE⊥EG であることを説明せよ。

(2) 直線 AC と直線 FG のつくる角の大きさを求めよ。

(3) 面 AEGC と面 AEFB のつくる角の大きさを求めよ。

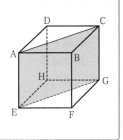

解説 (1) 直線 ℓ と平面 P が 1 点で交わり，その交点を通る P 上の 2 つの直線 m，n と ℓ が垂直であるならば，ℓ と P は垂直である。

(2) 線分 AC と辺 FG はねじれの位置にあるから，FG と平行で，AC と交わる辺と AC とのつくる角の大きさを考える。

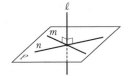

(3) 面 AEGC と面 AEFB の交線は辺 AE であるから，AE と垂直で面 AEGC，AEFB 上にある 2 つの直線のつくる角の大きさを考える。

解答 (1) 四角形 AEHD，AEFB は正方形であるから，

$$AE⊥EH, \qquad AE⊥EF$$

辺 EH，EF は面 EFGH 上にあるから，辺 AE と面 EFGH は垂直である。

ゆえに，辺 AE は面 EFGH 上のすべての直線に垂直であるから，

$$AE⊥EG$$

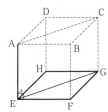

(2) FG∥BC より，直線 AC と直線 FG のつくる角の大きさは，直線 AC と直線 BC のつくる角である ∠ACB の大きさに等しい。

△ABC で，AB=BC，∠ABC=90° であるから，

$$∠ACB=45°$$

ゆえに，直線 AC と直線 FG のつくる角の大きさは 45° である。

（答） 45°

(3) 面 AEGC と面 AEFB の交線は辺 AE である。

(1)より，AE⊥EG，AE⊥EF であるから，∠GEF が面 AEGC と面 AEFB のつくる角である。

△EFG で，EF=FG，∠EFG=90° であるから，

$$∠GEF=45°$$

ゆえに，面 AEGC と面 AEFB のつくる角の大きさは 45° である。

（答） 45°

6 右の図の立方体 ABCD–EFGH について，次の問いに答えよ。

(1) 直線 EF は面 BFGC に垂直であることを説明せよ。

(2) 次の直線や面によってつくられる角の大きさを求めよ。

① 直線 EF と直線 FC

② 直線 DE と直線 FG

③ 直線 AC と直線 FC

④ 直線 FC と面 EFGH

⑤ 面 CDEF と面 EFGH

⑥ 面 CDEF と面 CBFG

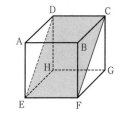

7 空間で，次の直線や平面がつねに平行であるものには ○ を，平行とは限らないものには×を書き，×の場合はその例を，右の図の直方体 ABCD–EFGH を使って示せ。

(1) 共有点をもたない 2 直線

(2) 共有点をもたない 2 平面

(3) 共有点をもたない直線と平面

(4) 1 つの直線に平行な 2 直線

(5) 1 つの直線に垂直な 2 直線

(6) 1 つの平面に平行な 2 直線

(7) 1 つの平面に垂直な 2 直線

(8) 1 つの直線に平行な 2 平面

(9) 1 つの直線に垂直な 2 平面

(10) 1 つの平面に平行な 2 平面

(11) 1 つの平面に垂直な 2 平面

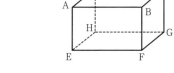

8 空間で考えて，次の □ にあてはまる記号を答えよ。ただし，l，m は異なる直線を，P，Q，R は異なる平面を表す。

(1) P が l をふくみ，P∥Q のとき，l □ Q

(2) P∥Q，Q⊥R のとき，P □ R

(3) $l∥m$，$l⊥$P のとき，m □ P

(4) P，Q の交線を l とし，Q が m をふくみ，$m∥$P であるとき，l □ m

9 2 直線 l，m がねじれの位置にあり，2 点 A，A′ が l 上に，2 点 B，B′ が m 上にある。このとき，2 直線 AB，A′B′ が交わる場合があるか。ないときは，その理由を説明せよ。

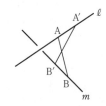

10 空間で考えて，次の文はつねに正しいか。ただし，l, m, n は異なる直線を，P，Q，R は異なる平面を表す。

(1) P⊥Q，Q⊥R ならば P⊥R である。

(2) l⊥P，P∥Q ならば l⊥Q である。

(3) P⊥Q，P∥l ならば l⊥Q である。

(4) l, m がねじれの位置にあり，P が l をふくむならば，m∥P である。

(5) l⊥m，l⊥n ならば m∥n である。

(6) P と Q，P と R の交線をそれぞれ l, m とするとき，Q∥R ならば l∥m である。

(7) l, m が P にふくまれ，l⊥n，m⊥n ならば n⊥P である。

11 下の図の立方体 ABCD–EFGH で，線分 AG が平面 BDE に垂直であることを次のように説明した。□ にあてはまる語句，記号または数を答えよ。

> 線分 AC と BD との交点を O とする。
> 四角形 ABCD は ［ ア ］ であるから，△OBC は ［ イ ］ 三角形である。
> よって，∠BOC＝［ ウ ］° であるから，
>
> AC ［ エ ］ BD
>
> また，∠GCB＝90° より GC⊥［ オ ］
>
> ∠GCD＝90° より GC⊥［ カ ］
>
> ゆえに，線分 GC は平面 BCD と垂直である。
> また，平面 BCD は直線 BD をふくむ。
> よって，　　　GC ［ キ ］ BD
> AC ［ エ ］ BD，GC ［ キ ］ BD であるから，直線 BD は平面 ［ ク ］ と垂直である。
> ここで，平面 ［ ク ］ は直線 AG をふくむから，　AG⊥［ ケ ］
> 正方形 AEFB と平面 AFG について，同じように考えると，　AG⊥BE
> ゆえに，線分 AG は交わる 2 直線 ［ ケ ］，BE と垂直であるから，平面 BDE に垂直である。

=== 進んだ問題 ===

12 空間で考えて，平面 P に垂直な直線 AB をふくむ平面を Q とするとき，P⊥Q であることを説明せよ。ただし，B は直線 AB と平面 P との交点である。

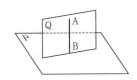

2 空間図形のいろいろな見方

1 角柱・円柱

(1) **角柱・円柱** 多角形や円を，それと垂直な方向に移動させたとき，多角形や円の動いたあとにできる立体を，それぞれ**角柱**，**円柱**という。

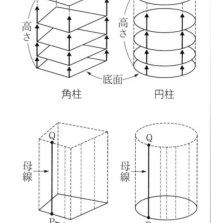

角柱　　　　円柱

(2) **母線** 点 P は多角形や円の周上にあり，PQ はその面に垂直な一定の長さの線分とする。線分 PQ の一方の端の点 P を多角形や円の周にそって1まわりさせたとき，PQ の動いたあとは，それぞれ角柱，円柱の側面になる。

角柱　　　　円柱

このとき，線分 PQ を，その角柱や円柱の**母線**という。

⚠ 底面が正多角形で，側面がすべて合同な長方形である角柱を**正多角柱**という。たとえば，底面が正三角形のときは正三角柱という。

2 角錐・円錐

多角形や円の周上に点 P があり，その図形をふくむ平面上にない定点 O がある。点 P を多角形や円の周にそって1まわりさせるとき，線分 OP が動いたあとにできる面と，はじめの多角形や円とで囲まれた立体をそれぞれ**角錐**，**円錐**という。

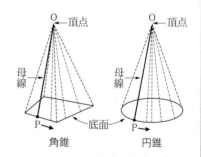

角錐　　　　円錐

このとき，線分 OP を，その角錐や円錐の**母線**，定点 O を**頂点**，頂点と底面との距離を**高さ**という。

⚠ 底面が正多角形で，側面がすべて合同な二等辺三角形である角錐を**正多角錐**という。たとえば，底面が正三角形のときは正三角錐という。

③ 回転体

(1) **回転体** 平面図形を1つの直線 ℓ のまわりを回転（1回転）させるとき，その図形の動いたあとにできる立体を**回転体**という。

このとき，直線 ℓ を**回転の軸**という。

(2) **円柱・円錐・球**

① 円柱

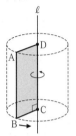

長方形 ABCD を，直線 ℓ を回転の軸として1回転させる。

② 円錐

$\angle C = 90°$ の直角三角形 ABC を，直線 ℓ を回転の軸として1回転させる。

③ 球

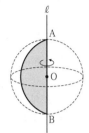

直径 AB の半円 O を，直線 ℓ を回転の軸として1回転させる。

④ 立体の平面への表し方

(1) **見取図と展開図** 立体を目に見えたままの形に，平面上にかいた図を**見取図**といい，立体の表面を切り開いて，平面上にひろげた図を**展開図**という。

見取図，展開図は1通りではない。

(2) **投影図** 立体を1つの方向から見て，平面に表した図を**投影図**という。正面から見た投影図を**立面図**，真上から見た投影図を**平面図**，真横から見た投影図を**側面図**という。

⚠ 投影図では，側面図がなくてもその形をはっきり表すことができる場合は，側面図を省略することもある。

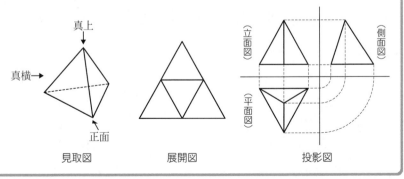

見取図　　　　　展開図　　　　　投影図

基本問題

13 次の ☐ にあてはまる語句を答えよ。

(1) 底面が四角形である角柱と角錐を，それぞれ ⬚(ア)，⬚(イ) という。

(2) 正三角柱の側面の図形は ⬚(ウ)，正三角錐の側面の図形は ⬚(エ) である。

(3) 円柱の展開図で，その側面の図形は ⬚(オ)，円錐の展開図で，その側面の図形は ⬚(カ) である。

(4) 長方形 ABCD，∠B＝90° の直角三角形 ABC を，それぞれ辺 AB を回転の軸として 1 回転させてできる回転体は ⬚(キ)，⬚(ク) である。

14 次の(1)〜(6)の条件にあてはまる立体を，下のア〜クからすべて選べ。

(1) 平面だけで囲まれているもの (2) 曲面と平面で囲まれているもの

(3) 曲面だけで囲まれているもの (4) 平行な面をもつもの

(5) 頂点をもたないもの (6) 三角形の面だけをもつもの

　ア．三角柱　　　イ．立方体　　　ウ．直方体　　　エ．円柱

　オ．三角錐　　　カ．四角錐　　　キ．円錐　　　　ク．球

15 次の(1)〜(6)の図形を，直線 ℓ を回転の軸として 1 回転させてできる立体を，㋐〜㋖から選べ。

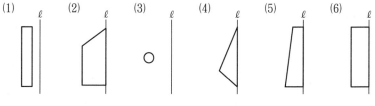

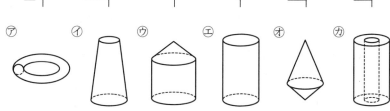

16 次の図は，ある立体の展開図である。この立体の名前を答えよ。

(1)　　　　　　　　　　　　　　(2)

例 右の図の三角柱の投影図をかいてみよう。

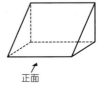
正面

▶ 図1のように，三角柱の正面から見た図形，真上から見た図形，真横から見た図形を考えて，それぞれを立面図，平面図，側面図とする。

投影図をかくには，立面図，平面図，側面図のそれぞれに三角柱の頂点をかき入れ，同じ頂点どうしを点線で結ぶ。平面図と側面図を結ぶとき，点線の一部はおうぎ形の弧となる。

つぎに，点線の交点どうしを実線で結ぶ。

ゆえに，投影図は図2のようになる。

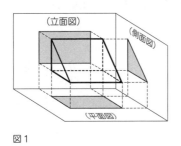
図1

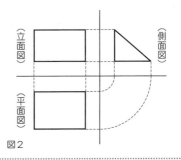
図2

基本問題

17 右の図の四角錐の投影図を，立面図が底辺 4cm，高さ 4cm の二等辺三角形となるようにかけ。

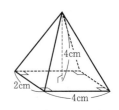
4cm
2cm
4cm

18 次の図は，ある立体の投影図である。この立体の名前を答えよ。

(1)
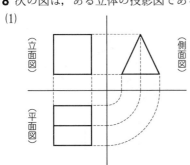

(2)
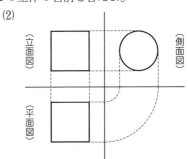

例題 2 図1のような立方体 ABCD–EFGH がある。図2の展開図に △DEG の3辺をかき入れよ。

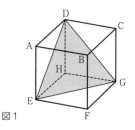

図1

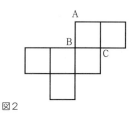

図2

解説 図2の展開図に記入されていない頂点をかき入れる。辺 DE，EG，GD をそれぞれ ふくむ面 AEHD，EFGH，CDHG に着目する。

解答 右の図

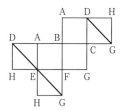

⚠ 展開図には，解答の図のように立体の外側を表面とするものと，右の図のように内側を表面とするものの2通りが考えられる。
本書では，立体の外側を表面とするものだけを考えることとする。

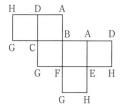

演習問題

19 次の図は，角錐の展開図の一部である。不足している面を，BC を1辺として作図し，展開図を完成せよ。

(1) 三角錐

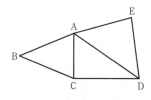

(2) 四角錐

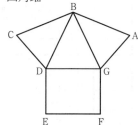

20 右の図のような三角柱の展開図を組み立てた立体について，次の問いに答えよ。

(1) 点 B と重なる点はどれか。

(2) 辺 AB とねじれの位置にある辺になるのは，展開図の中のどれか。すべて答えよ。

(3) 面 AEFG と垂直な面になるのは，展開図の中のどれか。すべて答えよ。

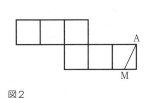

21 図1の立方体で，M, N はそれぞれ各辺の中点である。線分 MN, AN を図2の展開図にかき入れよ。

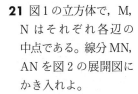
図1

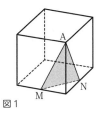
図2

22 次の図のような立方体 ABCD–EFGH がある。(1), (2)の展開図に △ABD, △ADE, △AEB をそれぞれ斜線で示せ。

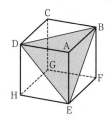

(1)

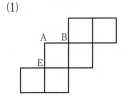

(2)

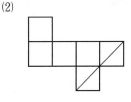

23 次の図のような立方体がある。(1), (2)の展開図に記号⑦をかき入れよ。

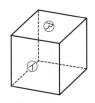

(1)

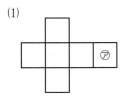

(2)

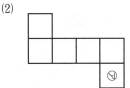

24 右の図の正四角錐の展開図をかくとき，その周の長さが最長となるときと最短となるときの長さをそれぞれ求めよ。

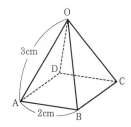

例題 3 図1のような正
三角錐 O–ABC があり，
点 P は辺 OB 上を動く。
線分の長さの和 AP＋PC
が最小となるときの点 P
を，図2の展開図にかき
入れよ。

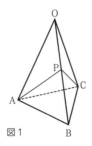

図1

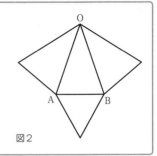

図2

解説 図2の展開図に記入されていない頂点をかき入れる。
辺 OB と線分 AC との交点を P とし，点 P 以外の辺
OB 上の点を P′ とすると，

$$AP′＋P′C＞AC$$

AC＝AP＋PC であるから，

$$AP′＋P′C＞AP＋PC$$

したがって，P が線分の長さの和 AP＋PC を最小に
する点である。

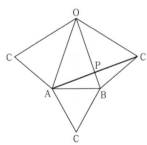

解答 右の図で，△OAB の辺 OB と線分 AC との
交点を P とする。

（答） 右の図

⚠ 解説の △P′AC で，AP′＋P′C＞AP＋PC
は，「三角形の 2 辺の長さの和は他の 1 辺の
長さより大きい」ことを表している。この
ことは，『A 級中学数学問題集 3 年』の
「7 章 三角形の応用」でくわしく学習する。

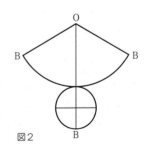

▓ 演習問題 ▓

25 図1の円錐で，O は頂点，
底面の直径 AB と CD は直
交している。点 P が点 A
を出発して，母線 OC 上を
通り，円錐の側面を半周し
て点 B まで動くとき，最
短経路と母線 OC を図2の
展開図にかき入れよ。

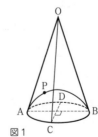

図1

図2

26 図1のような直方体 ABCD–EFGH の箱がある。この箱の表面上で，頂点 A から辺 CD 上の点 P，頂点 G，辺 EF 上の点 Q を通って A までひもをかけて，その長さが最も短くなるようにしたい。このとき，ひものかかっている状態を示す線を，図2の展開図にかき入れよ。

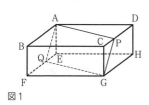

図1

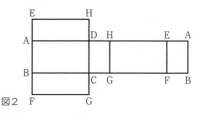

図2

27 右の図のように，すべての辺の長さが等しい三角錐 ABCD の面 BCD 上を動く点 P があり，頂点 A から P までの三角錐の表面にそった最も短い道のりは，いつも辺 AB の長さに等しいという。このような点 P は，面 BCD 上でどのような線をえがくか。点 P のえがく線を，(1)，(2)の展開図にそれぞれかき入れよ。

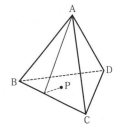

(1)

(2)

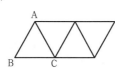

━━━ **進んだ問題** ━━━

28 右の図の正五角錐 P–ABCDE で，∠APB＝15°，PA＝8cm である。辺 PC，PD，PE 上にそれぞれ点 F，G，H をとり，線分 BF，FG，GH，HA の長さの和を最小にしたとき，次の問いに答えよ。

(1) 線分の長さの和 BF＋FG＋GH＋HA を求めよ。

(2) ∠FBC の大きさを求めよ。

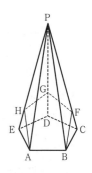

3 多面体

1 **多面体**

平面だけで囲まれた立体を**多面体**という。多面体の面は，三角形，四角形，五角形，… などの多角形である。

多面体は面の数によって，四面体，五面体，六面体，… などという。

2 **正多面体**

次の(1)，(2)の性質をもち，へこみのない多面体を**正多面体**という。

(1) すべての面が合同な正多角形である。

(2) すべての頂点に集まる面の数が等しい。

正多面体は，次の 5 種類だけしかない。

| 正四面体 | 正六面体
（立方体） | 正八面体 | 正十二面体 | 正二十面体 |

基本問題

29 次の ☐ にあてはまる語句，または数を答えよ。

(1) ☐ ⑦ 角柱の辺の数は 12 である。

(2) ☐ ⑦ 角錐の面の数は 7 である。

(3) 頂点の数が 10 である多面体は，角柱のときは ☐ ⑦ 角柱，角錐のときは ☐ ㋓ 角錐である。

(4) 正多面体を面の数が少ない順にあげると，☐ ㋔ ，☐ ㋕ ，☐ ㋖ ，☐ ㋗ ，☐ ㋘ の 5 種類である。また，それぞれの面の形は ☐ ㋙ ，☐ ㋚ ，☐ ㋛ ，☐ ㋜ ，☐ ㋝ である。

30 右の図の立方体 ABCD–EFGH について，次の問いに答えよ。

(1) 4 つの頂点 A，C，F，H を結んでできる正多面体の名前を答えよ。

(2) 各面の対角線の交点を結んでできる正多面体の名前を答えよ。

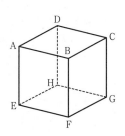

31 次の問いに答えよ。

(1) 四面体, 直方体, 七角錐について, 頂点の数, 辺の数, 面の数をそれぞれ求めよ。また, （頂点の数）−（辺の数）＋（面の数）をそれぞれ答えよ。

(2) 多面体について, 頂点の数を V, 辺の数を E, 面の数を F とすると,

$$V-E+F=2$$

という関係が成り立つ。この関係を**オイラーの多面体定理**という。

オイラーの多面体定理が成り立つことを, 直方体を使って次のように説明した。□ にあてはまる数を答えよ。

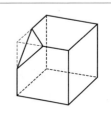

直方体の1つの頂点には, [ア] 個の面が集まっている。

右の図のように, 1つの頂点から三角錐を取り除くと, もとの直方体よりも, 頂点の数は [イ], 辺の数は [ウ], 面の数は [エ] だけ増える。

このとき, [イ]−[ウ]＋[エ]＝[オ] であるから, （頂点の数）−（辺の数）＋（面の数）の値は, 三角錐を各頂点から取り除いても変わらない。

(1)より, 直方体について, （頂点の数）−（辺の数）＋（面の数）＝[カ] であるから, 直方体から三角錐を取り除いてできる多面体についても, $V-E+F=2$ が成り立つ。

32 右の図の正八面体 ABCDEF について, 次の問いに答えよ。

(1) 辺 AB と平行な辺を答えよ。

(2) 面 ABC と平行な面を答えよ。

(3) ∠ABF の大きさを求めよ。

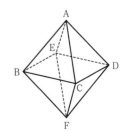

33 右の図のように, 同じ大きさの正四面体2つをつなげると, どの面も合同な正三角形である六面体ができる。この立体が正六面体といえない理由を説明せよ。

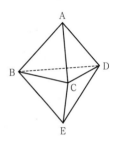

例題【4】 正十二面体の辺の数と頂点の数をそれぞれ求めよ。

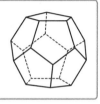

解説 正十二面体は，各面が正五角形で，各頂点には面が3つずつ集まっている。

解答 12個の正五角形の辺の総数は，　　　　$5 \times 12 = 60$

各面の辺が2つずつ重なっているから，正十二面体の辺の数は，　　　$60 \div 2 = 30$

12個の正五角形の頂点の総数は，　　　$5 \times 12 = 60$

各面の頂点が3つずつ重なっているから，正十二面体の頂点の数は，　　$60 \div 3 = 20$

（答）　辺の数　30，頂点の数　20

演習問題

34 5種類の正多面体について，次の表の空らんをうめよ。

	正四面体	正六面体	正八面体	正十二面体	正二十面体
面の形				正五角形	
各頂点に集まる面の数				3	
面の数				12	
辺の数				30	
頂点の数				20	

35 正多面体について，次の問いに答えよ。

(1) 次の展開図が表す正多面体の名前を答えよ。

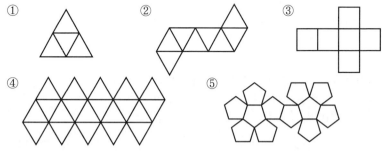

(2) 次の正多面体の1辺の長さが1cmであるとする。

① 正四面体，正八面体，正二十面体の表面積の比を求めよ。

② 正六面体，正十二面体，正二十面体の展開図の周の長さをそれぞれ求めよ。

36 右の図は，正四面体 OABC の投影図の一部
である。立面図を作図せよ。ただし，OA // ℓ
とする。

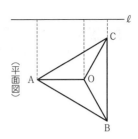

37 右の図のような各面に数字のかいてある正八
面体の展開図で，頂点 A に集まるすべての面
にかいてある数の和を求めよ。

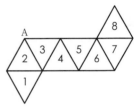

38 図１のように，正二十面体の１つの頂点に集まる５
つの辺のそれぞれを３等分する点のうち，頂点に近い
ほうの点を結んでできる正五角形をふくむ平面で正二十
面体を切り，頂点をふくむほうを取り除く。正二十
面体のすべての頂点について同じことを行うと，図２
のような多面体Ｆができる。

(1) 面の数を求めよ。
(2) 頂点の数と辺の数をそれぞれ求めよ。
(3) この多面体が正多面体といえない理由を説明せよ。

=== **進んだ問題** ===

39 右の図は，正多角形だけでできているあ
る多面体の展開図である。

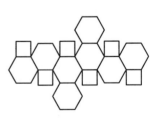

(1) この立体を組み立てたときの辺の数と
頂点の数をそれぞれ求めよ。
(2) この立体を組み立てるため，はり合わ
せるところの一方に，のりしろを必ずつ
けるようにすると，のりしろの数は最低
いくつ必要か。

例題⑤ 右の図の立方体 ABCD-EFGH で，辺 AD，DC，CG の中点をそれぞれ P，Q，R とする。この立方体を，次の3点を通る平面で切るとき，切り口はどのような図形になるか。図にかき入れよ。

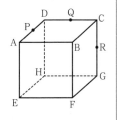

(1) 3点 P，Q，E　　　　(2) 3点 P，Q，R

解説 立方体を平面で切るとき，その切り口は多角形で，その各辺は切り口の平面ともとの立方体の面との交線となるから，切り口の図形の辺の数は，立方体の面の数より多くならない。また，与えられた3点のうちの2点を結ぶ直線が立方体の面上にあるとき，それは切り口の平面と立方体の面との交線であるから，次の場合を考える。

(i) 交線をふくむ立方体の面に平行な面がある場合，切り口の図形の辺として，交線と平行な線分（または直線）をその面にひくことができる。

(ii) 2つの交線が平行でない場合，それらは交点をもつ。この交点は切り口の平面上にあるから，2つの交線のそれぞれと立方体の辺との交点どうしを結んだ線分が切り口の図形の辺となる。

(2)で，直線 PQ と BC との交点を X とし，X と点 R を通る直線と辺 FG との交点を S とすると，線分 PQ，QR，RS は切り口の図形の辺である。

解答 (1) 面 ABCD∥面 EFGH より，線分 PQ に平行な線分 EG も切り口の平面と立方体の面との交線である。
ゆえに，4点 P，Q，G，E を結んだ台形が切り口の図形である。
（答）右の図の台形（等脚台形）

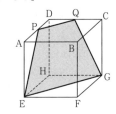

(2) 直線 PQ と直線 BC，BA との交点をそれぞれ X，Y とする。
直線 XR と辺 FG，直線 BF との交点をそれぞれ S，Z とする。
直線 YZ と辺 EF，AE との交点をそれぞれ T，U とする。
点 P，Q，R，S，T，U はすべて立方体の辺の中点であるから，これらの6点を結んだ正六角形が切り口の図形である。
（答）右の図の正六角形

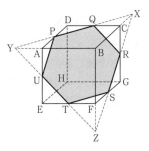

参考 (2) 点 S をとった後，辺 EF 上に点 T を，TS∥PQ となるようにとり，辺 AE 上に点 U を，UT∥QR となるようにとってもよい。

⚠ 平行でない2つの辺の長さが等しい台形を**等脚台形**という。

40 次の立方体を，各辺上の3点P，Q，Rを通る平面で切るとき，切り口はどのような図形になるか。図にかき入れよ。

(1)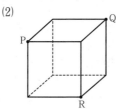

(2)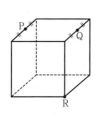

(3)

(4)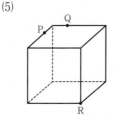

(5)

(6)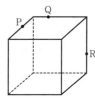

41 次の立体を，各辺上の3点P，Q，Rを通る平面で切るとき，切り口はどのような図形になるか。図にかき入れよ。

(1) 直方体

(2) 正四面体

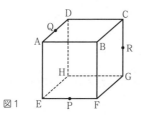

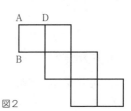

42 図1の立方体 ABCD–EFGH で，辺 EF，AD，CG の中点をそれぞれ P，Q，R とする。この立方体を，3点 P，Q，R を通る平面で切るとき，切り口の図形を図1にかき入れよ。また，切り口の図形の辺を図2の展開図にかき入れよ。

図1 　　図2

正多面体の展開図

　正六面体の展開図は，回転させたり，裏返したりして一致するものを除くと，全部で 11 種類あり，その周の長さはどれも同じである。

　正六面体は 6 つの正方形の面をもつ。正六面体の展開図の種類は，その 6 つの正方形の並べ方が何通りあるかを考える。

　横に並べることができる正方形の数は，最大で 4 個，最小で 2 個であるから，次のように，横に並ぶ正方形の数が 4 個，3 個，2 個の場合に分けて考える。（展開図の A，B，C は組み立てたときに平行になる面を表す。）

① 横に並ぶ正方形が 4 個の場合……次の 6 種類である。

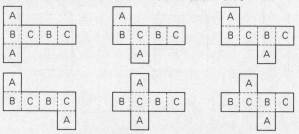

② 横に並ぶ正方形が 3 個の場合……次の 4 種類である。

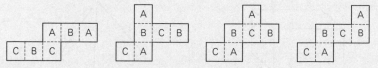

③ 横に並ぶ正方形が 2 個の場合……次の 1 種類である。

　①，②，③より，正六面体の展開図は全部で 11 種類である。

　また，これらはどれも正六面体の 12 本の辺のうちの 7 本を切って開いているから，周の長さは 1 辺の長さの 2×7＝14（倍）となる。

━━━ チャレンジ問題 ━━━

43 正四面体の展開図は，回転させたり，裏返したりして一致するものを除くと，全部で何種類あるか。

1 空間で考えて，次の文のうち，つねに正しいものはどれか。正しくないものについては，その例を図で示せ。　⤶**1**

(1) 交わる2つの平面P，Qがともに直線aと平行であるとき，P，Qの交線bはaと平行である。

(2) 2つの平面P，Qが垂直で，直線aがPと1点で交わるとき，aとQは1点で交わる。

(3) 直線aが平面Pと1点Aで交わっている。このとき，P上にあって，Aを通らない直線bとaはねじれの位置にある。

(4) 2つの平面P，Qは垂直で，その交線をℓとする。Q上で$\ell \perp a$となる直線aをひくと，aとPは垂直である。

(5) 3つの直線a，b，cがあり，aとbがねじれの位置にあり，bとcがねじれの位置にあるならば，aとcもねじれの位置にある。

2 右の図の平行四辺形を，次の直線を回転の軸として1回転させてできる立体の見取図をかけ。　⤶**2**

(1) 直線ℓ

(2) 直線m

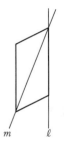

3 図1は，立方体を1つの平面で切って一部分を取り除いてできた立体の投影図である。図2は，その立体の未完成な見取図である。図2に不足している部分をかき入れて，見取図を完成せよ。　⤶**2**

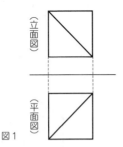

（立面図）

（平面図）

図1

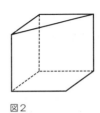

図2

4 右の図の1辺に，もう1つの三角形をつけ加えると，正四角錐の展開図ができる。その三角形をどの1辺につけ加えればよいか。考えられるものをすべて答えよ。 ⇦ **2**

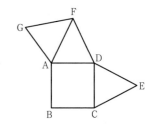

5 図1はすべての辺の長さが等しい正四角錐 O–ABCD で，図2はその展開図である。 ⇦ **2**

(1) ∠OAB，∠OAC の大きさをそれぞれ求めよ。

(2) 辺 OA とねじれの位置にある辺をすべて答えよ。

(3) 正四角錐 O–ABCD の3辺 OA，OB，BC に加えて，どの1辺を切り開けば，図2のような展開図となるか。次のア～オから選べ。

　　ア．辺 OC　　イ．辺 OD　　ウ．辺 AB　　エ．辺 AD　　オ．辺 CD

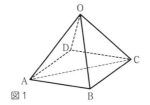

図1

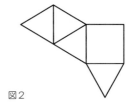

図2

6 次の展開図で正八面体をつくったとき，面 P と平行になる面に記号 Q をかき入れよ。 ⇦ **3**

(1)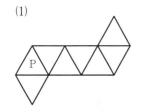

(2)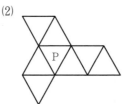

(3)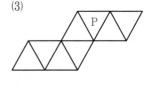

7 次の立体を，各辺上の3点 P，Q，R を通る平面で切るとき，切り口はどのような図形になるか。図にかき入れよ。 ⇦ **3**

(1) 直方体

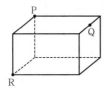

(2) 三角柱

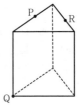

8 水の入った立方体 ABCD–EFGH を傾けたところ，図１のように水面が四角形 ACQP になり，P，Q はちょうど辺 EF，GF の中点になった。図２は，この立方体の展開図であり，水面の四角形 ACQP の２辺 AC，CQ はかき入れてある。図２に残りの２辺 AP，PQ をかき入れ，図１で水にふれている部分を斜線で示せ。 ← 2 3

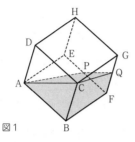

図1

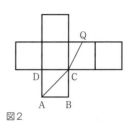

図2

9 立方体 ABCD–EFGH の頂点 A に集まる３辺 AB，AD，AE の中点 L，M，N を通る平面で立方体を切り，頂点 A をふくむほうを取り除く。立方体のすべての頂点について同じことを行うと，右の図のような多面体ができる。この多面体の面，辺，頂点の数をそれぞれ求めよ。 ← 3

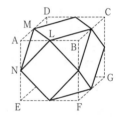

進んだ問題

10 右の図のような，すべての辺の長さが１である正六角柱 ABCDEF–PQRSTU がある。この正六角柱の面 ABCDEF の１つの頂点と，面 PQRSTU の１つの頂点とを結んだ線分について，次の問いに答えよ。 ← 1 2

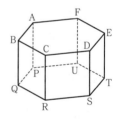

(1) 線分 AS と交わる線分の数を求めよ。ただし，頂点 A または S において交わる線分は除く。

(2) 線分 AR と交わる線分の数を求めよ。ただし，頂点 A または R において交わる線分は除く。

黄金比と正五角形の作図

■ 黄金比

黄金比という言葉を聞いたことはあるだろうか。黄金比は，ギリシャ時代から最も調和のとれた比と考えられ，歴史的建造物や美術品など，さまざまなものに見出されている。

図1のように，正方形 ABCD の辺 BC の中点 O を中心とし，線分 OA を半径とする円をかき，辺 BC の延長との交点を E とする。

点 E を通り線分 BE に垂直な直線と，辺 AD の延長との交点を F とすると，四角形 ABEF と四角形 CEFD は長方形となる。

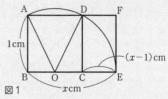

図1

このとき，長方形 ABEF と長方形 CEFD の短いほうの辺と長いほうの辺の長さの比は等しくなる。（このとき，長方形 ABEF と長方形 CEFD は相似であるという。）

すなわち，AB：CE＝BE：EF が成り立つ。

AB＝1cm，BE＝$x$cm とおくと，　　1：$(x-1)$＝x：1

内項の積と外項の積は等しいから，　　$x(x-1)=1$

整理すると，　　$x^2-x-1=0$　（このような方程式を2次方程式という。）

これを解くと，正の解 x は，　　$x=\dfrac{1+\sqrt{5}}{2}$

となる。（$\sqrt{5}$ は2乗すると5になる数の1つで，平方根といい，ルート5と読む。）

ここで得られた比　$1:\dfrac{1+\sqrt{5}}{2}$　が黄金比とよばれる。

⚠ 「相似」，「2次方程式」，「平方根」については，中学3年生で学習する。

黄金比は正五角形の中にも見出すことができる。

図2の正五角形 ABCDE において，∠ACD の二等分線と対角線 AD との交点を F とすると，

△ACD と △CDF はともに頂角が 36° の二等辺三角形であり，△ACD を縮小させると △CDF になる。（△ACD と △CDF は相似であるという。）

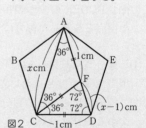

図2

このとき，CD：DF＝AC：CD が成り立つ。

CD＝1cm，AC＝$x$cm とおくと，　　1：$(x-1)$＝x：1

内項の積と外項の積は等しいから，　　$x(x-1)=1$

整理すると，　　$x^2-x-1=0$

よって，正五角形の1辺の長さと対角線の長さの比は，　　$1:x=1:\dfrac{1+\sqrt{5}}{2}$

すなわち，黄金比であることがわかる。

このことを利用して，正五角形を作図してみよう。
（正十二面体の展開図をかくときに利用してみよう。）

■ 正五角形の作図

線分 AB を 1 辺とする正五角形を作図する方法は，次のようになる。

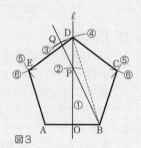

図3

① 　線分 AB の垂直二等分線 ℓ と AB との交点を
O とする。
② 　O を中心とし，線分 AB の長さを半径とする
円と，直線 ℓ との交点を P とする。
③ 　P を中心とし，線分 OB の長さを半径とする
円と，線分 BP の延長との交点を Q とする。
④ 　B を中心とし，線分 BQ の長さを半径とする
円と，線分 OP の延長との交点を D とする。
⑤ 　D を中心とし，線分 AB の長さを半径とする
円をかく。
⑥ 　A，B を中心とし，線分 AB の長さを半径とする円をかき，⑤の円との交点
をそれぞれ E，C とする。
⑦ 　点 B と C，C と D，D と E，E と A を結ぶ。

上の作図の方法で，五角形 ABCDE が正五角形であることを確かめるには，辺 AB
と対角線 BD の長さの比が黄金比であることを示せばよい。

図3で，AB＝1cm とする。図1と図3を比較すると，図1の △ABO と図3の
△POB は合同であり，図1で OE＝OA であるから，図1の線分 OE と図3の線分
BP の長さは等しい。

また，図1で OB＝$\frac{1}{2}$cm，図3で PQ＝$\frac{1}{2}$cm であるから，図1の線分 BE と図3の
線分 BQ の長さは等しく，BQ＝$x$cm となる。

図3で，BD＝BQ＝$x$cm であるから，

$$AB : BD = 1 : x$$

ゆえに，五角形 ABCDE は 1 辺の長さと対角線の長さの比が黄金比となり，正五角形
であることがわかる。

⚠ 　$\sqrt{5}$＝2.2360… であるから，1 : $\frac{1+\sqrt{5}}{2}$ を小数で表すと 1 : 1.6180… であ
り，黄金比はおよそ 5 : 8 である。

7章　図形の計量

1 平面図形の計量

---

① 円周率

　　円周の長さは直径に比例するから，円周の長さの直径に対する割合，（円周）÷（直径）は一定である。この値を**円周率**といい，ギリシャ文字 π で表す。円周率 π は小数で表したとき，3.14159 … と限りなく続く数で，計算の目的によって，およその値として 3.14 などを使うことがある。

② 円

　　半径 r の円で，円周の長さ ℓ，面積 S は，

$$\ell = 2\pi r \qquad S = \pi r^2$$

③ おうぎ形

　(1)　おうぎ形の弧の長さや面積は，それぞれ中心角の大きさに比例する。

　(2)　半径 r，中心角 $a°$ のおうぎ形で，弧の長さ ℓ，面積 S は，

$$\ell = 2\pi r \times \frac{a}{360} \qquad S = \pi r^2 \times \frac{a}{360}$$

　(3)　半径 r，弧の長さ ℓ のおうぎ形の面積 S は，

$$S = \frac{1}{2}\ell r \qquad （\rightarrow \text{p.156, 例題 2}）$$

おうぎ形 OAB

基本問題

1 1つの円において，次の弧に対する中心角の大きさを求めよ。

　(1)　円周の $\dfrac{1}{6}$　　　　(2)　円周の $\dfrac{2}{5}$　　　　(3)　円周の $\dfrac{11}{12}$

2 1つの円において，次の中心角に対する弧の長さは円周の何分のいくつか。

　(1)　中心角 $30°$　　　　(2)　中心角 $252°$　　　　(3)　中心角 $270°$

おうぎ形

例 半径 8cm，中心角 135° のおうぎ形の弧
の長さと面積をそれぞれ求めてみよう。

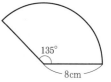

▶ 半径 r，中心角 $a°$ のおうぎ形の弧の長さ ℓ，
面積 S は，

$$\ell = 2\pi r \times \frac{a}{360} \qquad\qquad S = \pi r^2 \times \frac{a}{360}$$

から求めることができる。
$r=8$，$a=135$ であるから，

$$\ell = 2\pi \times 8 \times \frac{135}{360} = 6\pi \qquad\qquad S = \pi \times 8^2 \times \frac{135}{360} = 24\pi$$

（答） 弧の長さ $6\pi\,\mathrm{cm}$，面積 $24\pi\,\mathrm{cm}^2$

⚠ 円周率は，「3.14 とする」などと指示のない限り，π のままで答えることに
する。

基本問題

3 次の円の周の長さと面積をそれぞれ求めよ。
  (1) 半径 3cm の円
  (2) 直径 7cm の円

4 次の円で，弧の長さを求めよ。
  (1) 半径 5cm の円で，中心角が 135° に対する弧
  (2) 半径 18cm の円で，中心角が 75° に対する弧

5 次のおうぎ形の弧の長さと面積をそれぞれ求めよ。
  (1) 半径 4cm，中心角 60° のおうぎ形
  (2) 半径 6cm，中心角 210° のおうぎ形

6 次の ☐ に，弦，または弧を入れよ。

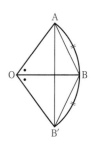

  右の図のおうぎ形 OAB′ で，∠AOB′ が弧 AB に対す
る中心角 ∠AOB の 2 倍であるとき，∠AOB′ に対する
☐（ア）☐ AB′ の長さは ☐（ア）☐ AB の長さの 2 倍になるが，
☐（イ）☐ AB′ の長さは ☐（イ）☐ AB の長さの 2 倍にはなら
ない。このことから，中心角の大きさと，それに対する
☐（ウ）☐ の長さは比例しないことがわかる。

7 次の円 O で，x の値を求めよ。

(1)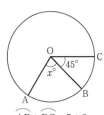

$\overset{\frown}{AB}:\overset{\frown}{BC}=5:3$

(2)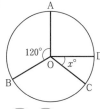

$\overset{\frown}{AB}:\overset{\frown}{CD}=10:3$

(3)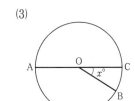

AC は円 O の直径
$\overset{\frown}{AB}:\overset{\frown}{BC}=5:1$

例題 1 右の図で，円 O の直径 AB は 6 cm，
$\overset{\frown}{AP}:\overset{\frown}{BQ}=4:3$，$\overset{\frown}{BP}$ の長さは 2π cm である。

(1) ∠AOP の大きさを求めよ。

(2) $\overset{\frown}{PBQ}$ の長さを求めよ。

(3) おうぎ形 OAQ の面積を求めよ。

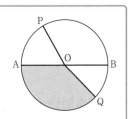

解説 1 つの円で，弧の長さは中心角の大きさに比例する。また，半径の等しいおうぎ形の面積は，中心角の大きさに比例する。

(2) $\overset{\frown}{AP}:\overset{\frown}{BQ}=4:3$ であるから，　∠AOP：∠BOQ＝4：3

解答 (1) 円 O の半径は 3 cm であるから，円 O の周の長さは，

$$2\pi\times3=6\pi$$

おうぎ形 OBP で，$\overset{\frown}{BP}=2\pi$ より，

$$\angle BOP=360°\times\frac{2\pi}{6\pi}=120°$$

∠AOP＋∠BOP＝180° より，

$$\angle AOP=180°-120°=60° \qquad\qquad (答)\quad 60°$$

(2) $\overset{\frown}{AP}:\overset{\frown}{BQ}=4:3$ であるから，　∠AOP：∠BOQ＝4：3

よって，　$\angle BOQ=60°\times\dfrac{3}{4}=45°$

$$\angle POQ=\angle POB+\angle BOQ=120°+45°=165°$$

ゆえに，　$\overset{\frown}{PBQ}=6\pi\times\dfrac{165}{360}=\dfrac{11}{4}\pi$ 　　　(答)　$\dfrac{11}{4}\pi$ cm

(3) AB は円 O の直径であるから，

$$\angle AOQ=180°-\angle BOQ=180°-45°=135°$$

$$(おうぎ形\,OAQ)=\pi\times3^2\times\frac{135}{360}=\frac{27}{8}\pi \qquad (答)\quad \frac{27}{8}\pi\,cm^2$$

演習問題

8 次の図形で，中心角の大きさを求めよ。

　⑴　半径 12cm の円で，8πcm の長さの弧に対する中心角

　⑵　半径 6cm，弧の長さが 9πcm のおうぎ形の中心角

9 右の図で，円 O の半径は 6cm，$\overset{\frown}{AB}$ の長さは 4πcm，
$\overset{\frown}{BC}:\overset{\frown}{CA}=5:7$ である。

　⑴　$\angle AOB$ の大きさを求めよ。

　⑵　$\overset{\frown}{BC}$ の長さを求めよ。

　⑶　おうぎ形 OAC の面積を求めよ。

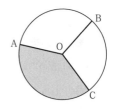

10 次の図で，影の部分の周の長さと面積をそれぞれ求めよ。ただし，曲線はすべておうぎ形の弧である。

(1)

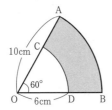

(2)

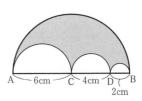

11 次の図で，影の部分の面積を求めよ。ただし，曲線はすべて円周またはおうぎ形の弧である。

(1)

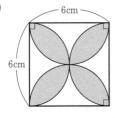

(2)

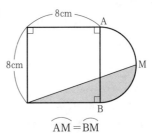

$\overset{\frown}{AM}=\overset{\frown}{BM}$

(3)

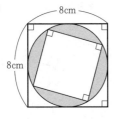

(4)

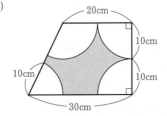

例題 (2) 右の図のおうぎ形 OAB で，半径を r cm，
弧の長さを ℓ cm，面積を S cm^2 とするとき，
$S = \dfrac{1}{2}\ell r$ であることを説明せよ。

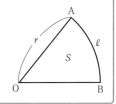

解説 中心角を $a°$ とすると，$\overset{\frown}{AB}$ の長さ ℓ cm，おうぎ形 OAB の面積 S cm^2 は，半径 r cm の円の周の長さ，面積のそれぞれ $\dfrac{a}{360}$ 倍である。

解答 中心角を $a°$ とすると，弧の長さ ℓ は，

$$\ell = 2\pi r \times \frac{a}{360}$$

よって，$\qquad \ell = \dfrac{\pi a r}{180}$

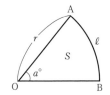

おうぎ形の面積 S は，

$$S = \pi r^2 \times \frac{a}{360} = \frac{1}{2} \times \frac{\pi a r}{180} \times r$$

$$= \frac{1}{2}\ell r$$

ゆえに，$\qquad S = \dfrac{1}{2}\ell r$

▒▒▒ 演習問題 ▒▒▒

12 次のおうぎ形の面積を求めよ。
　(1) 半径 4 cm，弧の長さ 5π cm のおうぎ形
　(2) 半径 3 cm，弧の長さ 8 cm のおうぎ形

13 次の問いに答えよ。
　(1) 半径 5 cm，弧の長さ 7π cm のおうぎ形の面積と中心角をそれぞれ求めよ。
　(2) 半径 3 cm，面積 12 cm^2 のおうぎ形の弧の長さを求めよ。
　(3) 弧の長さ 6 cm，面積 15 cm^2 のおうぎ形の周の長さを求めよ。

14 右の図のように，O を中心とする半径 8 cm の
おうぎ形 OBC から半径 4 cm のおうぎ形 OAD を
取り除いた図形がある。この図形の周の長さが
26 cm であるとき，次の問いに答えよ。

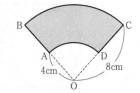

　(1) $\overset{\frown}{AD}$ の長さを求めよ。
　(2) この図形の面積を求めよ。

15 右の図のように，O を中心とする半径 7cm と 14cm の半円がある。

(1) ⑦の面積と⑦の面積の比を求めよ。

(2) ⑦の面積が⑦の面積の 2 倍であるとき，⑤の周の長さと面積をそれぞれ求めよ。

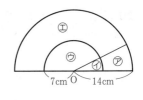

7cm O 14cm

16 右の図で，∠AOB＝90°，$\overarc{AB}$ は OA を半径とする円の弧，$\overarc{AO}$，$\overarc{BO}$ はそれぞれ OA，OB を直径とする円の弧である。⑦と⑦の面積をそれぞれ求めよ。

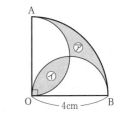

A

O ── 4cm ── B

17 右の図のように，直径が重なった 2 つの半円がある。小さい半円の中心は A で，半径は 15cm，大きい半円の中心は B で，半径は 20cm である。このとき，影の部分の面積を求めよ。

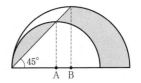

45°
A B

18 右の図のように，BC＝4cm の長方形 ABCD に，辺 AD，BC をそれぞれ直径とする半円が 2 つ入っている。⑦の面積が，⑦と⑤の面積の和に等しいとき，辺 AB の長さを求めよ。

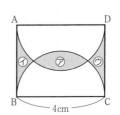

A ─────────── D

B ── 4cm ── C

19 右の図のように，半径 2cm，中心角 90°のおうぎ形 OAB を，直線 AC を折り目として折り返したところ，点 O が $\overarc{AB}$ 上の点 D と重なった。

(1) ∠CAD の大きさを求めよ。

(2) 影の部分の周の長さを求めよ。

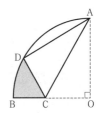

A

D

B C O

20 図1，2のように，半円 O を，P を中心として，時計まわりにそれぞれ 30°，60°回転させた。⑦の面積から⑦の面積をひいた差は，半円 O の面積の何倍か。

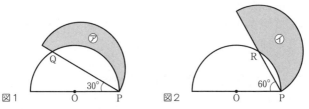

21 次の図で，四角形 ABCD は 1 辺 6cm の正方形で，曲線 AC，BD はそれぞれ頂点 B，C を中心とするおうぎ形の弧である。⑦の面積から⑦の面積をひいた差をそれぞれ求めよ。

(1)   (2)

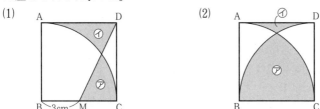

22 次の図のように，直線 ℓ 上に辺 AB がある長方形 ABCD を，直線 ℓ にそってすべることなく右方向へ，辺 AD が ℓ 上に重なるまで転がす。AB＝4cm，BC＝3cm，AC＝5cm のとき，次の問いに答えよ。

(1) 頂点 A が動いたときにえがく線の長さを求めよ。

(2) 頂点 A が動いたときにえがく線と直線 ℓ で囲まれた図形の面積を求めよ。

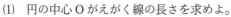

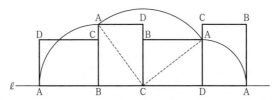

---

23 右の図のような AB＝5cm，BC＝6cm，CA＝4cm の △ABC と，半径 1cm の円 O がある。円 O が三角形の外側を辺にそって 1 まわりするとき，次の問いに答えよ。

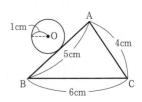

(1) 円の中心 O がえがく線の長さを求めよ。

(2) 円 O が動いたあとの図形の面積を求めよ。

サイクロゴン

図1のように，1辺の長さが2cmの正方形を，直線 ℓ にそってすべることなく右方向へ，ℓ 上にある頂点Pがふたたび ℓ 上にくるまで転がす。このとき，頂点Pが動いたときにえがく線と直線 ℓ で囲まれた図形の面積 S を求めてみよう。

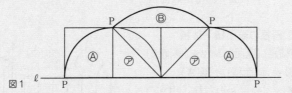

図1

図1で，　(直角二等辺三角形㋐)$=\dfrac{1}{2}×2×2=2$ (cm^2)

　　　　　(おうぎ形Ⓐ)$=\pi×2^2×\dfrac{90}{360}=\pi$ (cm^2)

図2のように，正方形の対角線の長さを r cm とし，正方形の面積を2通りで表すと，

図2

$$2^2=\dfrac{1}{2}r^2　より　r^2=8$$

　　　　　(おうぎ形Ⓑ)$=\pi×r^2×\dfrac{90}{360}=\pi×8×\dfrac{1}{4}=2\pi$ (cm^2)

ゆえに，　　$S=㋐×2+Ⓐ×2+Ⓑ=4+4\pi$ (cm^2)

図3のように，正方形が内側で接する（内接する）円を考え，この円の面積を求めてみると，

図3

$$\pi×\left(\dfrac{1}{2}r\right)^2=\dfrac{\pi}{4}×r^2=\dfrac{\pi}{4}×8=2\pi \ (cm^2)$$

したがって，面積 S は，正方形の面積と，正方形が内接する円の面積の2倍との和に等しい。

　正 n 角形が直線 ℓ にそってすべることなく転がるとき，1つの頂点がえがく曲線を**サイクロゴン**ということがある。サイクロゴンと直線 ℓ で囲まれた図形の面積 S は，正 n 角形の面積を P，正 n 角形が内接する円の面積を C とすると，$S=P+2C$ となることが知られている。

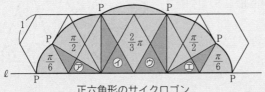

正六角形のサイクロゴン

1 **立体の表面積・側面積・底面積**

　立体のすべての面の面積の和を**表面積**という。また，側面全体の面積を**側面積**，1つの底面の面積を**底面積**という。

2 **角柱，円柱の表面積・体積**
　（表面積）＝（底面積）×2＋（側面積）
　（体積）＝（底面積）×（高さ）
　底面積 s，高さ h の角柱，円柱の体積を V とすると，
$$V=sh$$

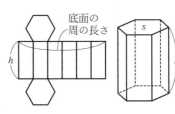

　とくに，底面の半径 r，高さ h の円柱の表面積を S，体積を V とすると，
$$S=2\pi r^2+2\pi rh$$
$$V=\pi r^2 h$$

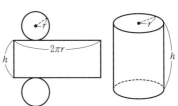

3 **角錐，円錐の表面積・体積**
　（表面積）＝（底面積）＋（側面積）
　（体積）＝$\dfrac{1}{3}$×（底面積）×（高さ）
　底面積 s，高さ h の角錐，円錐の体積を V とすると，
$$V=\frac{1}{3}sh$$

　とくに，底面の半径 r，母線の長さ a，高さ h の円錐の表面積を S，体積を V とすると，
$$S=\pi r^2+\pi ar$$
$$V=\frac{1}{3}\pi r^2 h$$

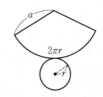

⚠　側面積は，$\pi a^2 \times \dfrac{2\pi r}{2\pi a}=\pi ar$

④ **球の表面積・体積**

(1) 空間で，点 O から等しい距離にある点の集まりを**球**，または，**球面**といい，点 O を**球の中心**，中心と球上の点を結ぶ線分を**半径**という。

(2) （**表面積**）＝4×π×（**半径**）²

   （**体積**）＝$\dfrac{4}{3}$×π×（**半径**）³

   半径 r の球の表面積を S，体積を V とすると，

   $$S = 4\pi r^2$$

   $$V = \dfrac{4}{3}\pi r^3$$

円錐

例 右の図の円錐の表面積と体積をそれぞれ求めてみよう。

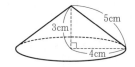

▶ 円錐の表面積は展開図で考えるとよい。

側面となるおうぎ形の弧の長さと底面の円の周の長さが等しいことから，側面のおうぎ形の同じ半径の円に対する割合がわかる。

この円錐の展開図は右のようになる。

側面となるおうぎ形の弧の長さは，底面の円の周の長さに等しいから，　　　$2\pi \times 4 = 8\pi$

側面のおうぎ形と同じ半径の円の周の長さは，

$$2\pi \times 5 = 10\pi$$

側面となるおうぎ形の面積は，

$$\pi \times 5^2 \times \dfrac{8\pi}{10\pi} = 20\pi$$

底面積は，　　　　　　$\pi \times 4^2 = 16\pi$

ゆえに，表面積は，　　$20\pi + 16\pi = 36\pi$

体積は，　　$\dfrac{1}{3} \times 16\pi \times 3 = 16\pi$

　　　　　　　　　（答）　表面積 $36\pi \text{ cm}^2$，体積 $16\pi \text{ cm}^3$

参考 側面となるおうぎ形の面積は，$\pi ar = \pi \times 5 \times 4 = 20\pi$ と求めてもよい。

また，その弧の長さが $8\pi \text{ cm}$ であることから，例題2（→p.156）のおうぎ形の面積の公式 $S = \dfrac{1}{2}\ell r$ を利用して，$\dfrac{1}{2} \times 8\pi \times 5 = 20\pi$ と求めてもよい。

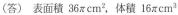

24 次の立体の体積を求めよ。

(1)
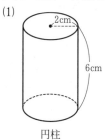
円柱

(2)
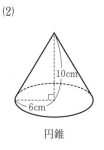
円錐

(3)
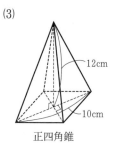
正四角錐

25 次の立体の表面積と体積をそれぞれ求めよ。

(1) 底面の半径が 8 cm，高さが 15 cm の円柱

(2) 底面の半径が 7 cm，高さが 24 cm，母線の長さが 25 cm の円錐

(3) 半径 5 cm の球

26 次の展開図で表される立体の表面積と体積をそれぞれ求めよ。

(1)
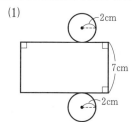

(2)
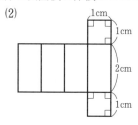

(3)
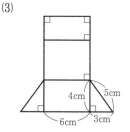

27 次の図で，影の部分の図形を，直線 ℓ を軸として 1 回転させてできる立体の体積を求めよ。

(1)
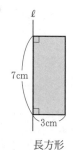
長方形

(2)
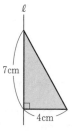
直角三角形

(3)
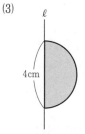
半円

例題 (3) 右の図の台形を，直線 ℓ を軸として1回転させてできる立体について，次の問いに答えよ。

(1) 表面積を求めよ。
(2) 体積を求めよ。

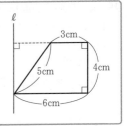

解説 この立体は，底面の半径6cm，高さ4cmの円柱から，底面の半径3cm，高さ4cm，母線の長さ5cmの円錐を取り除いたものである。

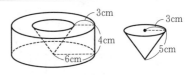

解答 (1) 上の底面の面積は，
$$\pi \times 6^2 - \pi \times 3^2 = 27\pi$$

下の底面の面積は，
$$\pi \times 6^2 = 36\pi$$

側面積は，　$2\pi \times 6 \times 4 = 48\pi$

内側の部分の面積は，
$$\pi \times 5 \times 3 = 15\pi$$

ゆえに，表面積は，
$$27\pi + 36\pi + 48\pi + 15\pi = 126\pi$$

(答) $126\pi \,\text{cm}^2$

(2) 体積は，　$\pi \times 6^2 \times 4 - \dfrac{1}{3}\pi \times 3^2 \times 4 = 132\pi$

(答) $132\pi \,\text{cm}^3$

参考 (1) 立体の内側の部分の面積を求めるとき，例題2（→ p.156）のおうぎ形の面積の公式 $S = \dfrac{1}{2}\ell r$ を利用して，$\dfrac{1}{2} \times 6\pi \times 5 = 15\pi \,(\text{cm}^2)$ と求めてもよい。

▓ 演習問題 ▓

28 右の図は，円錐をその底面に平行な平面で切ってできる2つの立体のうち，その切り口の面と底面との間にある立体である。この立体の体積を求めよ。
（この立体を円錐台という。）

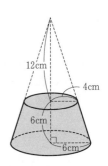

29 次の立体の表面積と体積をそれぞれ求めよ。

(1) 図1のように，三角柱を，底面に垂直な平面で切ってできる，2つの立体 ㋐と㋑

(2) 図2のように，円柱を，底面の中心Oを通る底面に垂直な2つの平面で切ってできる，底面が中心角120°のおうぎ形の立体

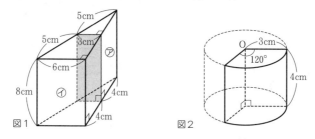

30 次の展開図で表される円錐の表面積を求めよ。

(1)
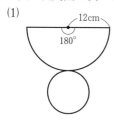

(2)
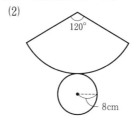

(3)
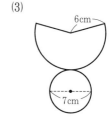

31 右の図のように，母線の長さが6cmの円錐を，頂点Oを中心として平面上を転がしたところ，円錐は点線で示した円の上を1周してもとの場所にもどるまでにちょうど3回転した。

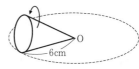

(1) 円錐の底面の半径を求めよ。

(2) この円錐の展開図を考えるとき，側面の部分を表すおうぎ形の中心角の大きさを求めよ。

32 右の図の直角三角形ABCを，直線 ℓ を軸として1回転させてできる立体について，次の問いに答えよ。

(1) 線分CHの長さを求めよ。

(2) 表面積を求めよ。

(3) 体積を求めよ。

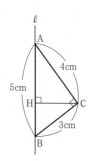

33 次の図で，影の部分の図形を，直線 ℓ を軸として1回転させてできる立体について，表面積と体積をそれぞれ求めよ。

(1)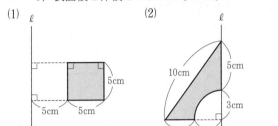

(2)

(3)

34 右の図のように，半径の等しい2つの半円と直角二等辺三角形を組み合わせた図形がある。この図形を，直線 ℓ を軸として1回転させてできる立体の体積を求めよ。

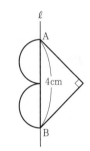

35 右の図の三角柱 ABC–DEF について，次の問いに答えよ。

(1) この三角柱を，辺 AD を軸として1回転させてできる立体の体積を求めよ。

(2) 長方形 BEFC を，辺 AD を軸として1回転させてできる立体の体積を求めよ。

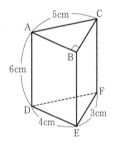

36 右の図のように，底面の直径と高さが 10 cm の円柱，直径 10 cm の球，および底面の直径と高さが 10 cm の円錐がある。次の比を求めよ。

(1) 円柱，球，円錐の体積の比

(2) 円柱の側面積と球の表面積の比

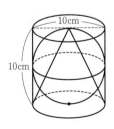

例題⟨4⟩ 右の図は1辺の長さが6cmの立方体 ABCD–EFGHで，Pは辺BFの中点である。 この立方体を，4つの頂点A，C，G，Eを通る 平面と，3点A，C，Pを通る平面と，3点E， G，Pを通る平面とで切ってできる4つの立体 のうち，四角錐の体積を求めよ。

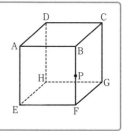

解説 求める四角錐は，三角柱 ABC–EFG から2つの三 角錐 P–ABC，P–EFG を取り除いてできる四角錐 P–AEGC である。三角錐 P–ABC，P–EFG の体積 は，BP＝PF より，それぞれ三角柱 ABC–EFG の 体積の $\frac{1}{6}$ である。

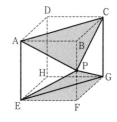

解答 三角柱 ABC–EFG の体積は，

$$\left(\frac{1}{2}\times6\times6\right)\times6=108$$

また，三角錐 P–ABC，P–EFG の体積は，

それぞれ三角柱 ABC–EFG の体積の $\frac{1}{3}\times\frac{1}{2}=\frac{1}{6}$ であるから，

$$108\times\frac{1}{6}=18$$

ゆえに，四角錐 P–AEGC の体積は，

$$108-18\times2=72$$ 　　　　　　　　　　　　　　　　　（答）　72cm³

参考 四角錐 P–AEGC は，立方体を2等分した三角柱 ABC–EFG から体積が等しい三角 錐 P–ABC，P–EFG を取り除いたものである。

よって，その体積は，立方体の体積の $\frac{1}{2}\times\left(1-\frac{1}{3}\times\frac{1}{2}\times2\right)=\frac{1}{3}$ である。

ゆえに，四角錐 P–AEGC の体積は，$(6\times6\times6)\times\frac{1}{3}=72$（cm³）と求めてもよい。

演習問題

37 右の図のように，三角柱 ABC–DEF を，3つの頂 点A，B，Fを通る平面で切ってできる2つの立体 のうち，影の部分の立体の体積を求めよ。ただし， $\angle ABC=90°$，AB＝6cm，BC＝7cm，AD＝4cm とする。

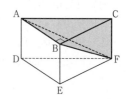

38 右の図の影の部分の立体は，半径 2cm の球を，その中心 O を通り，たがいに垂直な 2 平面で切ってできたものである。

(1) 表面積を求めよ。

(2) 体積を求めよ。

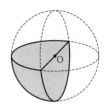

39 右の図のように，1 辺の長さが 6cm の立方体 ABCD-EFGH の内部に，A，C，H，F を頂点とする三角錐 A-CHF がある。

(1) 三角錐 A-CHF の外側には，三角錐 A-HEF と同じ体積の三角錐が，これをふくめて何個あるか。

(2) 三角錐 A-HEF の体積を求めよ。

(3) 三角錐 A-CHF の体積を求めよ。

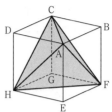

40 右の図は，∠ABC＝90° の三角柱 ABC-DEF で，AB＝AD＝4cm，BC＝3cm である。また，P，Q，R はそれぞれ辺 AD，BE，CF 上の点で，PD＝QE＝2cm，RF＝3cm である。この三角柱を，3 点 P，Q，R を通る平面で切って 2 つに分けるとき，頂点 D をふくむほうの立体の体積を求めよ。

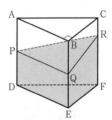

41 右の図の立体は，中心 O，直径 AB の円を底面とする円柱を，2 点 C，D を通る平面で切り，その上部を取り除いたものである。この立体の体積を求めよ。

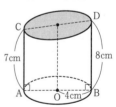

42 次の投影図で表される立体の体積を求めよ。

(1)

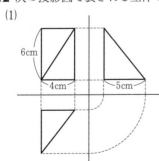

(2)

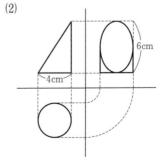

43 次の図は，1辺の長さが 1cm の立方体である。この立方体を与えられた 3 点を通る平面で切ってできる 2 つの立体のうち，頂点 A をふくむほうの立体の体積をそれぞれ求めよ。

(1) 3点 P，Q，D
  ただし，AP：PE＝1：2，BQ＝QF

(2) 3点 P，Q，E
  ただし，AP＝PD，CQ＝QD

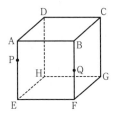

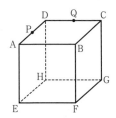

44 右の図のように，1辺の長さが 6cm の立方体 ABCD–EFGH があり，M，N は，それぞれ辺 BC，EH の中点である。四角錐 A–DNFM の体積を求めよ。

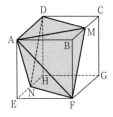

━━ **進んだ問題** ━━

45 右の図のように，1辺の長さが 1cm の立方体 ABCD–EFGH を，1辺の長さが 2cm の立方体 EIJK–LMNO の上に置いた。立方体 EIJK–LMNO を，3点 B，D，N を通る平面で切ってできる 2 つの立体のうち，頂点 J をふくむほうの立体の体積を求めよ。

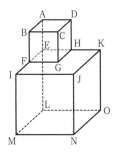

7章の問題

1 右の図で AB，CD，EF は円 O の直径である。∠AOC＝30°，∠FOB＝50° とすると，$\overset{\frown}{ED}$ の長さは $\overset{\frown}{DB}$ の長さの何倍か。 ⤵**1**

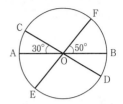

2 右の図の円 O で，$\overset{\frown}{AB}:\overset{\frown}{BC}:\overset{\frown}{CD}=2:3:5$，$\overset{\frown}{AD}=\overset{\frown}{BA}$ である。∠AOB，∠DOC の大きさをそれぞれ求めよ。 ⤵**1**

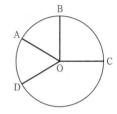

3 次の図で，影の部分の面積を求めよ。 ⤵**1**

(1)

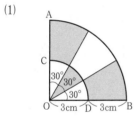

おうぎ形 OAB
おうぎ形 OCD

(2)

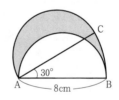

おうぎ形 ABC
AB，AC を直径とする半円

(3)

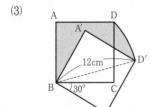

正方形 A′B′C′D′ は，正方形 ABCD を，B を中心として回転移動した図形

(4)

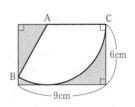

おうぎ形 ABC

4 右の図は，O を中心とする半径 5cm の円の一部と，長方形を重ねたものである。影の部分の面積を求めよ。 ⇦**1**

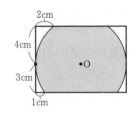

5 1辺 4cm の正六角形がある。右の図のように，頂点 B，C，D，E を中心にして半径がそれぞれ BA，CG，DH，EI の弧をかき，うずまき線をつくった。 ⇦**1**

(1) うずまき線 AGHIJ の長さを求めよ。

(2) 影の部分の面積を求めよ。

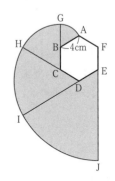

6 右の図で，影の部分の図形を，直線 ℓ を軸として 1 回転させてできる立体の体積を求めよ。 ⇦**2**

(1)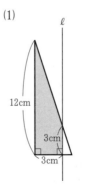

(2)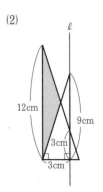

7 右の図は，等しい底面をもつ 2 つの円錐を向かい合わせに重ねてできた立体の見取図である。上の円錐の側面の展開図は半径 20cm，中心角 216° のおうぎ形で，下の円錐のほうは半径 15cm，中心角 a° のおうぎ形である。 ⇦**2**

(1) 円錐の底面の半径を求めよ。

(2) a の値を求めよ。

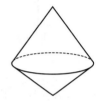

8 底面の半径が 10cm，高さが 20cm の円柱の容器に水が入っている。容器の底に，半径 6cm の球を置いたところ，水の深さが 6cm になった。はじめの水の深さを求めよ。ただし，円柱の底面は水平面上に置かれている。 ⏎**2**

9 図1の直方体 ABCD-EFGH で，BC＝BF，AB＝BG＝2cm である。この直方体を図2のように，辺 GH を軸として 90°回転させてできる立体の体積を求めよ。 ⏎**2**

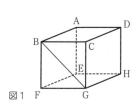
図1

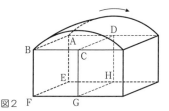
図2

10 右の図のように，1辺 4cm の正方形 ABCD の厚紙があり，M，N はそれぞれ辺 AB，AD の中点である。この厚紙を，線分 MN，MC，NC を折り目として同じ側に折り曲げ，3点 A，B，D を1点で重ねて立体をつくる。 ⏎**2**

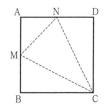

(1) 立体の表面積を求めよ。

(2) △NMC の面積を求めよ。

(3) △AMN を底面とするとき，立体の高さを求めよ。

(4) 立体の体積を求めよ。

(5) △NMC を底面とするとき，立体の高さを求めよ。

〰〰 **進んだ問題** 〰〰

11 右の図のような三角柱 ABC-DEF がある。長さ 2cm のひもの一方の端を P，他方の端を Q とし，このひもが三角柱の表面上を動く。次のときに，点 Q が動くことができる範囲の面積をそれぞれ求めよ。 ⏎**2**

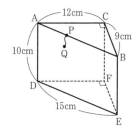

(1) 点 P が頂点 C にあるとき

(2) 点 P が辺 AB 上を動くとき

(3) 点 P が三角柱のすべての辺上を動くとき

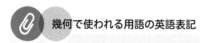

幾何で使われる用語の英語表記

中学1年生の幾何の分野で使われる用語のうち，一部の英語表記を紹介しよう。

幾何学	geometry	作図	construction
図形	figure	面積	area, surface area
平面図形	plane figure	合同	congruence
点	point	三角形	triangle
直線	straight line	四角形	quadrangle
線分	segment	多角形	polygon
半直線	half-line	二等辺三角形	isosceles triangle
角	angle	正三角形	equilateral triangle
度（角度）	degree	正方形	square
（多角形の）辺	side	長方形	rectangle
頂点	vertex	ひし形	rhombus
面	face	平行四辺形	parallelogram
中点	midpoint	台形	trapezoid
中線	median	対角線	diagonal
平行線	parallel lines	空間図形	space figure
垂線	perpendicular	平面	plane
直角	right angle	ねじれ	skew
円	circle	多面体	polyhedron
弧	arc	正多面体	regular polyhedron
弦	chord	正四面体	regular tetrahedron
直径	diameter	正六面体	regular hexahedron
半径	radius	立方体	cube
中心	center	直方体	rectangular prism
中心角	central angle	角柱	prism
おうぎ形	sector	円柱	circular cylinder
接線	tangent line	角錐	pyramid
接点	point of tangency	円錐	circular cone
交点	point of intersection	球	sphere
対称	symmetry	体積	volume

8章 データの整理

*この節は，おもに小学校の復習です。

---

1 **度数分布**

　データを集めて整理するとき，全体の傾向を知るために，データの広がる状態を調べる必要がある。このデータの広がる状態を**分布**という。

　表1は，A中学校の1年生の身長を測定した結果を整理したものである。（1の例は，表1に基づいたものである。）

(1) **変量**　調べるものが数量で表されたもの

　　　例　身長

(2) **階級**　データを整理するために用いる区間

　　　例　140cm以上145cm未満，…

(3) **階級の幅**　階級における区間の幅

　　　例　5cm

(4) **階級値**　それぞれの階級の中央の値

　　　例　142.5cm，147.5cm，…

(5) **度数**　それぞれの階級に入るデータの個数

　　　例　6人，8人，11人，…

(6) **度数分布表**　データを分類整理して，階級ごとの度数を示した表

　　　例　表1

表1　A中学校の1年生の身長

階級(cm)			度数(人)
以上	～	未満	
140	～	145	6
145	～	150	8
150	～	155	11
155	～	160	13
160	～	165	8
165	～	170	3
170	～	175	1
計			50

2 **代表値**

　データの傾向を知るとき，度数分布表のほかに，データ全体の傾向を代表していると考えられる値を用いることがある。この値を**代表値**という。代表値には，**平均値**，**中央値（メジアン）**，**最頻値（モード）**などがある。

(1) **平均値**

　① データの変量から求めるとき

$$（平均値）＝\frac{（データの個々の値の合計）}{（データの総数）}$$

　　例　中学1年生5人の身長が，138.2，147.6，149.7，158.3，160.2（cm）のとき，この5人の身長の平均値は，

　　(138.2＋147.6＋149.7＋158.3＋160.2)÷5＝150.8（cm）

② 度数分布表から求めるとき

$$（平均値）＝\frac{\{（階級値）×（度数）のすべての和\}}{（度数の合計）}$$

例　①の表1における身長の平均値は，

$(142.5×6＋147.5×8＋152.5×11＋157.5×13＋162.5×8$
$＋167.5×3＋172.5×1)÷50＝154.7（cm）$

(2) **中央値（メジアン）**　データを大きさの順に並べたときの中央の値

① データの度数が奇数のときは，中央の値

例　(1)①の例における身長の中央値は，149.7cm である。

② データの度数が偶数のときは，中央に並ぶ2つの値の平均値

例　(1)①の例の5人に，156.5cm の1年生1人を加えた6人の身長の中央値は，小さい順に並べたときの3番目と4番目の身長の平均値であるから，

$(149.7＋156.5)÷2＝153.1（cm）$

(3) **最頻値（モード）**　データの変量のうち，最も多くあらわれる値。度数分布表では，最も度数の大きい階級の階級値

例　①の表1における身長の最頻値は，157.5cm である。

③ **範囲（レンジ）**

データの最大の値と最小の値の差を，分布の**範囲（レンジ）**という。

（範囲）＝（最大値）－（最小値）

例　②(1)①の例における身長についての分布の範囲は，
$160.2－138.2＝22.0（cm）$

例題❶　右の表は，あるクラスで5点満点のテストを行ったときの得点を整理したものである。

得点(点)	0	1	2	3	4	5	計
度数(人)	1	3	(ア)	(イ)	13	7	40

このテストの平均値は，ちょうど3.3点であった。

(1) 表の(ア)の値を x とするとき，(イ)の値を x を使って表せ。

(2) 表の(ア)，(イ)にあてはまる値を求めよ。

(3) このテストの中央値と最頻値をそれぞれ求めよ。

(4) テスト当日に欠席した生徒が1人，後日テストを受け，得点が5点であった。この生徒の得点を表に加えたとき，平均値，中央値，最頻値はそれぞれどのようになるか。ただし，平均値は小数第2位を四捨五入して小数第1位まで求めた値で考えよ。

(1) 度数の合計の式から，x を使って(イ)の値を表す。

(2) 平均値を計算する式から，x の値を求める。

(3) 中央値は，得点の低いほうから 20 番目と 21 番目の得点の平均値である。

　最頻値は，最も度数の大きい階級の階級値（得点）である。

(4) 度数の合計が奇数になるから，中央値は，得点の低いほうから 21 番目の得点である。

解答 (1) (イ)の値は，　$40-(1+3+x+13+7)=16-x$　　　　　　　　（答）　$16-x$

(2) 全生徒の得点の合計を求めると，

$$0\times1+1\times3+2\times x+3\times(16-x)+4\times13+5\times7=3.3\times40$$

$$-x+138=132$$

ゆえに，　$x=6$

このとき，(イ)の値は，　$16-6=10$

この値は問題に適する。　　　　　　　　　　　　　　　（答）　(ア) 6　(イ) 10

(3) (2)より，得点の低いほうから 20 番目の得点は 3 点，21 番目の得点は 4 点である。

よって，中央値は，　$\dfrac{3+4}{2}=3.5$（点）

最も度数の大きい階級の階級値は 4 点であるから，最頻値は 4 点である。

（答）　中央値 3.5 点，最頻値 4 点

(4) 平均値は，$\dfrac{3.3\times40+5}{40+1}=3.34\cdots$ より，小数第 2 位を四捨五入すると，3.3 点である。

中央値は，得点の低いほうから 21 番目の得点であるから，4 点である。

最も度数の大きい階級の階級値は，欠席した生徒 1 人を加えても変わらないから，最頻値は 4 点である。

（答）　平均値は 3.3 点で変わらない。

中央値は 3.5 点から 4 点に変わる。

最頻値は 4 点で変わらない。

▨▨▨ 演習問題 ▨▨▨

1 2 種類のテスト A，B を行ったところ，得点は次の表のようになった。それぞれのテストの代表値（平均値，中央値，最頻値）と範囲を求めよ。また，2 種類のテストの分布の散らばりは同じといえるか。

テスト A(点)	3	7	10	9	6	10	3	8	3	9
テスト B(点)	6	6	7	8	8	7	7	5	7	7

1 ヒストグラムと度数分布多角形

(1) **度数分布表** データ全体をいくつかの階級に分類整理して，階級ごとの度数を示した表を**度数分布表**という。

(2) **ヒストグラム（柱状グラフ）** 横軸に変量，縦軸に度数をとり，それぞれの階級の幅を底辺，度数を高さとする柱状のグラフで度数分布を表したものを**ヒストグラム**という。ヒストグラムの長方形の面積は，各階級の度数に比例する。

度数分布表

通学時間(分)	度数(人)
以上　　未満	
0 ～ 10	9
10 ～ 20	18
20 ～ 30	36
30 ～ 40	51
40 ～ 50	27
50 ～ 60	9
計	150

$\left(\begin{array}{l}\text{A中学校の生徒150人の通学}\\\text{時間を整理したもの}\end{array}\right)$

(3) **度数分布多角形（度数折れ線）** ヒストグラムで，1つ1つの長方形の上辺の中点を順に線分で結び，両端では度数0の階級があるものと考えて，線分を横軸までのばす。このようにしてできる折れ線グラフを**度数分布多角形**という。度数分布多角形の面積は，ヒストグラムの柱の面積の和に等しい。

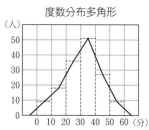

ヒストグラム　　　　　度数分布多角形

2 相対度数

各階級の度数の全体に対する割合を**相対度数**といい，階級とその階級の相対度数をまとめた表を**相対度数分布表**という。

$$(\text{相対度数})=\frac{(\text{各階級の度数})}{(\text{度数の合計})}$$

度数の合計が異なる2つのデータを比較するときは，度数ではなく，相対度数を用いるとよい。

相対度数分布表

通学時間(分)	度数(人)	相対度数
以上　　未満		
0 ～ 10	9	0.06
10 ～ 20	18	0.12
20 ～ 30	36	0.24
30 ～ 40	51	0.34
40 ～ 50	27	0.18
50 ～ 60	9	0.06
計	150	1.00

横軸に変量，縦軸に相対度数をとり，**相対度数ヒストグラム**，**相対度数分布多角形**をかくことができる。

相対度数ヒストグラム

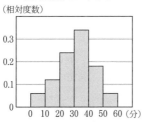

相対度数分布多角形

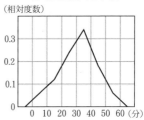

3 **累積度数と累積相対度数**

(1) **累積度数** 度数分布表において，最小の階級から各階級までの度数を加えたものを**累積度数**という。階級と累積度数を示した表を**累積度数分布表**といい，この表からつくった折れ線グラフを**累積度数折れ線**という。

(2) **累積相対度数** 最小の階級から各階級までの相対度数を加えたものを**累積相対度数**という。階級と累積相対度数を示した表を**累積相対度数分布表**といい，この表からつくった折れ線グラフを**累積相対度数折れ線**という。

累積相対度数分布表

通学時間 （分）	度数 （人）	累積度数 （人）	相対度数	累積相対 度数
以上　未満 0 ～ 10	9	9	0.06	0.06
10 ～ 20	18	27	0.12	0.18
20 ～ 30	36	63	0.24	0.42
30 ～ 40	51	114	0.34	0.76
40 ～ 50	27	141	0.18	0.94
50 ～ 60	9	150	0.06	1.00
計	150		1.00	

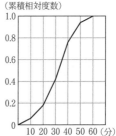

累積度数折れ線

累積相対度数折れ線

⚠ 累積度数は，その階級の最大の値までの度数であるから，累積度数折れ線をかくときは，グラフの階級の幅の右端に累積度数をとって折れ線を結ぶ。この例では，通学時間が 60 分のときの度数が 150 人となる。累積相対度数折れ線も同様に考えてかく。

⚠ 累積相対度数分布表を書くときは，度数や累積度数，相対度数も書いてあるとわかりやすい。

---- ヒストグラムと度数分布多角形

例 右の度数分布表は，生徒 40 人のクラスで数学の小テストを行ったときの得点を整理したものである。ただし，満点の 20 点は 16 点以上 20 点未満の階級に入れた。この表から，ヒストグラムと度数分布多角形をそれぞれつくってみよう。

階級（点）	度数（人）
以上　未満	
0 ～ 4	1
4 ～ 8	4
8 ～ 12	12
12 ～ 16	15
16 ～ 20	8
計	40

▶ ヒストグラムは，横軸に変量（得点）を，縦軸に度数（人数）をとり，柱状のグラフをつくる。度数分布多角形は，ヒストグラムのそれぞれの階級の長方形の上辺の中点を結び，両端の階級に度数 0 の階級があるとみなして横軸まで線分をのばす。

ヒストグラム
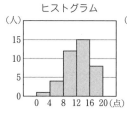

度数分布多角形
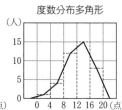

例題 2 次のデータは，B 中学校の生徒 45 人の通学時間（分）を調べたものである。

```
16   9  22  18  41   5  31  21  13  29  23  14  25  22  15
35  47  39  18  33   3  12  57  16  19   6  54  38  10  21
22  12  34  23  28   7  21  15  29   8  17  25  10   7  41
```

(1)　このデータから階級の幅を 10 分として B 中学校の通学時間の相対度数分布表をつくり，176 ページのまとめ 2 を利用して，A 中学校と B 中学校の通学時間の相対度数分布多角形を，同じ座標軸を使ってかけ。ただし，相対度数は小数第 3 位を四捨五入して小数第 2 位まで求めること。

(2)　このデータから B 中学校の累積相対度数分布表をつくり，177 ページのまとめ 3 を利用して，A 中学校と B 中学校の通学時間の累積相対度数折れ線を，同じ座標軸を使ってかけ。

(3)　2 つのデータについて，分布のようすや特徴を比較する場合，相対度数を用いるとよいのは，2 つのデータにどのようなちがいがあるときか。また，その理由を説明せよ。

度数分布表の階級を決めるには，階級の数が 10 個から多くても 20 個以内になるようにする。データの個数が 100 個以下であれば，階級の数は 10 個以下にするとよい。階級の幅は等しくする。

また，階級の両端は，0 または 5 で終わる数を選ぶと整理しやすい。データの個数を調べるには，右の表のように正の字を使って数えていくとよい。

通学時間(分)	人数
以上　　未満 0 ～ 10	下
10 ～ 20	正一
20 ～ 30	丁
⋮	⋮

(1)

相対度数分布表

通学時間(分)	度数(人)	相対度数
以上　　未満 0 ～ 10	7	0.16
10 ～ 20	14	0.31
20 ～ 30	13	0.29
30 ～ 40	6	0.13
40 ～ 50	3	0.07
50 ～ 60	2	0.04
計	45	1.00

相対度数分布多角形

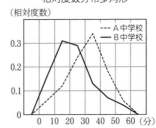

(2)

累積相対度数分布表

通学時間 (分)	度数 (人)	累積度数(人)	相対度数	累積相対度数
以上　　未満 0 ～ 10	7	7	0.16	0.16
10 ～ 20	14	21	0.31	0.47
20 ～ 30	13	34	0.29	0.76
30 ～ 40	6	40	0.13	0.89
40 ～ 50	3	43	0.07	0.96
50 ～ 60	2	45	0.04	1.00
計	45		1.00	

累積相対度数折れ線

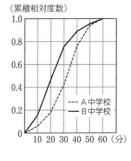

(3) 度数の合計が異なるとき。

（理由）相対度数を利用することにより，度数の合計が異なるときでも，度数の合計が等しいときと同様に，全体に対する割合を比較することができるから。

⚠ 相対度数は，ふつう四捨五入して適当なけた数にそろえる。そのため，相対度数の総和を計算すると 1 にならない場合がある。そのようなときは，総和が 1 になるように，最も度数の大きい階級の相対度数を調整する。

2 A中学校の生徒50人のハンドボール投げの記録（m）は，次のようになった。

8	22	11	26	34	24	28	21	14	15	19	24	33	16	29	19	34
17	18	23	18	24	15	19	20	16	21	25	20	27	23	26	23	30
15	26	19	29	21	13	23	31	20	14	23	27	25	13	21	29	

(1) 階級を5m以上10m未満，10m以上15m未満，… として，度数分布表をつくれ。また，ヒストグラムと度数分布多角形をそれぞれかけ。

(2) 相対度数分布表と累積相対度数分布表をそれぞれつくれ。また，相対度数分布多角形と累積相対度数折れ線をそれぞれかけ。

(3) 25m以上投げた生徒の相対度数を求めよ。

3 右の図は，あるクラスで10点満点の小テストを実施したときの得点の分布をヒストグラムに表したものである。

(1) クラスの人数は何人か。

(2) 最頻値を求めよ。また，その階級の相対度数を求めよ。

(3) 中央値を求めよ。また，その階級の相対度数を求めよ。

(4) 平均値，最頻値，中央値を大きい順に並べよ。

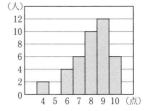

4 右の表は，10kmのマラソン大会に出場した50人の記録をまとめた相対度数分布表である。

(1) 最頻値を求めよ。また，その階級の度数を求めよ。

(2) 46分未満で走った人は何人か。

(3) 10位の人が入っている階級の階級値を求めよ。

時間（分）	相対度数
以上　　未満	
40 ～ 43	0.14
43 ～ 46	0.16
46 ～ 49	0.24
49 ～ 52	0.26
52 ～ 55	0.20
計	1.00

5 右の表は，10月に図書館から本を借りたある中学校の1年生の人数を冊数別にまとめたものである。表の(ア)～(キ)にあてはまる数を求めよ。ただし，相対度数は四捨五入などがされていない正確な値である。

冊数（冊）	度数（人）	相対度数
0	(ア)	0.05
1	(イ)	0.15
2	16	(カ)
3	20	(キ)
4	(ウ)	0.25
5	(エ)	0.10
計	(オ)	1.00

6 右の図は，お祭りで輪投げゲームをしたときの1日目と2日目の参加者の得点を記録し，相対度数分布多角形をつくったものである。参加者は，1日目が80人，2日目が50人であった。この図からわかることとして正しいものを，次の(ア)～(オ)からすべて選べ。

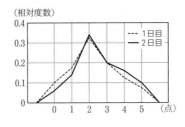

(ア) 3点の階級では，1日目と2日目の相対度数が等しいから，全体的に得点の高い人の割合は等しいといえる。

(イ) 1日目，2日目ともに2点の階級の相対度数が最も大きく，山型に分布しているから，両日とも全体的に得点の高い人の割合は同じといえる。

(ウ) 2点以下の階級の相対度数は2日目のほうが小さく，3点以上の相対度数は2日目のほうが大きいから，2日目のほうが全体的に得点の高い人の割合が高いといえる。

(エ) 1日目のほうが参加者が多いから，1日目のほうが全体的に得点の高い人の割合が高いといえる。

(オ) 3点の参加者の数は，1日目のほうが2日目より多いといえる。

7 次の表は，A中学校の女子62人と，B中学校の女子160人のソフトボール投げの記録を整理したものである。2つの中学校の記録の分布について，どちらの学校のほうが遠くに投げられる生徒が多いかを考えるとき，度数分布表より相対度数分布表からのほうがよく読み取れることを説明せよ。また，相対度数分布表のほうがよいのはなぜか，その理由を説明せよ。

距離(m)	度数(人)	
	A中学校	B中学校
以上　未満		
5 ～ 10	2	7
10 ～ 15	30	84
15 ～ 20	19	50
20 ～ 25	9	17
25 ～ 30	2	2
計	62	160

距離(m)	相対度数	
	A中学校	B中学校
以上　未満		
5 ～ 10	0.03	0.04
10 ～ 15	0.48	0.53
15 ～ 20	0.31	0.31
20 ～ 25	0.15	0.11
25 ～ 30	0.03	0.01
計	1.00	1.00

8 次の表と図は，ある中学校の3年生のハンドボール投げの記録を，度数分布表と累積度数折れ線で表したものである。

階級(m)	度数(人)
以上　　未満	
6 〜 10	1
10 〜 14	6
14 〜 18	10
18 〜 22	(ア)
22 〜 26	(イ)
26 〜 30	3
30 〜 34	1
34 〜 38	1
計	44

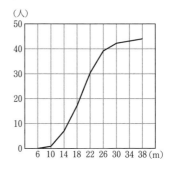

(1) 表の(ア)，(イ)にあてはまる数を求めよ。

(2) 次のア〜エのうち，正しいものはどれか。

　ア．26m投げた生徒の記録は，記録の高いほうから6番目である。

　イ．14m投げた生徒の記録は，記録の低いほうから8番目である。

　ウ．記録の高いほうから2番目の生徒の記録は34mである。

　エ．記録の低いほうから17番目の生徒の記録は18mである。

1 次の図は，ある中学校で，1年生のA組35人とB組35人の1500m走の記録を整理したヒストグラムである。 🔙**1**

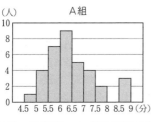
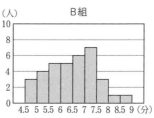

(1) 平均値，最頻値，中央値を組ごとに求めよ。ただし，平均値は小数第3位を四捨五入して小数第2位まで求めること。

(2) ヒストグラムから読み取れることとして，つねに正しい文を，次のア～エからすべて選べ。

 ア．平均値が等しくても，最頻値，中央値は必ずしも等しいとは限らない。

 イ．記録が6.5分より速い生徒の人数は，A組よりB組のほうが多い。

 ウ．2つの組を合わせて，記録が最も速い生徒はB組にいる。

 エ．2つの組を合わせて，記録が速いほうから順に4人を選ぶと，選ばれる生徒の人数は，A組よりもB組のほうが多い。

2 右の図は，AさんとBさんが通う中学校で，1年生の1組40人と2組40人にスマートフォンの利用時間についてのアンケート調査を行った結果を整理した

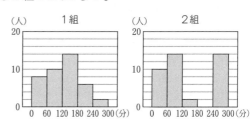

ヒストグラムである。これらを見たAさんとBさんは次の会話をした。 🔙**1**

> Aさん：平均値を求めると，1組が ［ア］ 分，2組が ［イ］ 分だから，2組の生徒のほうが利用時間が長いと思う。
>
> Bさん：そうとはいえないよ。なぜなら，［　　　　　　　］。だから，1組の生徒のほうが利用時間が長いという考え方もできると思う。
>
> Aさん：なるほど，そういう考え方もできるね。

(1) 上の会話の(ア)，(イ)に入る平均値をそれぞれ求めよ。

(2) 上の会話の［　　］にBさんの会話の続きを書け。ただし，根拠となる平均値以外の代表値について，階級を示すこと。

　実験などを行うとき，あることがらの起こりやすさの程度を表す数を，そのことがらの起こる確率という。たとえば，1個のさいころを投げるとき，1から6のどの目の出やすさも同じと考えられるから，1つの目が出る確率はそれぞれ $\frac{1}{6}$ となる。

　確率には，統計的確率と数学的（理論的）確率がある。過去の統計資料や実験結果などから，全体の中で，ある特定のことがらがどの程度起こると期待できるかを表す数を統計的確率という。ある野球選手がヒット（安打）を打つ確率（打率），出生男児数や出生女児数の割合，A中学校の入学式の日に雨の降る確率などである。これはこの章で学んだ相対度数と同じである。

　一方，理論的に起こると考えられるすべての場合に対して，ある特定のことがらの起こる割合を表す数を数学的（理論的）確率という。宝くじの当たる確率や，くじ引きで友達と同じ班になる確率などである。

　これは，確率が2つあるということではない。学習していくと，どちらも同じ確率であることがわかる。コインを投げて表が出るか，裏が出るか実験してみると，実験回数が多くなるほど理論的な確率（表が出る確率も裏が出る確率もそれぞれ $\frac{1}{2}$）に近づいていく。これを大数の法則という。

　身のまわりの確率について考えてみよう。

野球選手の打率について

　プロ野球における打率とは，公式試合において，ある選手が何回打席に立ち，そのうち何本のヒットを打ったかという割合を表すものである。通常は1年間に出場した試合すべての結果を通算して打率を計算する。

　A選手は10回打席に立ち，4本のヒットを打った。B選手は100回打席に立ち，30本のヒットを打った。このとき，A選手の打率は4割，B選手の打率は3割ということになる。この打率の結果から，A選手のほうがヒットを多く打つ選手と判断することができるだろうか。

	A選手	B選手
打席数	10	100
ヒット数	4	30
打率	4割	3割

　統計的確率を考えるとき，実験回数をある程度以上多くしないと，信頼できる値を得ることはできない。打率についても同じで，多くの試合に出場して多くの打席に立った選手のほうが，信頼できる打率を考えることができる。そこで，プロ野球では，規定打席数が設定されている。これは，（1年間のチームの公式試合数）×3.1 を規定打席数として，この数以上の打席に達した選手についてのみ，年間の成績を比較するというものである。

■ 降水確率について

　天気予報の降水確率が 0 ％ ならば，その日は絶対に雨が降らないといえるだろうか。

　気象庁の用語解説によると，降水確率とは，「一定の時間内に降水量 1 mm 以上の雨または雪の降る確率（％）の平均値」である。たとえば，降水確率 30 ％ とは，30 ％ という予報が 100 回発表されたとき，そのうちのおよそ 30 回は 1 mm 以上の降雨があるという意味であり，降水量を予報するものではない。たびたび誤解されるが，100 分間のうち，30 分間は雨が降るというような時間の割合を表すものではないし，ある広さの面積において，その 30 ％ の面積の部分に雨が降るということでもない。

　降水確率 0 ％ とは，降水確率が 5 ％ 未満のことである。つまり，降水確率 0 ％ という予報が 100 回発表されたとき，1 mm 以上の降雨が 5 回未満ということである。また，降水確率は 1 mm 以上の降水を対象にしているので，1 mm 未満の降水予報でも 0 ％ になる。したがって，まったく雨が降らないということではない。

　日本は大陸の端にあるため，気象予報はとてもむずかしい。しかし，気象庁を中心とした長年にわたる統計データの蓄積と，気象衛星や AMeDAS（地域気象観測システム）などの気象観測の充実により，年々予報の精度を向上させている。

■ 天気予報の的中率

　A 市の天気予報で，昨年 6 月は降雨を予報した日は 19 日あり，そのうち実際に雨が降ったのは 17 日であった。降雨を予報した日以外の日は雨が降らないと予報したが，そのうち 3 日は雨が降った。一方，今年 6 月は降雨を予報した

6月の降雨予報	昨年	今年
① 降雨と予報した日数	19 日	15 日
①のうち雨が降った日数	17 日	13 日
② 雨が降らないと予報した日数	11 日	15 日
②のうち雨が降った日数	3 日	2 日

日は 15 日あり，そのうち実際に雨が降ったのは 13 日であった。降雨を予報した日以外は雨が降らないと予報したが，そのうち 2 日は雨が降った。

　昨年より今年のほうが予報的中率は向上したといえるだろうか。

　降雨予報の当たった日の相対度数を，昨年と今年で比較してみよう。

昨年の降雨予報の当たった日は，降雨を予報した 19 日のうちの 17 日と，雨が降らないと予報した 30−19＝11（日）のうちの 11−3＝8（日）である。

よって，予報が的中した日の相対度数は，（17＋8）÷30＝0.833…

一方，今年の降雨予報の当たった日は，降雨を予報した 15 日のうちの 13 日と，雨が降らないと予報した 30−15＝15（日）のうちの 15−2＝13（日）である。

よって，予報が的中した日の相対度数は，（13＋13）÷30＝0.866…

　ゆえに，今年のほうが相対度数が大きいから，予報的中率は向上したと考えられる。

Ａ級中学数学問題集 1年（8訂版）

2021 年 2 月　初版発行

著　者	飯田昌樹	印出隆志
	櫻井善登	佐々木紀幸
	野村仁紀	矢島　弘
発行者	斎藤　亮	
組版所	錦美堂整版	
印刷所	光陽メディア	
製本所	井上製本所	

発行所　昇龍堂出版株式会社

〒101-0062　東京都千代田区神田駿河台 2-9
TEL 03-3292-8211　　FAX 03-3292-8214
ホームページ http://www.shoryudo.co.jp/

A級中学 数学問題集 1

8訂版

解答編

昇龍堂出版

この解答編は薄くのりづけされています。軽く引けば簡単に取りはずすことができます。

p.2　**1**　答

数直線: −5 −4 −3 −2 −1 0 +1 +2 +3 +4 +5
(2) は −4, (3) は −1.5 付近, (5) は −0.5 付近, (4) は +2.5付近, (1) は +3

2　答 A +6, B −2, C −3.5, D +3.5, E 0

3　答 (1) +4　(2) −7　(3) $-\dfrac{3}{5}$　(4) +0.8

4　答 (1) 7　(2) 7　(3) 3.1　(4) $2\dfrac{5}{6}$

5　答 (1) +4＞−1 または −1＜+4　(2) −3＞−5 または −5＜−3

(3) −0.15＞−0.3 または −0.3＜−0.15　(4) $-\dfrac{3}{5}＞-\dfrac{5}{8}$ または $-\dfrac{5}{8}＜-\dfrac{3}{5}$

p.3　**6**　答 (1) −3＜0＜+0.5 または +0.5＞0＞−3

(2) $-1\dfrac{4}{5}＜-1\dfrac{3}{4}＜-1.6$ または $-1.6＞-1\dfrac{3}{4}＞-1\dfrac{4}{5}$

7　答 (1) 0, $+3\dfrac{2}{5}$, −3.5　(2) $-2\dfrac{1}{5}$, $+2\dfrac{1}{3}$, −2.5

8　答 (1) 8だけ大きい　(2) 3.5だけ小さい　(3) −4　(4) −2.5

9　答 (1) +12 が +4 より 8 だけ大きい　(2) −2 が −6 より 4 だけ大きい
(3) +4 が −2 より 6 だけ大きい　(4) +1 が −10 より 11 だけ大きい

p.4　**10**　答 (1) −2, −0.7, $-\dfrac{2}{3}$, $-\dfrac{2}{5}$, 0, $+\dfrac{3}{4}$, +3

(2) $-3\dfrac{1}{3}$, −3.1, $-1\dfrac{1}{4}$, −1.2, $+\dfrac{3}{5}$, +0.7, $+2\dfrac{1}{2}$

11　答 $-\dfrac{1}{3}$, 0, +0.25, $-\dfrac{2}{5}$

12　答 (1) +6, −6　(2) −3, −2, −1, 0, +1, +2, +3　(3) −4, −5, −6

13　答 (1) +8と−8　(2) +5と+1　(3) +27と−3　(4) $-5\dfrac{2}{3}$と$-6\dfrac{1}{3}$

(5) +2と−16　(6) 0と−11

14　答 (1) 0　(2) +8　(3) −1　(4) $7\dfrac{1}{3}$　(5) $-\dfrac{1}{3}$

p.5　**15**　答 (1) +8時間後　(2) +4万円の支出　(3) +6kgの減少　(4) +70mの後退
(5) +5℃上がる　(6) +3m下降

16　答 −34m高い

17　答 ㋐ 5月9日　㋑ 0　㋒ 5月8日　㋓ 5月14日　㋔ 4月24日
解説 前年と比べて開花日が遅いことを正の数で表しているから，負の数は開花日が早いことを表す。

18　答 −5km

p.6　**19**　答 (1) +12　(2) −9　(3) +4.3　(4) −5.1　(5) $+1\dfrac{1}{2}$　(6) −4

20　答 (1) −3　(2) +22　(3) −0.5　(4) +4.8　(5) $-\dfrac{3}{10}$　(6) $-\dfrac{1}{2}$

21　答 (1) 0　(2) −5　(3) +2.7　(4) 0　(5) 0　(6) $-\dfrac{13}{9}$

22 答 (1) $+34$ (2) -32 (3) -6 (4) -1.2

23 答 (1) $+\dfrac{34}{15}$ (2) $-\dfrac{17}{6}$ (3) $+\dfrac{59}{30}$ (4) $-\dfrac{5}{3}$

24 答 (1) -8 (2) -17 (3) 0 (4) -20 (5) 0 (6) $+5$ (7) $+10$ (8) $+14$

25 答 (1) -0.3 (2) 0 (3) $+2$ (4) $+0.1$ (5) -2 (6) $+1.45$

26 答 (1) $-\dfrac{4}{7}$ (2) $-\dfrac{10}{9}$ (3) $-\dfrac{2}{3}$ (4) $-\dfrac{5}{6}$ (5) $+\dfrac{6}{5}$ (6) $+\dfrac{43}{24}$

27 答 (1) $+2$ (2) -4 (3) -7 (4) $+13$ (5) $+4$ (6) -2 (7) 0 (8) -14
(9) -5 (10) $+21$

28 答 (1) -3.9 (2) $+9.1$ (3) -5.9 (4) $+3.3$ (5) $-\dfrac{7}{12}$ (6) $+\dfrac{19}{2}$ (7) $+\dfrac{49}{12}$
(8) $+\dfrac{11}{10}$

29 答 (1) $+1$ (2) -14 (3) $+35$ (4) -5 (5) $+42$ (6) 0 (7) $+4.2$ (8) -4.9

30 答 (1) 0 (2) -6 (3) $+1$ (4) -3 (5) -3.4 (6) $-\dfrac{3}{4}$ (7) $-\dfrac{5}{9}$

31 答 (1) -7 (2) $+48$ (3) $+12$ (4) $+10.8$ (5) -1.3 (6) $+\dfrac{7}{20}$ (7) $-\dfrac{3}{5}$
(8) 0 (9) $-\dfrac{1}{4}$

解説 (8) $(-11)+(-4)+(+17)+(-8)+(+6)$
$=\{(-11)+(-4)+(-8)\}+\{(+17)+(+6)\}=(-23)+(+23)$
(9) $\left(-\dfrac{1}{2}\right)+\left(+\dfrac{5}{4}\right)+\left(-\dfrac{4}{3}\right)+\left(-\dfrac{7}{6}\right)+\left(+\dfrac{3}{2}\right)$
$=\left\{\left(-\dfrac{1}{2}\right)+\left(-\dfrac{4}{3}\right)+\left(-\dfrac{7}{6}\right)\right\}+\left\{\left(+\dfrac{5}{4}\right)+\left(+\dfrac{3}{2}\right)\right\}=(-3)+\left(+\dfrac{11}{4}\right)$

32 答 (1) $+3$ (2) -9 (3) 0 (4) $+1$

33 答 (1) -18 (2) -2 (3) -27 (4) -10 (5) $+2$

34 答 (1) -5 (2) -3.9 (3) $+\dfrac{1}{8}$ (4) $+\dfrac{7}{30}$ (5) -1

解説 (4) $(-0.8)+\left(-\dfrac{1}{6}\right)+(+1.2)=\{(-0.8)+(+1.2)\}+\left(-\dfrac{1}{6}\right)$
$=(+0.4)+\left(-\dfrac{1}{6}\right)=\left(+\dfrac{2}{5}\right)+\left(-\dfrac{1}{6}\right)$

(5) $\left\{\left(-2\dfrac{3}{4}\right)+\left(-3\dfrac{1}{12}\right)\right\}+\left\{\left(+4\dfrac{2}{3}\right)+\left(+\dfrac{1}{6}\right)\right\}=\left(-5\dfrac{5}{6}\right)+\left(+4\dfrac{5}{6}\right)$

35 答 (1) -4 (2) -8 (3) -7 (4) -1 (5) 3 (6) -1.6 (7) 0.7 (8) -5.7
解説 (1) $-5+8-7=(-5)+(+8)+(-7)$ と考えられる。

36 答 (1) $-\dfrac{11}{12}$ (2) $-\dfrac{19}{20}$ (3) $\dfrac{31}{60}$ (4) $-\dfrac{3}{4}$ (5) $-\dfrac{22}{15}$ (6) $-\dfrac{16}{9}$

37 答 (1) 4 (2) 1 (3) 40 (4) -97 (5) -2 (6) 2.4

38 答 (1) 6 (2) 18 (3) -3.6 (4) -12.3 (5) $\dfrac{5}{6}$ (6) $-\dfrac{9}{20}$

解説 (3) $-(-0.7)-\{2.3-(-2)\}=0.7-4.3$
(4) $9.5+(-2.9)-\{10-(-8.9)\}=9.5-2.9-18.9$
(5) $\dfrac{1}{3}-\left\{-\dfrac{1}{6}-\left(-\dfrac{1}{12}\right)-\dfrac{5}{12}\right\}=\dfrac{1}{3}-\left(-\dfrac{1}{2}\right)$

(6) $-\left(-\dfrac{2}{15}+\dfrac{4}{3}\right)-\left(-\dfrac{3}{4}\right)=-\dfrac{6}{5}+\dfrac{3}{4}$

39 答 (1) -12 (2) 4 (3) -3 (4) $-\dfrac{1}{24}$

解説 (1) $3-6-9$ (2) $7-5+2$ (3) $2-|8.3-13.3|=2-5$

(4) $\left|\dfrac{2}{3}-\dfrac{1}{4}-\dfrac{5}{6}\right|-\dfrac{11}{24}=\dfrac{5}{12}-\dfrac{11}{24}$

p.15 **40** 答 (1) 12 (2) 27 (3) -20 (4) -21 (5) -2 (6) 0

41 答 (1) -5.2 (2) 2.94 (3) $\dfrac{2}{7}$ (4) $-\dfrac{1}{8}$ (5) $-\dfrac{3}{20}$ (6) $\dfrac{1}{10}$

42 答 (1) -12 (2) -24 (3) 14 (4) 0 (5) 1 (6) $-\dfrac{5}{14}$ (7) 6 (8) $-\dfrac{20}{3}$

(9) 4

p.16 **43** 答 (1) 24 (2) -70 (3) -36 (4) 540 (5) -2160 (6) 0

44 答 (1) $-\dfrac{1}{14}$ (2) $\dfrac{1}{2}$ (3) $\dfrac{5}{6}$ (4) $-\dfrac{8}{7}$ (5) $\dfrac{1}{3}$ (6) -8

解説 (5) $+\left(\dfrac{7}{2}\times\dfrac{2}{49}\times\dfrac{7}{4}\times\dfrac{4}{3}\right)$ (6) $-\left(\dfrac{6}{7}\times\dfrac{14}{5}\times\dfrac{1}{3}\times10\right)$

p.17 **45** 答 (1) -1 (2) 1 (3) 81 (4) -216 (5) -256 (6) -49 (7) $-\dfrac{1}{27}$

(8) -0.01 (9) $-\dfrac{1}{64}$ (10) $\dfrac{27}{8}$

46 答 (1) 320 (2) -32 (3) 108 (4) 16 (5) -72 (6) 1024

p.18 **47** 答 (1) $\dfrac{1}{6}$ (2) $\dfrac{7}{3}$ (3) $\dfrac{4}{3}$ (4) $\dfrac{4}{5}$ (5) $-\dfrac{1}{4}$ (6) -5 (7) -20 (8) -1

p.19 **48** 答 (1) 4 (2) 8 (3) -6 (4) -7 (5) -1 (6) 0 (7) -3 (8) -5

(9) $-\dfrac{13}{4}$ (10) $-\dfrac{10}{3}$ (11) -0.6 (12) $-\dfrac{3}{28}$

49 答 (1) -6 (2) $\dfrac{1}{3}$ (3) $-\dfrac{7}{6}$ (4) 0 (5) $-\dfrac{3}{2}$ (6) -4

50 答 (1) -8 (2) 2 (3) $-\dfrac{5}{9}$ (4) $\dfrac{25}{4}$ (5) $\dfrac{1}{3}$ (6) $-\dfrac{11}{18}$

解説 (6) $-\dfrac{7}{3}\div\left(-\dfrac{14}{5}\right)\div\left(-\dfrac{15}{11}\right)=-\left(\dfrac{7}{3}\times\dfrac{5}{14}\times\dfrac{11}{15}\right)$

p.20 **51** 答 (1) -3 (2) 8 (3) $\dfrac{4}{3}$ (4) $\dfrac{2}{9}$

p.21 **52** 答 (1) $\dfrac{7}{9}$ (2) $\dfrac{3}{10}$ (3) -10.5 (4) $\dfrac{1}{7}$ (5) $-\dfrac{2}{3}$ (6) $\dfrac{28}{25}$ (7) $\dfrac{32}{11}$ (8) $-\dfrac{1}{2}$

解説 (5) $-\dfrac{20}{3}\div\left\{+\left(\dfrac{25}{11}\times\dfrac{22}{5}\right)\right\}=-\dfrac{20}{3}\div10=-\left(\dfrac{20}{3}\times\dfrac{1}{10}\right)$

(6) $-\dfrac{33}{7}\div\left\{\dfrac{165}{28}\div\left(-\dfrac{7}{5}\right)\right\}=-\dfrac{33}{7}\div\left\{-\left(\dfrac{165}{28}\times\dfrac{5}{7}\right)\right\}$

$=-\dfrac{33}{7}\div\left(-\dfrac{165\times5}{28\times7}\right)=+\left(\dfrac{33}{7}\times\dfrac{28\times7}{165\times5}\right)$

(7) $\dfrac{14}{15}\div\left(-\dfrac{3}{10}\right)\div\left(-\dfrac{11}{6}\right)\times\dfrac{12}{7}=+\left(\dfrac{14}{15}\times\dfrac{10}{3}\times\dfrac{6}{11}\times\dfrac{12}{7}\right)$

(8) $-\dfrac{4}{13}\div\dfrac{3}{17}\times\left(-\dfrac{39}{44}\right)\div\dfrac{17}{4}\div\left(-\dfrac{8}{11}\right)=-\left(\dfrac{4}{13}\times\dfrac{17}{3}\times\dfrac{39}{44}\times\dfrac{4}{17}\times\dfrac{11}{8}\right)$

53 答 (1) $-\dfrac{1}{2}$　(2) 3　(3) $\dfrac{9}{25}$　(4) -32　(5) $-\dfrac{24}{25}$　(6) $-\dfrac{75}{2}$　(7) $-\dfrac{2}{5}$

(8) 81　(9) $\dfrac{5}{32}$　(10) $\dfrac{7}{36}$

解説 (6) $-27\div\dfrac{1}{2}\times\dfrac{25}{36}=-\left(27\times2\times\dfrac{25}{36}\right)$

(7) $\dfrac{1}{16}\div\dfrac{25}{16}\div\left(-\dfrac{1}{10}\right)=-\left(\dfrac{1}{16}\times\dfrac{16}{25}\times10\right)$

(8) $-4\div36\div\left(-\dfrac{1}{729}\right)=+\left(4\times\dfrac{1}{36}\times729\right)$

(9) $\dfrac{625}{81}\div(-1000)\div\dfrac{16}{81}\div\left(-\dfrac{1}{4}\right)=+\left(\dfrac{625}{81}\times\dfrac{1}{1000}\times\dfrac{81}{16}\times4\right)$

(10) $-\dfrac{1}{32}\div\left(-\dfrac{1}{343}\right)\times\left(-\dfrac{1}{6}\right)\div\left(-\dfrac{27}{64}\right)\div\dfrac{196}{9}$

$=+\left(\dfrac{1}{32}\times343\times\dfrac{1}{6}\times\dfrac{64}{27}\times\dfrac{9}{196}\right)$

p.22 **54** 答 (1) 11　(2) -13　(3) 5　(4) -7

p.23 **55** 答 (1) -1　(2) 23　(3) 13　(4) 1　(5) -61　(6) -71　(7) 2　(8) -57

56 答 (1) 8.5　(2) 0.14　(3) $\dfrac{7}{2}$　(4) $-\dfrac{13}{20}$

解説 (4) $\dfrac{1}{25}\times\dfrac{15}{4}-\dfrac{1}{20}\times16=\dfrac{3}{20}-\dfrac{16}{20}$

57 答 (1) 5　(2) -42　(3) $\dfrac{16}{5}$　(4) $\dfrac{216}{17}$　(5) $-\dfrac{1}{58}$

解説 (4) $-\dfrac{81}{2}\div\left(-\dfrac{25}{8}-\dfrac{1}{16}\right)=\dfrac{81}{2}\times\dfrac{16}{51}$

(5) $-6\div\left\{7-\left(-27+\dfrac{49}{4}\right)\right\}\div16=-6\div\dfrac{87}{4}\div16=-\left(6\times\dfrac{4}{87}\times\dfrac{1}{16}\right)$

p.24 **58** 答 (1) -7524　(2) 970　(3) -5　(4) 720　(5) -24

解説 (1) $-76\times(100-1)$

(2) $97\times\{14+(-4)\}$

(3) $-18\times\left(-\dfrac{1}{6}\right)+(-18)\times\dfrac{4}{9}$

(4) $(7+3)\times8\times9$

(5) $4\times6\times(3\times5-2\times8)$

p.25 **59** 答 (1) 18.4℃　(2) 5.1℃

解説 (1) $15.9-(-2.5)$

(2) $\{(-2.4)+(-2.5)+1.0+6.9+11.7+15.9\}\div6$

60 答 (1) -4 点　(2) 14 点

解説 (1) $0-\{15+(-8)+(-4)+1\}$

(2) $0-(-3.5)\times4$

61 答 (1) 75 点　(2) 下の表　(3) -2.5 点　(4) 72.5 点

生徒	A	B	C	D	E	F	G	H	I	J
得点	81	67	63	82	70	54	95	78	73	62
差	6	-8	-12	7	-5	-21	20	3	-2	-13

解説 (1) E は基準点より 5 点低くて，その得点が 70 点であるから，70+5
(2) 基準点の 75 点を利用して空らんをうめる。
(3) $\{6+(-8)+(-12)+7+(-5)+(-21)+20+3+(-2)+(-13)\}\div 10$
(4) $75+(-2.5)$

62 答 (1) 9.9cm　(2) 152.4cm
解説 (1) $4.6-(-5.3)$　　(2) $152.1-\{2.7+(-5.3)+0+4.6+(-3.5)\}\div 5$

p.27 **63 答** 31, 37, 41, 43, 47
64 答 (1) $20=2^2\times 5$　(2) $72=2^3\times 3^2$　(3) $210=2\times 3\times 5\times 7$　(4) $256=2^8$
(5) $441=3^2\times 7^2$　(6) $540=2^2\times 3^3\times 5$

p.28 **65 答** (1) 2, 12 の平方　(2) 30, 60 の平方　(3) 14, 84 の平方　(4) 15, 225 の平方
解説 (1) $72=2^3\times 3^2=(2\times 3)^2\times 2$
(2) $120=2^3\times 3\times 5=2^2\times 2\times 3\times 5$
(3) $504=2^3\times 3^2\times 7=(2\times 3)^2\times 2\times 7$
(4) $3375=3^3\times 5^3=(3\times 5)^2\times 3\times 5$

66 答 6
解説 $6534=2\times 3^3\times 11^2=(3\times 11)^2\times 2\times 3$

67 答 14
解説 $a=b\times c$ であるから，$a\times b\times c=(b\times c)\times(b\times c)=(b\times c)^2$
100 より大きく 200 より小さい平方数は，11^2，12^2，13^2，14^2 である。

p.29 **68 答** (1) 最大公約数 4，最小公倍数 120　(2) 最大公約数 14，最小公倍数 8820
(3) 最大公約数 22，最小公倍数 1716　(4) 最大公約数 17，最小公倍数 2142
(5) 最大公約数 14，最小公倍数 2520　(6) 最大公約数 18，最小公倍数 1080
解説 (3) $66=2\times 3\times 11$，$572=2^2\times 11\times 13$
(4) $153=3^2\times 17$，$238=2\times 7\times 17$
(5) $56=2^3\times 7$，$70=2\times 5\times 7$，$126=2\times 3^2\times 7$
(6) $72=2^3\times 3^2$，$180=2^2\times 3^2\times 5$，$270=2\times 3^3\times 5$

69 答 同じ自然数 56，$\dfrac{8}{9}$ に 63 をかける，$\dfrac{14}{15}$ に 60 をかける

解説 $\dfrac{8}{9}$ にある自然数をかけて自然数にするには，9 の倍数をかければよい。
その結果は 8 の倍数になる。
$\dfrac{14}{15}$ にある自然数をかけて自然数にするには，15 の倍数をかければよい。その
結果は 14 の倍数になる。
よって，同じ自然数で最も小さいものは 8 と 14 の最小公倍数である。

70 答 (1) 12　(2) 9, 12, 18, 36
解説 (1) $173-5=168$，$185-5=180$ より，168 と 180 の最大公約数を求める。
(2) $114-6=108$，$79-7=72$ より，108 と 72 の最大公約数の約数で，7 より大きい自然数を求める。

71 答 6, 12
解説 $51-3=48$，$88-4=84$，$245-5=240$ より，48 と 84 と 240 の最大公約数の約数で，5 より大きい自然数を求める。

72 答 1008
解説 14, 16, 24 の最小公倍数は 336 である。

73 答 最も小さいもの 151，最も大きいもの 943
解説 8, 12, 18 の公倍数に 7 を加える。

1章 ● 正の数・負の数　5

74 答 (1) $504=2^3\times3^2\times7$ (2) 71, 79

解答例 (1) 504 を素数で順に割っていくと, 右のようになる。

（答）$504=2^3\times3^2\times7$

$$\begin{array}{r|r} 2 & 504 \\ 2 & 252 \\ 2 & 126 \\ 3 & 63 \\ 3 & 21 \\ \hline & 7 \end{array}$$

(2) 偶数と偶数の和は素数にはならないから, 自然数 A と B の一方は偶数, 他方は奇数となる。

A と B の組は, 2^3 と $3^2\times7$, $2^3\times3$ と 3×7, $2^3\times7$ と 3^2, $2^3\times3^2$ と 7, $2^3\times3\times7$ と 3, $2^3\times3^2\times7$ と 1, すなわち, 8 と 63, 24 と 21, 56 と 9, 72 と 7, 168 と 3, 504 と 1 のいずれかである。

このうち, $A+B$ が素数となるのは, $8+63=71$, $72+7=79$ の 2 つである。

（答）71, 79

p.30 **75** 答 (ア) 1010 (イ) -3 (ウ) $3\dfrac{1}{2}$, 0.7, $-\dfrac{2}{3}$

p.31 **76** 答 (1) ○ (2) × (反例) $2-3=-1$ (3) ○ (4) ○

参考 自然数では 2 つの自然数の和と積だけが自然数となり, 整数では 2 つの整数の和, 差, 積が整数となる。また, 有理数では 2 つの有理数の和, 差, 積, 商すべてが有理数となる。このように, 自然数, 整数, 有理数と数の集合を広げることにより, その中でできる計算が増える。

77 答 (1) ○ (2) × (反例) $(-1)-(-2)=1$ (3) × (反例) $(-1)\times(-2)=2$

(4) × (反例) $(-1)\div(-2)=\dfrac{1}{2}$

78 答 (1) × (反例) $\dfrac{2}{3}+\dfrac{1}{2}=\dfrac{7}{6}$ (>1) (2) ○ (3) × (反例) $\dfrac{2}{3}\div\dfrac{1}{3}=2$ (>1)

p.32 **79** 答

	$a>0$ $b>0$	$a>0$ $b<0$	$a<0$ $b>0$	$a<0$ $b<0$	$a>0$ $b=0$	$a<0$ $b=0$
$a+b$	+	+	−	−	+	−
$a\times b$	+	−	−	+	0	0

80 答 (1) $a>0$, $b>0$ (2) $a<0$, $b>0$ (3) $a>0$, $b>0$ または, $a<0$, $b<0$

解説 (1) $a\div b>0$ より, a と b は同符号である。

さらに, $a+b>0$ であるから, a と b はともに正の数である。

(2) $a\div b<0$ より, a と b は異符号である。

さらに, $a-b<0$ であるから, a は b よりも小さい。

ゆえに, a は負の数, b は正の数である。

(3) (i) a と b が同符号のとき, $a+b$ は 2 つの数の絶対値の和に, a または b の符号をつけるから, $|a+b|$ は $|a|+|b|$ と等しくなる。

(ii) a と b が異符号のとき, $a+b$ は 2 つの数の絶対値の差に, 絶対値の大きいほうの数の符号をつけるから, $|a+b|$ は $|a|+|b|$ より小さくなる。

ゆえに, a と b はともに正の数, または, ともに負の数である。

81 答 $a<0$, $b>0$, $c>0$, $d>0$, $e>0$ または, $a<0$, $b<0$, $c<0$, $d<0$, $e<0$

解答例 $d\times e>0$ より, $d>0$, $e>0$ または, $d<0$, $e<0$ である。

(i) $d>0$, $e>0$ のとき, $a\times c\times e<0$ より, $a\times c<0$

よって, a, c は異符号で, $a<c$ であるから $a<0$, $c>0$

これと, $a\times b\times c\times d\times e<0$ より, $b>0$

このとき, $a<b<c<d$ も満たす。

(ii) $d<0$, $e<0$ のとき, $a<b<c<d$ より, a, b, c はすべて負の数となる。

このとき, $a×b×c×d×e<0$, $a×c×e<0$ も満たす。

(答) $a<0$, $b>0$, $c>0$, $d>0$, $e>0$

または, $a<0$, $b<0$, $c<0$, $d<0$, $e<0$

p.33 **82** 答 3と97, 11と89, 17と83, 29と71, 41と59, 47と53

解説 1から100までの自然数のうち, 素数をエラトステネスのふるいを使って調べると, 右のようになる。

⨯	②	③	4	⑤	6
⑦	8	9	10	⑪	12
⑬	14	15	16	⑰	18
⑲	20	21	22	㉓	24
25	26	27	28	㉙	30
㉛	32	33	34	35	36
㊲	38	39	40	㊶	42
㊸	44	45	46	㊼	48
49	50	51	52	㊽	54
55	56	57	58	㊾	60
㊱	62	63	64	85	66
㊿	68	69	70	㉑	72
⑬	74	75	76	77	78
⑲	80	81	82	㊳	84
85	86	87	88	㊴	90
91	92	93	94	95	96
㊲	98	99	100		

1章の計算

p.34 **①** 答 (1) -8 (2) $\dfrac{2}{3}$ (3) -23 (4) $\dfrac{64}{27}$ (5) $-\dfrac{1}{6}$ (6) 9 (7) $-\dfrac{1}{4}$ (8) -26

(9) 220 (10) $\dfrac{1}{4}$ (11) 1 (12) $-\dfrac{2}{3}$ (13) $-\dfrac{1}{5}$ (14) -2 (15) -8 (16) -22 (17) 48

(18) $-\dfrac{4}{9}$ (19) $-\dfrac{21}{4}$ (20) $-\dfrac{7}{10}$ (21) 72 (22) $\dfrac{1}{9}$ (23) -4 (24) 9 (25) -24

1章の問題

p.35 **1** 答 (1) $3\dfrac{7}{12}$ (2) -10 (3) -10 (4) $\dfrac{3}{100}$ (5) -0.14

2 答 新大阪 -39.0km, 名古屋 $+147.6$km, 新横浜 $+484.8$km, 東京 $+513.6$km

3 答 (ア) C (イ) D (ウ) F (エ) D (オ) 9 (カ) 43

解説 (ウ) 差の絶対値が最も小さい人が, 基準に最も近い。

(エ) 差の絶対値が最も大きい人が, 基準から最も遠い。

(オ) $5-(-4)$

(カ) $42+\{2+7+8+(-10)+(-4)+(-1)+5\}÷7$

4 答 -12, -11, -10, -9, -8, -7, -6, -5

5 答 72cm

解説 $5184=2^6×3^4=(2^3×3^2)^2$

p.36 **6** 答 $a=15$, $b=90$ または, $a=30$, $b=45$

正方形は6個

解説 $1350=2×3^3×5^2=(3×5)^2×6$ より, 最も大きな正方形は1辺の長さが15cmのもので6個できる。

よって, A, Bを自然数とすると, $a=15×A$, $b=15×B$ と表され, $A×B=6$

$6=1×6$, $2×3$

$a<b$ より，$A<B$ であるから，$A=1$，$B=6$ または，$A=2$，$B=3$
ゆえに，$a=15\times1$，$b=15\times6$ または，$a=15\times2$，$b=15\times3$

7 答 (1) -30 (2) $\dfrac{1}{12}$ (3) $\dfrac{7}{24}$ (4) $\dfrac{35}{3}$

解説 (1) $-36\times\left(\dfrac{7}{2}-\dfrac{16}{3}\right)\div\left(-\dfrac{1}{2}-\dfrac{17}{10}\right)=-36\times\left(-\dfrac{11}{6}\right)\div\left(-\dfrac{11}{5}\right)$

$=-\left(36\times\dfrac{11}{6}\times\dfrac{5}{11}\right)$

(2) $\left(\dfrac{2}{9}\right)^2\div\dfrac{-16}{7\times(-36)}-\left(\dfrac{7}{3}-\dfrac{3}{2}\right)^2=\dfrac{4}{81}\div\dfrac{4}{63}-\left(\dfrac{5}{6}\right)^2=\dfrac{4}{81}\times\dfrac{63}{4}-\dfrac{25}{36}$

(3) $-\dfrac{7}{4}\div\left\{\dfrac{9}{20}\times\left(-\dfrac{40}{3}\right)\right\}=-\dfrac{7}{4}\div(-6)$

(4) $\left(\dfrac{1}{3}-\dfrac{3}{4}-\dfrac{4}{9}\right)\times12+\left(\dfrac{4}{100}\right)^2\times10^4+6=-\dfrac{31}{36}\times12+16+6$

8 答 (1) $\dfrac{1}{18}$ (2) $\dfrac{1}{180}$

解説 (1) $\dfrac{1}{5}\times\left(\dfrac{7}{6}-\dfrac{8}{9}\right)=\dfrac{1}{5}\times\dfrac{5}{18}$

(2) $\dfrac{1}{3}\times\dfrac{1}{4}\times\dfrac{1}{5}\times\left(\dfrac{1}{2}-\dfrac{1}{6}\right)=\dfrac{1}{3}\times\dfrac{1}{4}\times\dfrac{1}{5}\times\dfrac{1}{3}$

9 答 (1) -20，-30 または，-50，0 (2) -30，-40，-50

解説 (1) $-80-(-10-40+20)=-50$ より，残りの2枚の数字の合計は -50
(2) $(-20)\times5-(-20+40)=-120$ より，残りの3枚の数字の合計は -120

10 答 (1) -5 点 (2) 奇数の目 6回，偶数の目 4回

解説 (1) 奇数の目が5回，偶数の目が5回であるから，$1\times5+(-2)\times5$
(2) 奇数の目が1回増え，偶数の目が1回減ると，$(+1)-(-2)=+3$（点）だけ得点が増える。Bさんの得点はAさんの得点より $(-2)-(-5)=+3$（点）だけ多いので，Bさんが出した奇数の目はAさんが出した奇数の目より1回だけ多い。

p.37 **11** 答 (1) (ア) -3 (イ) 5 (2) 2% (3) 196 個

解説 (1) (ア)は，$-4-(-4+4+0-3+2)$ (イ)は，$20-(5+2+3+4+1)$
(2) $(4\div200)\times100$
(3) 6日間で不足数が4個，不良品が20個であるから，合わせて目標より24個少ない。よって，$200-24\div6$

12 答 $(a,\ b,\ c)=(2,\ 0,\ -1)$，$(3,\ 0,\ -1)$，$(4,\ 0,\ -1)$，$(3,\ 0,\ -2)$，
$(4,\ 0,\ -2)$

解答例 a，b，c は -2，-1，0，1，2，3，4 のいずれかである。
(i)より，$a\times b=0$，$a\times c<0$ であるから，a と c は異符号であり，$b=0$
(ii)より，$a+c>0$，$a-c>0$ であるから，a と c は異符号であり，$a-c>0$ より，
$a>0$，$c<0$ よって，$c=-1$，-2
また，$a+c>0$ より，$|a|>|c|$
ゆえに，$c=-1$ のとき $a=2$，3，4 であり，$c=-2$ のとき $a=3$，4 である。
（答）$(a,\ b,\ c)=(2,\ 0,\ -1)$，$(3,\ 0,\ -1)$，
$(4,\ 0,\ -1)$，$(3,\ 0,\ -2)$，$(4,\ 0,\ -2)$

2章 ● 文字と式

p.39

1 答 (1) $6ab$ (2) $-xy^2$ (3) $(x-y)^2$ (4) $3(a+b)$ (5) $a(x-y)$
(6) $(a-b)(x+y)$

2 答 (1) $\dfrac{x}{5}$ または $\dfrac{1}{5}x$ (2) $-\dfrac{2}{x}$ (3) $\dfrac{a-2b}{4}$ または $\dfrac{1}{4}(a-2b)$

(4) $\dfrac{a+b}{x+y}$ (5) $\dfrac{ab^2}{3}$ または $\dfrac{1}{3}ab^2$ (6) $\dfrac{3}{a}-5b$

3 答 (1) $3\times a\times b$ (2) $2\times x\div y$ (3) $(a+b)\times x$ (4) $(x+y)\div a$
(5) $4\times a\times b\div(x+y)$ (6) $(x-y)\div(a+b)$ (7) $x\times y-2\times a\times b$
(8) $a\times a+b\div c$

p.40

4 答 (1) $0.08x$ 円 または $\dfrac{2}{25}x$ 円 (2) $300a$ 円 (3) $(3x+150y)$ 円 (4) $4a$ km

(5) $\dfrac{5}{x}$ 時間 (6) $100a+10b+c$

5 答 (1) -6 (2) 15 (3) 9 (4) -7 (5) -26

6 答 (1) $\dfrac{a^2}{bc}$ (2) $\dfrac{3x}{ab}$ (3) $-\dfrac{2a}{bc}$ (4) $\dfrac{3ac}{b}$ (5) $-\dfrac{x}{yz}$ (6) $\dfrac{4xz}{y}$

p.41

7 答 (1) $\dfrac{a}{b(x+y)}$ (2) $-\dfrac{4(x+y)}{x}$ (3) $\dfrac{(a-b)^2}{2xy}$ (4) $a(x-y)^2-\dfrac{a+b}{x}$

(5) $-\dfrac{a}{2b}+\dfrac{a}{b^2}$ (6) $\dfrac{x}{b^2c}+\dfrac{a+b}{x+y}$

8 答 (1) $3\times(a+b)\div c$ (2) $(x+y)\div z-a\times b$

(3) $4\times a\times a\times b-a\times b\times b\div 6$ または $4\times a\times a\times b-\dfrac{1}{6}\times a\times b\times b$

(4) $3\times a\div(b\times c)$ または $3\times a\div b\div c$

(5) $-5\times a\times a\div(x+y)$

(6) $2\times x\times x\times y\div(a\times b\times b)$ または $2\times x\times x\times y\div a\div b\div b$

p.42

9 答 (1) a^3+b^2 (2) $(a+b)c$ (3) $\dfrac{a-b}{3}$ または $\dfrac{1}{3}(a-b)$ (4) $(a+b)^4$

解説 (1) $a\times a\times a+b\times b$ (2) $(a+b)\times c$

(3) $(a-b)\times\dfrac{1}{3}$ (4) $(a+b)\times(a+b)\times(a+b)\times(a+b)$

10 答 (1) $(100a+b)$ cm (2) $\left(\dfrac{x}{1000}+y\right)$ kg (3) $\left(60x+y+\dfrac{z}{60}\right)$ 分

解説 (1) a m は $a\times 100=100a$ (cm) である。

(2) x g は $x\div 1000=\dfrac{x}{1000}$ (kg) である。

(3) x 時間は $x\times 60=60x$ (分), z 秒は $z\div 60=\dfrac{z}{60}$ (分) である。

11 答 (1) $\left(a-\dfrac{ax}{10}\right)$ 円 または $a\left(1-\dfrac{x}{10}\right)$ 円 または $\dfrac{a(10-x)}{10}$ 円 (2) $\dfrac{ax}{100}$ g

(3) $\left(a+\dfrac{3b}{100}\right)$ g (4) $10ab$ 円 (5) $\dfrac{ax+by}{a+b}$ 点 (6) 時速 $\dfrac{10}{a+b}$ km

(7) $\left(\dfrac{x}{a}+\dfrac{x}{b}\right)$ 時間

解説 (1) a 円の x 割は $a \times \dfrac{x}{10} = \dfrac{ax}{10}$ (円) であるから，a 円から $\dfrac{ax}{10}$ 円をひく。

また，x 割引きするということは $\left(1 - \dfrac{x}{10}\right)$ 倍することと同じである。

または，$(10-x)$ 割で売るということと同じである。

(2) $x\%$ の食塩水 a g にふくまれる食塩の重さは $\left(a \times \dfrac{x}{100}\right)$ g である。

(3) $a\%$ の食塩水 100 g にふくまれる食塩の重さは $\left(100 \times \dfrac{a}{100}\right)$ g，

3% の食塩水 b g にふくまれる食塩の重さは $\left(b \times \dfrac{3}{100}\right)$ g である。

(4) 豚肉 1 g の値段は $\dfrac{a}{100}$ 円であるから，1 kg の値段は $\left(\dfrac{a}{100} \times 1000\right)$ 円である。

(5) クラス全体のテストの合計点は $(ax+by)$ 点，
クラス全体の人数は $(a+b)$ 人である。

(6) 道のりは $5 \times 2 = 10$ (km)，かかった時間は $(a+b)$ 時間である。

(7) 行きにかかった時間は $x \div a = \dfrac{x}{a}$ (時間)，

帰りにかかった時間は $x \div b = \dfrac{x}{b}$ (時間) である。

12 **答** (1) $(2a+2b)$ cm または $2(a+b)$ cm　(2) a^2 cm^2　(3) abc cm^3
(4) (a^3+b^3) cm^3
　解説 (1) $a+b+a+b$ または $(a+b)\times 2$　(2) $a \times a$　(3) $a \times b \times c$
(4) $a \times a \times a + b \times b \times b$

13 **答** $(x+y-10)$ cm
　解説 点 A から C までの長さと点 B から D までの長さの和から，点 B から C までの長さをひけばよい。

p.43 **14** **答** (1) $4x$　(2) $4y-2$
　解説 (2) 上から 4 番目で左から y 番目の数は $4 \times y$ と表せる。
上から 2 番目で左から y 番目の数は，その数より 2 だけ小さい。

15 **答** (1) -40　(2) 36　(3) $\dfrac{7}{12}$
　解説 (1) $2ab-a^2 = 2 \times (-4) \times 3 - (-4)^2$
(2) $(2a+b-1)^2 = \{2 \times (-4) + 3 - 1\}^2$
(3) $\dfrac{b}{a} - \dfrac{a}{b} = 3 \div (-4) - (-4) \div 3$

16 **答** (1) 0　(2) 1　(3) 14
　解説 (1) $x+2y-z = 1 + 2 \times (-2) - (-3)$
(2) $xy+yz+zx = 1 \times (-2) + (-2) \times (-3) + (-3) \times 1$
(3) $x^2+y^2+z^2 = 1^2 + (-2)^2 + (-3)^2$

17 **答** (1) $-\dfrac{9}{4}$　(2) $\dfrac{11}{9}$　(3) $\dfrac{5}{18}$
　解説 (1) $\dfrac{y}{x} = \dfrac{3}{4} \div \left(-\dfrac{1}{3}\right)$
(2) $-x^2 + \dfrac{1}{y} = -\left(-\dfrac{1}{3}\right)^2 + 1 \div \dfrac{3}{4}$

(3) $\dfrac{x}{2y}-2xy=\left(-\dfrac{1}{3}\right)\div\left(2\times\dfrac{3}{4}\right)-2\times\left(-\dfrac{1}{3}\right)\times\dfrac{3}{4}$

18 答 $-\dfrac{1}{a^2}$, $\dfrac{1}{a}$, a, $-a^2$, a^2, $-a$, $-\dfrac{1}{a}$, $\dfrac{1}{a^2}$

解説 $a^2=\left(-\dfrac{1}{2}\right)^2=\dfrac{1}{4}$ 　　$\dfrac{1}{a}=1\div\left(-\dfrac{1}{2}\right)=-2$

$\dfrac{1}{a^2}=1\div\left(-\dfrac{1}{2}\right)^2=4$ 　　　　$-a=-\left(-\dfrac{1}{2}\right)=\dfrac{1}{2}$

$-a^2=-\left(-\dfrac{1}{2}\right)^2=-\dfrac{1}{4}$ 　　$-\dfrac{1}{a}=-1\div\left(-\dfrac{1}{2}\right)=2$

$-\dfrac{1}{a^2}=-1\div\left(-\dfrac{1}{2}\right)^2=-4$

p.45 **19** 答 (1) 項 $3x$, 5 　x の係数 3
(2) 項 $-2a$, $4b$ 　a の係数 -2, b の係数 4
(3) 項 $\dfrac{x}{6}$, $-\dfrac{7}{9}$ 　x の係数 $\dfrac{1}{6}$
(4) 項 $\dfrac{2}{3}x$, $-8y$, z 　x の係数 $\dfrac{2}{3}$, y の係数 -8, z の係数 1

20 答 (ア), (イ), (エ), (カ)
解説 (イ) $-\dfrac{a}{4}$ は $-\dfrac{1}{4}a$ と同じである。
(ウ) x^2 は $x\times x$ であるから, 1次式ではない。
(エ) $\dfrac{x}{6}-\dfrac{3}{4}$ は $\dfrac{1}{6}x-\dfrac{3}{4}$ と同じである。
(カ) $\dfrac{5-x}{2}$ は $-\dfrac{1}{2}x+\dfrac{5}{2}$ と同じである。

p.46 **21** 答 (1) $2x$ (2) $-12a$ (3) $-a$ (4) x (5) $\dfrac{1}{2}x$ (6) $\dfrac{5}{6}a$

22 答 (1) $8x+2$ (2) $-3y-4$ (3) $-11a+5$ (4) $x-5$ (5) $10a-5$

23 答 (1) $5x-10$ (2) $-6a+24$ (3) $-5p+\dfrac{5}{2}$ (4) $-40m+8$

24 答 (1) $-2x+8$ (2) $-x-1$ (3) $7y-10$ (4) $-2a+10$
25 答 (1) 和 $6a+4$, 差 $2a+6$ (2) 和 $x-10$, 差 $3x-4$
(3) 和 $3x+1$, 差 $11x-3$ (4) 和 $-4a-1$, 差 $2a+7$

p.47 **26** 答 (1) $3x+4$ (2) $-5a-2$ (3) $4x-3$ (4) $11x-16$ (5) $-a-14$
(6) $-14x+7$

27 答 (1) $-x+2$ (2) $2a-3$
解説 (1) $(3x-5)-(4x-7)$
(2) $(6a-1)-(4a+2)$

28 答 (1) $x+4$ (2) $-y-6$ (3) $-3x+8$ (4) $2x-3$ (5) $\dfrac{7}{8}x+\dfrac{12}{7}$
(6) $\dfrac{7}{12}x-\dfrac{7}{15}$

p.48 **29** 答 (1) $4x-12$ (2) $11a-15$ (3) $\dfrac{1}{6}x+\dfrac{1}{12}$ (4) $-\dfrac{1}{4}x+\dfrac{1}{10}$ (5) $\dfrac{1}{4}x+\dfrac{7}{6}$
(6) -2

30 答 (1) $-4x+8$ (2) $6x-17$ (3) $-4x+4$ (4) $-\dfrac{1}{6}x-\dfrac{17}{4}$

解説 (3) $-(2x-6x+3)-5+12-8x=-(-4x+3)+7-8x$
$=4x-3+7-8x$

(4) $-\left(\dfrac{1}{3}x-\dfrac{1}{2}x+4\right)-\dfrac{1}{4}-\dfrac{1}{3}x=-\left(-\dfrac{1}{6}x+4\right)-\dfrac{1}{4}-\dfrac{1}{3}x$

$=\dfrac{1}{6}x-4-\dfrac{1}{4}-\dfrac{1}{3}x$

p.49 **31** 答 (1) $3x-4$ (2) $2x-1$ (3) $-\dfrac{3}{5}x+\dfrac{7}{15}$ (4) $4x-6$ (5) $6x-10$

(6) $18x-6$

p.50 **32** 答 (1) $\dfrac{1}{6}x-\dfrac{19}{6}$ または $\dfrac{x-19}{6}$ (2) $-45x+36$ (3) $-3a-21$

(4) $6x-2$ (5) $-9x+1$ (6) $\dfrac{14}{3}x-\dfrac{2}{3}$ または $\dfrac{14x-2}{3}$

(7) $5y-\dfrac{31}{6}$ または $\dfrac{30y-31}{6}$ (8) $-\dfrac{11}{12}x-\dfrac{1}{6}$ または $\dfrac{-11x-2}{12}$

(9) $\dfrac{1}{2}x+\dfrac{5}{6}$ または $\dfrac{3x+5}{6}$ (10) $-\dfrac{4}{15}a+\dfrac{11}{45}$ または $\dfrac{-12a+11}{45}$

解説 (5) $-14\times\dfrac{x+1}{2}+14\times\dfrac{-x+4}{7}=-7(x+1)+2(-x+4)$

$=-7x-7-2x+8$

(9) $\dfrac{6(x+2)-2(2x+3)+(x-1)}{6}=\dfrac{6x+12-4x-6+x-1}{6}$

(10) $\dfrac{9(a+3)-5(3a-1)-3(2a+7)}{45}=\dfrac{9a+27-15a+5-6a-21}{45}$

33 答 (1) -11 (2) $-\dfrac{4}{5}$

解説 $x=\dfrac{1}{5}$ をすぐに代入するのではなく,

(1)は $(4x-3)-(9x+7)=-5x-10$, (2)は $-4(3x-4)+8(x-2)=-4x$
と計算してから代入する。

34 答 (1) 10 (2) -1
解説 (1)は $2(7x-3)-3(7x+9)+6(x+5)=-x-3$,
(2)は $-\dfrac{2}{3}(3x-4)+\dfrac{1}{6}(13x-9)=\dfrac{1}{6}x+\dfrac{7}{6}$ と計算してから代入する。

35 答 (1) $-6x+6$ (2) $8x$ (3) $-2x+4$
解説 (1) $A+B-C=(x+3)+(-2x+1)-(5x-2)$
(2) $A-B+C=(x+3)-(-2x+1)+(5x-2)$
(3) $A-B-C=(x+3)-(-2x+1)-(5x-2)$

p.52 **36** 答 (1) $6x-3y=40$ (2) $3x+5y=1000$ (3) $a=9b+5$
(4) $\dfrac{a+b+80}{3}=c$ または $a+b+80=3c$ (5) $\dfrac{10}{a}+\dfrac{10}{b}=x$

37 答 (1) $a<0$ (2) $-3x-5>y$ (3) $300a+7b\leqq2500$ (4) $4a<9$
(5) $\pi a^2+\pi b^2\geqq S$

38 答 (1) 大人2人と子ども3人の入館料の合計が5400円である。
(2) 大人1人の入館料は，子ども1人の入館料より700円高い。
(3) 大人1人と子ども2人の入館料の合計が4000円以下である。
(4) 大人2人の入館料の合計は，子ども3人の入館料の合計よりも高い。

39 答 (1) $150x=120y+200$ または $150x-120y=200$

(2) $a=bq+r$ または $a-r=bq$ または $\dfrac{a-r}{b}=q$

(3) $a+x=2(b+x)$ または $\dfrac{a+x}{b+x}=2$

(4) $1.2a+0.8b=c$

解説 (3) x 年後の父の年齢は $(a+x)$ 歳，子どもの年齢は $(b+x)$ 歳である。
(4) 今年の男子の人数は $a\times1.2=1.2a$（人），女子の人数は $b\times0.8=0.8b$（人）である。

p.54

40 答 (1) $4a+100=5b$ または $\dfrac{4a+100}{5}=b$ (2) $13x=40y$

(3) $a+1500=\dfrac{5}{18}tx$

解説 (1) $a\%$ の食塩水 400g にふくまれる食塩の重さは，
$\left(400\times\dfrac{a}{100}\right)$ g である。

$b\%$ の食塩水 $(400+100)$ g にふくまれる食塩の重さは，
$\left\{(400+100)\times\dfrac{b}{100}\right\}$ g である。

(2) 歯車 A，B が1分間にかみ合う歯数はそれぞれ $13x$，$40y$ である。

(3) 時速 x km は $x\times1000\times\dfrac{1}{60}\times\dfrac{1}{60}=\dfrac{5}{18}x$ より，秒速 $\dfrac{5}{18}x$ m である。
また，列車が鉄橋を渡りはじめてから，渡り終えるまでに移動した距離は $(a+1500)$ m である。

41 答 (1) $a<3x$ または $a\leqq3x-1$ (2) $130a+50b<1000$ (3) $200-3a<b$
(4) $\dfrac{5}{a}<\dfrac{x}{b}+\dfrac{5-x}{c}$ (5) $10a+b>2(10b+a)$ (6) $\dfrac{400a}{400-x}\geqq b$

解説 (1) x 人の子どもに3枚ずつ絵はがきを配るためには，$3x$ 枚の絵はがきが必要であるが，a 枚では不足したので，a と $3x$ では a のほうが小さい。
(2) 1冊 130円のノート a 冊と，1本 50円の鉛筆 b 本の代金の合計は，$(130a+50b)$ 円である。1000円札を1枚出すとおつりがきたので，$130a+50b$ と 1000 では，$130a+50b$ のほうが小さい。
(3) 水が 200L 入った浴そうから，毎分 a L の割合で3分間水をぬくとき，残った水の量は $(200-3a)$ L である。

(4) 5km の道のりを移動するのにかかった時間は，兄は $\dfrac{5}{a}$ 時間，弟は，時速 b km で移動した距離が x km，時速 c km で移動した距離が $(5-x)$ km であるから，$\left(\dfrac{x}{b}+\dfrac{5-x}{c}\right)$ 時間である。

兄のほうが弟より早く着いたので，移動するのにかかった時間は，兄のほうが弟より短い。
(5) 十の位の数が a，一の位の数が b である2けたの整数は $10a+b$，十の位と一の位の数を入れかえてできる整数は $10b+a$ である。

(6) $a\%$ の食塩水 $400\,\mathrm{g}$ にふくまれる食塩の重さは $\left(400\times\dfrac{a}{100}\right)\mathrm{g}$, 水を $x\,\mathrm{g}$ 蒸発させた後の食塩水の重さは $(400-x)\,\mathrm{g}$ であるから, そのときの食塩水の濃度は $\dfrac{4a}{400-x}\times100=\dfrac{400a}{400-x}$ (%) である。

42 〔答〕 17 段目の数は, 4つともすべて1となる。

【解説】 ある列の 1 段目に書き入れる 0 以上 9 以下の整数を a とし, コラムのように考えると, 17 段目の数は, $610a+2961$ の一の位の数となる。

【参考】 2 段目の 0 以上 9 以下の整数を b とすると, 3 段目の数は $a+b$ の一の位, 4 段目の数は $a+2b$ の一の位, 5 段目の数は $2a+3b$ の一の位, …, 17 段目の数は $610a+987b$ の一の位の数となる。

$610a$ の一の位の数は 0 であるから, 987 の一の位の数 7 と b をかけたときの一の位の数が 17 段目の数となる。

たとえば, 2 段目が 5 のとき, $7\times5=35$ の一の位の数は 5, 2 段目が 3 のとき, $7\times3=21$ の一の位の数は 1 となる。

2章の計算

1 〔答〕 (1) $-7x$ (2) $-0.1b$ (3) $-\dfrac{1}{9}x-\dfrac{1}{3}$ (4) $5x+6$ (5) $-3y+3$

(6) $4.9x-5$ (7) $-2a+9$ (8) $-0.2x+1$ (9) $3x-15$ (10) -3 (11) $12a-9$

(12) $-\dfrac{1}{10}x-\dfrac{11}{15}$ (13) $-3a-6$ (14) $-x+6$ (15) $15x-16$ (16) $19x-39$

(17) $8x-20$ (18) $\dfrac{9}{20}x-\dfrac{7}{2}$ (19) $-12x+20$ (20) $-10x+2$ (21) $21x+183$

(22) $2x+34$ (23) $\dfrac{9a-2}{10}$ (24) $\dfrac{5x-1}{6}$ (25) $\dfrac{1}{12}b-\dfrac{17}{12}$ (26) $\dfrac{7x+19}{12}$ (27) 3

(28) $\dfrac{x+1}{12}$ (29) $\dfrac{x-5}{4}$ (30) $-\dfrac{9}{8}$ (31) $\dfrac{11x-26}{12}$ (32) $\dfrac{x+8}{6}$ (33) $\dfrac{7x+2}{5}$

(34) $\dfrac{5a-11}{63}$ (35) $\dfrac{-16a+1}{6}$ (36) $-5a-25$ (37) $-x-1$ (38) $16a-44$

2章の問題

1 〔答〕 (1) 正しくない, $\dfrac{3a}{2b}$ (2) 正しくない, $5a$ (3) 正しくない, $6a$

(4) 正しい (5) 正しい (6) 正しくない, $\dfrac{xz}{y}$ (7) 正しい (8) 正しくない, x^3

(9) 正しくない, $2x-1$ (10) 正しくない, $-2x-3$

2 〔答〕 (1) $\dfrac{an}{x}$ 時間 (2) $\dfrac{ax+100y}{x+y}$ % (3) $\{ax-(a-1)y\}$ 点

(4) $a\left(1+\dfrac{x}{10}\right)\left(1-\dfrac{y}{10}\right)$ 円 または $\dfrac{a(10+x)(10-y)}{100}$ 円

【解説】 (1) 池のまわりを 1 周するのにかかる時間は, $a\div x=\dfrac{a}{x}$ (時間) である。

(2) $a\%$ の砂糖水 $x\,\mathrm{g}$ にふくまれる砂糖の重さは $x\times\dfrac{a}{100}=\dfrac{ax}{100}$ (g) であるか

ら，混ぜてできた砂糖水の濃度は，$\left\{\left(\dfrac{ax}{100}+y\right)\div(x+y)\times100\right\}$ ％ である。

(3) クラス全員のテストの点数の合計は ax 点，A さんを除いた残りの生徒の点数の合計は $(a-1)y$ 点である。

(4) 原価の x 割の利益を見込むということは，原価を $\left(1+\dfrac{x}{10}\right)$ 倍することである。定価の y 割引きということは，定価を $\left(1-\dfrac{y}{10}\right)$ 倍することである。

3 答 (1) 19 (2) 9 (3) 5
解説 (1) $2(a+2)-3(2a-1)=-4a+7$ に $a=-3$ を代入する。
(2) $x^2+2xy+y^2=(-2)^2+2\times(-2)\times(-1)+(-1)^2$
(3) $\dfrac{2x}{y}+\dfrac{3y}{x}=2\times\dfrac{1}{2}\div\dfrac{1}{3}+3\times\dfrac{1}{3}\div\dfrac{1}{2}$

4 答 (1) $13x-3$ (2) 11
解説 (1) $A-B+2C=(2x-1)-(4-3x)+2(4x+1)$
(2) $-A+2(B+C)=-(2x-1)+2\{(4-3x)+(4x+1)\}$

5 答 つねに正 (エ)，(カ)，(ケ)　つねに負 (ア)，(イ)，(オ)

解説 $b<0$ のとき，$\dfrac{1}{b}<0$，$-b>0$，$b^2>0$，$b^3<0$ である。

p.58 **6** 答 $(40x+100)\,\mathrm{m}^2$ だけ大きい
解説 $(10x+5)\times20-10x\times(20-4)$

7 答 (1) $y=9x+10$ (2) $\dfrac{ax}{60}<60by$ (3) $a<10(2x+3y)$ または $a<20x+30y$

解説 (1) 一の位の数は $10-x$ であるから，$y=10x+(10-x)$

(2) a 分は $\dfrac{a}{60}$ 時間であるから，時速 $x\,\mathrm{km}$ で a 分間走ったときの移動距離は

$x\times\dfrac{a}{60}=\dfrac{ax}{60}$（km），$b$ 時間は $60b$ 分であるから，分速 $y\,\mathrm{km}$ で b 時間走ったときの移動距離は $y\times60b=60by$（km）である。

(3) 5 台のポンプで毎分 $(2x+3y)\,\mathrm{L}$ の水をくみ上げることができる。

8 答

	男	女	合計
投票した人	$y-\dfrac{yz}{10}$	$\dfrac{yz}{10}$	y
棄権した人	$1000x-y+\dfrac{yz}{10}$	$10000-1000x-\dfrac{yz}{10}$	$10000-y$
合計	$1000x$	$10000-1000x$	10000

解説 有権者のうち，男の人は $\left(10000\times\dfrac{x}{10}\right)$ 人，投票した人のうち，女の人は $\left(y\times\dfrac{z}{10}\right)$ 人である。

9 答 $(12n-4)$ 個
解説 頂点につけた●印の個数は 8 個，頂点を除いた辺の上につけた●印の個数は $12(n-1)$ 個であるから，立方体につけた●印の個数は，それらの和となる。

10 答

				E 地点
			D 地点	$2a$
		C 地点	a	$3a$
	B 地点	$55-a$	55	$2a+55$
A 地点	$45-2a$	$100-3a$	$100-2a$	100

解説 D 地点と E 地点の間の距離
を DE と表すと,

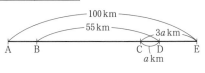

$\text{DE}=\text{CE}-\text{CD}$ $\quad$ $\text{BC}=\text{BD}-\text{CD}$
$\text{BE}=\text{BD}+\text{DE}$ $\quad$ $\text{AB}=\text{AE}-\text{BE}$
$\text{AC}=\text{AE}-\text{CE}$ $\quad$ $\text{AD}=\text{AE}-\text{DE}$

p.59 **11** 答 (1) ① 0 $\quad$ ② -4 $\quad$ ③ -2 $\quad$ (2) $a+b+c+d=8x+4y-2$

解答例 (1) $b=a+1$, $c=a+2$, $d=a+3$ より,
① $a-b-c+d=a-(a+1)-(a+2)+(a+3)=0$
② $a+b-c-d=a+(a+1)-(a+2)-(a+3)=-4$
③ $a-b+c-d=a-(a+1)+(a+2)-(a+3)=-2$
$\qquad\qquad\qquad\qquad\qquad$ (答) ① 0 $\quad$ ② -4 $\quad$ ③ -2

(2) x 段目の 1 列目の数は $2x-1$, 同じ段で 1 列目から 2 列目, 3 列目, … と列
が 1 つ増えるごとに数は 1 ずつ増すから, y 列目の数は $y-1$ 増える。
したがって, $a=(2x-1)+(y-1)=2x+y-2$ となる。
また, $b=a+1$, $c=a+2$, $d=a+3$ であるから,
$a+b+c+d=a+(a+1)+(a+2)+(a+3)=4a+6=4(2x+y-2)+6$
$=8x+4y-2$ $\qquad\qquad\qquad\qquad$ (答) $a+b+c+d=8x+4y-2$

p.62

1 答 (イ), (ウ), (エ)

2 答 (1) $x=3$　(2) $x=1$　(3) $x=-7$　(4) $x=0$　(5) $x=2$　(6) $x=-\dfrac{1}{4}$　(7) $x=4$

(8) $x=-6$

3 答 (1) $x=4$　(2) $x=-3$　(3) $x=-1$　(4) $x=-3$　(5) $y=-1$　(6) $x=-\dfrac{1}{2}$

(7) $x=-4$　(8) $y=\dfrac{2}{5}$

p.63

4 答 (1) $x=3$　(2) $y=-\dfrac{4}{3}$　(3) $x=5$　(4) $x=5$　(5) $x=2$　(6) $y=-4$

5 答 (1) $x=-\dfrac{5}{4}$　(2) $x=-12$

p.64

6 答 (1) $x=-5$　(2) $x=-4$　(3) $x=-15$　(4) $x=-\dfrac{1}{3}$　(5) $x=-6$　(6) $x=-1$

(7) $y=-\dfrac{7}{4}$　(8) $x=-\dfrac{1}{2}$

解説 (8) 両辺に 15 をかけて，$-6x=3-10(2x+1)$

7 答 (1) $x=-8$　(2) $x=-1$　(3) $x=5$　(4) $x=2$　(5) $x=3$　(6) $x=6$　(7) $x=5$

(8) $x=6$　(9) $x=\dfrac{2}{3}$　(10) $x=\dfrac{5}{2}$

解説 (1) 両辺に 15 をかけて，$3(x-2)=5(x+2)$
(2) 両辺に 6 をかけて，$6+2(x+1)=-3(x-1)$
(3) 両辺に 4 をかけて，$3(x-1)=8+2(x-3)$
(4) 両辺に 20 をかけて，$20x-2(4x-3)=80-5(3x+4)$
(5) 両辺に 4 をかけて，$2(3-x)-(2x-5)=-1$
(6) 両辺に 21 をかけて，$9(2x-15)-7(x-6)+27=0$
(7) 両辺を 10 倍して，$16x-8=11x+17$
(8) 両辺を 10 倍して，$3x+50=2(4x+10)$
(9) 両辺を 100 倍して，$5(x-1)=2x-3$
(10) 両辺を 10 倍して，$3(2x+5)-5(3x-6)=3(x+5)$

p.65

8 答 (1) $x=\dfrac{20}{7}$　(2) $x=2$　(3) $x=4$　(4) $x=\dfrac{23}{4}$　(5) $x=10$　(6) $x=\dfrac{2}{3}$

解説 (1) $7x=5\times4$
(2) $3\times15=5(4x+1)$
(3) $4(2x+1)=3(16-x)$
(4) $0.9\times2x=2.3(2x-7)$
(5) $10(2x-0.5)=13(1.2x+3)$
両辺を 10 倍して，$10(20x-5)=13(12x+30)$　　　$200x-50=156x+390$
(6) $2\left(1-\dfrac{4}{3}x\right)=\dfrac{3}{2}\times\dfrac{2-x}{9}$　　$2-\dfrac{8}{3}x=\dfrac{2-x}{6}$
両辺に 6 をかけて，$12-16x=2-x$

9 答 (1) $a=-1$　(2) $a=\dfrac{9}{4}$　(3) $a=5$　(4) $a=-\dfrac{13}{17}$

解説 (1) $x=-1$ を代入して，$4-3\{3a-2\times(-1)\}=-5a-2\times(-1)$
$4-3(3a+2)=-5a+2$

(2) $x=3$ を代入して，$\dfrac{3a-6}{3}-\dfrac{3-2a}{2}=1$

両辺に 6 をかけて，$2(3a-6)-3(3-2a)=6$

(3) $x=-\dfrac{2}{3}$ を代入して，$5\times\left(-\dfrac{2}{3}\right)-2\left(-\dfrac{2}{3}-3a\right)=-3\left(-\dfrac{2}{3}-7\right)+a$

$-2+6a=23+a$

または，次のように，式を整理してから代入してもよい。

$5x-2x+6a=-3x+21+a$　　$5a=-6x+21$

$x=-\dfrac{2}{3}$ を代入して，$5a=-6\times\left(-\dfrac{2}{3}\right)+21$

(4) $x=-2$ を代入して，$\dfrac{2\times(-2)+a}{6}=1-\dfrac{3a\times(-2)-1}{2}$

$\dfrac{-4+a}{6}=1-\dfrac{-6a-1}{2}$　　　両辺に 6 をかけて，$-4+a=6-3(-6a-1)$

または，両辺に 6 をかけて，$2x+a=6-3(3ax-1)$ と変形してから，$x=-2$
を代入してもよい。

10 答 $a=25$

解説 $\dfrac{ax+2}{2}\times 2=\dfrac{x-a}{4}$　　$ax+2=\dfrac{x-a}{4}$　　$4(ax+2)=x-a$ と変形して

から，$x=-\dfrac{1}{3}$ を代入する。　　$4\left(-\dfrac{1}{3}a+2\right)=-\dfrac{1}{3}-a$

両辺に 3 をかけて，$4(-a+6)=-1-3a$

p.66 **11** 答 (1) $5x-6=3x$，$x=3$　(2) $3x+5(x+50)=730$，$x=60$

(3) $60\times 150=\dfrac{30\times 1000}{60}\times x$，$x=18$　(4) $1.2x=x+60$，$x=300$

12 答 (1) 24 分間　(2) 119 kg

解説 (1) 1 分間に 5L の割合で水を入れると，x 分間で水そうがいっぱいにな
るとすると，$8\times 15=5x$

(2) 昨年収穫した量を x kg とすると，$\dfrac{5}{7}x+37=122$

p.67 **13** 答 (1) 204 ページ　(2) 縦 50 m，横 25 m

解説 (1) 本全体のページ数を x ページとすると，昨日は $\dfrac{1}{4}x$ ページ読んだの

で，残りは $x-\dfrac{1}{4}x=\dfrac{3}{4}x$（ページ）である。　よって，$x-\dfrac{1}{4}x-\dfrac{3}{4}x\times\dfrac{5}{9}=68$

(2) 横の長さを x m とすると，縦の長さは $2x$ m であるから，$2(x+2x)=150$

p.68 **14** 答 6

解説 もとの数を x とすると，$\dfrac{1}{2}(4x-2)=\dfrac{2}{3}x+7$

15 答 3 年後

解説 いまから x 年後に父の年齢が子どもの年齢の 3 倍になるとすると，
$45+x=3(13+x)$

16 答 40，42，44

解説 真ん中の偶数を x とすると，いちばん小さい偶数は $x-2$，いちばん大
きい偶数は $x+2$ であるから，$(x-2)+x+(x+2)=126$

17 答 80 本

解説 弟が最初に持っていた鉛筆の本数を x 本とすると，姉が最初に持っていた鉛筆の本数は $(3x+5)$ 本となるから，$(3x+5)-10=2(x+10)$ $x=25$

18 答 卒業生 148 人，長いす 41 脚

解説 長いすの脚数を x 脚とすると，$3x+25=4(x-4)$

または，卒業生の人数を x 人とすると，$\dfrac{x-25}{3}=\dfrac{x}{4}+4$

19 答 (1) タイル 36 枚，周囲の長さ 46 cm　(2) 19 番目

解説 (1) n 番目のとき，タイルの枚数は n^2 枚である。

また，周囲の長さは，縦が $1\times2(2n-1)=4n-2$（cm），横が

$2\times2n=4n$（cm）であるから，全体は $(4n-2)+4n=8n-2$（cm）である。

これらに $n=6$ を代入する。

(2) $8n-2=150$

p.69

20 答 6 km

解説 自宅から湖までの道のりを x km とすると，$\dfrac{x}{2}+2+\dfrac{x}{3}=7$

または，行きにかかった時間を x 時間とすると，$2x=3(7-2-x)$ $x=3$

21 答 AB 間の道のり 2100 m，行きの速さ 分速 70 m

解説 AB 間の道のりを x m とすると，$\dfrac{x}{30}-\dfrac{x}{42}=20$

または，行きの速さを分速 x m とすると，$30x=42(x-20)$

p.70

22 答 川の流れる速さ 時速 2 km，AB 間の距離 30 km

解説 川の流れる速さを時速 x km とすると，$3(12-x)=5\left(12\times\dfrac{1}{3}+x\right)$

または，AB 間の距離を x km とすると，$12-\dfrac{x}{3}=\dfrac{x}{5}-12\times\dfrac{1}{3}$

23 答 900 m

解説 P 地点から A 地点までの道のりを x m とすると，A 地点から B 地点までの道のりは $2x$ m，B 地点から Q 地点までの道のりは $(3000-3x)$ m となるから，$\dfrac{x}{300}+\dfrac{2x}{200}+\dfrac{3000-3x}{300}=13$

24 答 80 分後

解説 姉が出発してから x 分後に妹に追い着くとすると，妹が出発してから姉が追い着くまでに要した時間は $(x+40)$ 分であるから，

$4\times\dfrac{x+40}{60}=6\times\dfrac{x}{60}$

または，A 町から姉が妹に追い着いた地点までの道のりを x km とすると，

$\dfrac{x}{4}-\dfrac{x}{6}=\dfrac{40}{60}$ $x=8$

25 答 電車の長さ 82 m，電車の速さ 秒速 11.5 m

解説 電車の長さを x m とすると，$\dfrac{240+x}{28}=\dfrac{1068+x}{100}$

または，電車の速さを秒速 x m とすると，$240-28x=1068-100x$

26 答 $x=\dfrac{25}{6}$

解説 A さんと B さんの速さの比は，$100:96$ であるから，

$(100+x):100=100:96$ $96(100+x)=10000$

27 **答** (1) 2700 m　(2) $\dfrac{15}{2}$ 分

解説 (1) 家から駅までの道のりを
x m とすると，弟と兄が家を出発して
から駅に到着するまでに移動した道の

りは，弟が $\dfrac{x}{2}+\dfrac{x}{2}+x=2x$ (m)，

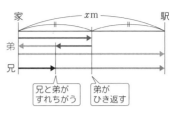

兄が x m であるから，$\dfrac{2x}{150}=\dfrac{x}{90}+6$

(2) 兄が家を出発してから弟とすれちがうまでにかかった時間を y 分とすると，
弟が $(y+6)$ 分間に移動した道のりと，兄が y 分間に移動した道のりの合計が
2700 m であるから，$150(y+6)+90y=2700$

p.71 **28** **答** 3g

解説 x g の食塩を加えるとすると，$120\times\dfrac{18}{100}+x=\dfrac{20}{100}(120+x)$

29 **答** 20% のアルコール 550g，4% のアルコール 250g
解説 20% のアルコールを x g 混ぜるとすると，

$\dfrac{20}{100}x+\dfrac{4}{100}(800-x)=800\times\dfrac{15}{100}$

p.72 **30** **答** 男子 150 人，女子 180 人

解説 男子の生徒数を x 人とすると，$\dfrac{10}{100}x+\dfrac{15}{100}(330-x)=42$

31 **答** 1500 円

解説 この商品の原価を x 円とすると，定価は $\left(1+\dfrac{35}{100}\right)x=\dfrac{27}{20}x$ (円) であ

るから，$\dfrac{27}{20}x\times\left(1-\dfrac{2}{10}\right)=x+120$

32 **答** 80 枚

解説 最初にトンカツを x 枚用意したとすると，350 円で売れたのが $\dfrac{x}{2}$ 枚，

350 円の 2 割引き，すなわち 280 円で売れたのが $\left(\dfrac{x}{2}-10\right)$ 枚，

350 円の半額，すなわち 175 円で売れたのが 10 枚であるから，

$\dfrac{x}{2}\times350+\left(\dfrac{x}{2}-10\right)\times280+10\times175=24150$

33 **答** $x=30$

解説 $\dfrac{8}{100}(100-x)=\dfrac{14}{100}(100-x-x)$

34 **答** $x=\dfrac{28}{5}$，$y=400$

解説 容器 A から B に 200 g 移した後の，B にふくまれる食塩の重さについて
方程式をつくると，$200\times\dfrac{2}{100}+1000\times\dfrac{x}{100}=(1000+200)\times\dfrac{5}{100}$

B から A に y g 移した後の，A にふくまれる食塩の重さについて方程式をつく

ると，$(1000-200)\times\dfrac{2}{100}+y\times\dfrac{5}{100}=(1000-200+y)\times\dfrac{3}{100}$

35 答 $x=6$

【解説】容器 A から B に 100g 移したとき，A，B にふくまれる食塩の重さは，それぞれ $(500-100)\times\dfrac{x}{100}=4x$ (g)，$100\times\dfrac{x}{100}=x$ (g) である。B から A に移す 100g の食塩水にふくまれる食塩の重さは $x\times\dfrac{100}{500+100}=\dfrac{x}{6}$ (g) であるから，最後の A にふくまれる食塩の重さは $\left(4x+\dfrac{x}{6}\right)$ g となる。

よって，$4x+\dfrac{x}{6}=500\times\dfrac{5}{100}$

p.74
36 答 75 秒後

【解説】2 点 P，Q が 2 回目に重なるのが，出発してから x 秒後とすると，動く前の P と Q の間の道のりは $20+30=50$ (cm) であるから，$5x-3x=50+100$

37 答 (1) 三角形 BCQ の面積 $(18t-72)\,\text{cm}^2$，台形 EPQD の面積 $(108-15t)\,\text{cm}^2$
(2) $\dfrac{14}{3}$ 秒後

【解説】(1) $4<t<6$ のとき，t 秒後の点 P，Q はそれぞれ辺 FE，CD 上にあるから，(三角形 BCQ)$=\dfrac{1}{2}\times12\times(3t-12)$

(台形 EPQD)$=\dfrac{1}{2}\times\{(12-2t)+(24-3t)\}\times6$

(2) t 秒後 $(4<t<6)$ に (三角形 BQP)$=50$ になるとすると，
(三角形 BQP)$=$(正方形 GBCD)$-$(三角形 BCQ)
$\quad-$(台形 EPQD)$-$(台形 GBPE)
である。

(台形 GBPE)$=\dfrac{1}{2}\times\{12+(12-2t)\}\times6=72-6t$

よって，$50=12\times12-(18t-72)-(108-15t)-(72-6t)$

⚠ 本書では，図形の面積を表すとき，かっこを使って（三角形 BCQ）のように書く。

p.75
38 答 17 歳

【解説】いまから x 年後とすると，$47+x=2(20+x)+10$　　$x=-3$

39 答 2 か月前

【解説】いまから x か月後とすると，$21000+1500x=3(8000+1000x)$　　$x=-2$

40 答 問題にあてはまる解はない

【解説】はじめに箱の中に赤玉が x 個入っているとすると，赤玉は $\dfrac{15}{100}x$ 個増え，白玉が $\dfrac{12}{100}(114-x)$ 個減って，合わせて $123-114=9$ （個）増えることになるから，$\dfrac{15}{100}x-\dfrac{12}{100}(114-x)=9$　　$x=84$

このとき，増やす赤玉の個数は，$\dfrac{15}{100}\times84=\dfrac{63}{5}$ （個）であるから，この値は問題に適さない。

41 答 野球場までに追い着けない

解説 分速 75 m は時速 4.5 km, 20 分は $\dfrac{1}{3}$ 時間であるから, 家から x km のところで弟が兄に追い着くとすると, $\dfrac{x}{4.5}=\dfrac{1}{3}+\dfrac{x}{7.5}$　　$x=3.75$

$0<x<3.5$ であるから, $x=3.75$ は問題に適さない。

42 答 最後に何点とっても平均点が 90 点になることはない

解説 最後の得点を x 点とすると, $\dfrac{75+80+88+91+x}{5}=90$　　$x=116$

$0\leqq x\leqq100$ であるから, $x=116$ は問題に適さない。

p.76 **43** 答 (1) $S=\dfrac{3V}{h}$　(2) $x=\dfrac{2S-1}{r}$ または $x=\dfrac{2S}{r}-\dfrac{1}{r}$

(3) $F=\dfrac{9}{5}C+32$ または $F=\dfrac{9C+160}{5}$　(4) $b=\dfrac{2S}{h}-a$ または $b=\dfrac{2S-ah}{h}$

(5) $b=\dfrac{2a-c}{3}$ または $b=\dfrac{2a}{3}-\dfrac{c}{3}$　(6) $a=\dfrac{4h}{3c}-b$ または $a=\dfrac{4h-3bc}{3c}$

44 答 時速 48 km

解答例 電車の速さを時速 x km とする。A さんは 13 分ごとに電車に追いこされたので, 13 分間に A さんの歩いた距離は $4\times\dfrac{13}{60}=\dfrac{13}{15}$（km）, 電車の移動した距離は $x\times\dfrac{13}{60}=\dfrac{13}{60}x$（km）である。

よって, 電車と電車の間隔は $\left(\dfrac{13}{60}x-\dfrac{13}{15}\right)$ km である。

また, A さんは 11 分ごとに向こうからくる電車とすれちがったので, 11 分間に A さんの歩いた距離は $4\times\dfrac{11}{60}=\dfrac{11}{15}$（km）, 電車の移動した距離は $x\times\dfrac{11}{60}=\dfrac{11}{60}x$（km）である。

よって, 電車と電車の間隔は $\left(\dfrac{11}{60}x+\dfrac{11}{15}\right)$ km である。

電車は等間隔で運転されているから, $\dfrac{13}{60}x-\dfrac{13}{15}=\dfrac{11}{60}x+\dfrac{11}{15}$

ゆえに, $x=48$　$x>0$ より, この値は問題に適する。　　　　（答）時速 48 km

45 答 (1) 140 秒後　(2) 88 秒後

解答例 (1) 出発してから x 秒後に, はじめて点 Q が点 P を追いぬくとすると, $15x=12x+120+180+120$　　$x=140$　　この値は問題に適する。

（答）140 秒後

(2) 出発してからはじめて点 Q から点 P を見ることができるのは, Q と P の差が 180 cm 以下になったときである。

出発してから y 秒後に, はじめて Q と P の差が 180 cm になったとすると, $(12y+120+180+120)-15y=180$　　$y=80$

80 秒後, P は頂点 A から $12\times80=960$（cm）移動しているので, 頂点 C から 60 cm 移動した辺 CD 上にある。

そのとき, Q は頂点 B から $15\times80=1200$（cm）移動しているので, ちょうど点 B 上にある。

よって, 80 秒後はまだ Q から P は見えない。

その後, Q が C まで移動するのに $120\div15=8$（秒）かかる。

その間に P は $12\times8=96$（cm）移動する。$60+96=156$ より，この値は 180 より小さいから，この時点で P はまだ辺 CD 上にある。

よって，$80+8=88$　　この値は問題に適する。

ゆえに，88 秒後にはじめて Q の前方に P が見える。　　　　　　（答）88 秒後

参考 (2) 点 Q から点 P がはじめて見えてから，Q が P をはじめて追いぬくまでの間で，Q から P が見えるのは，下の図のように，88→90 秒，100 秒，108→115 秒，120→125 秒，128→140 秒の間である。

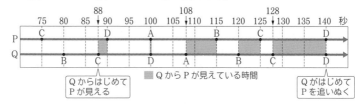

■ Q から P が見えている時間

Q からはじめて P が見える

Q がはじめて P を追いぬく

p.77

3章の計算

1 答 (1) $x=4$　(2) $x=-10$　(3) $a=\dfrac{7}{2}$　(4) $a=6$　(5) $y=2$　(6) $x=4$　(7) $x=-1$

(8) $x=3$　(9) $x=0$　(10) $y=-\dfrac{3}{14}$　(11) $x=-\dfrac{1}{3}$　(12) $x=-1$　(13) $x=5$

(14) $a=7$　(15) $x=\dfrac{5}{9}$　(16) $x=\dfrac{9}{2}$　(17) $a=18$　(18) $y=\dfrac{5}{12}$　(19) $x=0$　(20) $x=1$

(21) $x=-\dfrac{1}{8}$　(22) $x=-\dfrac{12}{5}$　(23) $x=4$　(24) $x=10$　(25) $x=-\dfrac{1}{6}$

3章の問題

p.78

1 答 (1) $x=2$　(2) $x=-\dfrac{3}{2}$　(3) $x=\dfrac{10}{3}$　(4) $x=\dfrac{11}{17}$　(5) $x=-\dfrac{2}{3}$

解説 (3) 両辺に 12 をかけて，$6(x+2)-4(3x-2)=-3(x+2)+12(x-2)$

(4) 両辺に 15 をかけて，$5(7-x)+18=3(x+3)+60x$

(5) $3x+\dfrac{7}{3}-0.2x-0.4=0.1x+\dfrac{2}{15}$

両辺に 30 をかけて，$90x+70-6x-12=3x+4$

2 答 (1) $a=8$　(2) $a=\dfrac{11}{3}$

解説 (1) $x=-1$ を代入して，$-a+3(a-1)=7+6$

(2) $(2x+1):(3x-1)=3:4$ より，$4(2x+1)=3(3x-1)$　　よって，$x=7$

これを $(2x-1):(3x-a)=3:4$ に代入して，

$13:(21-a)=3:4$　　$13\times4=3(21-a)$

3 答 (1) $x=\dfrac{8-5y}{3}$ または $x=\dfrac{8}{3}-\dfrac{5}{3}y$

(2) $x=\dfrac{5y-3z+3}{2}$ または $x=\dfrac{5}{2}y-\dfrac{3}{2}z+\dfrac{3}{2}$

4 答 0.7 m

解説 水そうの水の深さを x m とすると，$2(x+0.8)=3(x+0.3)$

または，棒の長さを x m とすると，$\dfrac{x}{2}-0.8=\dfrac{x}{3}-0.3$　　$x=3$

5　答　45 人

解説　女子の生徒数を x 人とすると，男子の生徒数は $\dfrac{5}{4}x$ 人であるから，

$7.2\times\dfrac{5}{4}x+6.5x+5=7\left(\dfrac{5}{4}x+x\right)$　　ただし，x は 4 の倍数　　$x=20$

6　答　$x=60$

解説　$\dfrac{24\times36\times x}{3^3}=2\times\dfrac{24\times36\times x}{4^3}+300$　　ただし，x は 12 の倍数

別解　1 辺が 4 cm の立方体の個数を y 個とすると，$3^3(2y+300)=4^3\times y$

$y=810$　　よって，$24\times36\times x=4^3\times810$

p.79　**7**　答　(1) $x=\dfrac{1}{2}$　(2) $y=\dfrac{3}{2}$

解説　(1) $5*x=5+x-5x$ より，$5*x=5-4x$　　よって，$5-4x=3$

(2) (1)より，$y*2=\dfrac{1}{2}$　　$y*2=y+2-2y$ より，$y*2=2-y$

よって，$2-y=\dfrac{1}{2}$

8　答　$x=650$

解説　定価は $1.2x$ 円であるから，$1.2x$ 円で売れたのが 63 個
定価の 2 割引き，すなわち $1.2x\times0.8$（円）で売れたのが 25 個
定価の半額，すなわち $1.2x\times0.5$（円）で売れたのが $100-(63+25)=12$（個）
また，そのときの売り上げ額は $(100x+4420)$ 円であるから，
$1.2x\times63+1.2x\times0.8\times25+1.2x\times0.5\times12=100x+4420$

9　答　21 日

解説　A が x 日仕事をしたとすると，$\dfrac{x}{60}+\dfrac{47-x}{40}=1$

10　答　重なる時刻 3 時 $\dfrac{180}{11}$ 分，直角になる時刻 3 時 $\dfrac{360}{11}$ 分

解説　長針は 60 分間に 360 度まわるから，1 分間に $\dfrac{360}{60}=6$（度）まわる。

短針は 60 分間に 30 度まわるから，1 分間に $\dfrac{30}{60}=\dfrac{1}{2}$（度）まわる。

3 時 x 分に重なるとすると，$90+\dfrac{1}{2}x=6x$

3 時 y 分に直角になるとすると，$90+\dfrac{1}{2}y=6y-90$

11　答　120 km

解説　A 港から x km 離れたところが C 地点とすると，

$\dfrac{x}{20}+\dfrac{150-x}{30}+\dfrac{150-x}{15}=\dfrac{150}{20}+\dfrac{90}{60}$

12　答　(1) 18 分後　(2) 20 km　(3) 18 分

解答例　(1) B さんよりも x 分遅れて C さんが出発したとすると，

$20\times\dfrac{36}{60}=40\times\dfrac{36-x}{60}$　　$x=18$　　$x>0$ より，この値は問題に適する。

（答）18 分後

(2) P町からR村までの道のりを y km とすると，CさんがP町からR村まで行くのにかかった時間は $\dfrac{y}{40}$ 時間である。Aさんはこれより

$30+18+6=54$（分）多くかかったから，$\dfrac{y-2}{20}+\dfrac{2}{4}=\dfrac{y}{40}+\dfrac{54}{60}$ $\qquad y=20$

$y>2$ より，この値は問題に適する。 $\qquad$（答）20km

(3) Q町バス停からR村までの2kmを時速4kmで歩くと30分かかる。

BさんはAさんが乗ったバスの30分後に出発するバスに乗ったので，AさんがR村に到着したとき，BさんはちょうどQ町バス停に到着した。よって，CさんがR村に到着してから6分後にBさんはQ町バス停に到着したことがわかる。したがって，BさんがQ町バス停を出発した8分後に，CさんはBさんをむかえにR村を出発したことになる。

CさんがR村を出発してから z 分後にBさんに出会うとすると，

$4\times\dfrac{8+z}{60}+40\times\dfrac{z}{60}=2$ $\qquad$ よって，$z=2$ $\qquad z>0$ より，この値は問題に適する。

ゆえに，$30-(8+2+2)=18$ $\qquad$（答）18分

p.80 **13** 答 (1) $\dfrac{4}{5}$ L (2) $x=\dfrac{1}{3}$，$\dfrac{2}{3}$ (3) $x=\dfrac{1}{8}$，$\dfrac{3}{4}$

解答例 (1) 水そうの中の水の量は，5回操作を行うと $\dfrac{6}{5}$ L，6回操作を行うと

$\dfrac{1}{5}$ L となり，操作を行う前の水の量と同じになる。$20=6\times3+2$ より，20回操作を行ったときの水の量は，2回操作を行ったときの水の量と同じである。

ゆえに，$\dfrac{4}{5}$ L $\qquad$（答）$\dfrac{4}{5}$ L

(2) 1回目の操作では，水そうの中の水の量は必ず $2x$ L になる。

2回目の操作では，$4x$ L または $(2x-1)$ L になる。

3回目の操作では，$4x$ L のとき，$8x$ L または $(4x-1)$ L になる。

$(2x-1)$ L のとき，$0<x<1$ より $(2x-1)<1$ であるから，$2(2x-1)$ L になる。

したがって，3回の操作で，水の量は $8x$ L，$(4x-1)$ L，$2(2x-1)$ L のいずれかになる。

$8x$ L のとき，$x=8x$ より $x=0$ $\qquad$ $(4x-1)$ L のとき，$x=4x-1$ より $x=\dfrac{1}{3}$

$2(2x-1)$ L のとき，$x=2(2x-1)$ より $x=\dfrac{2}{3}$

$0<x<1$ より，$x=\dfrac{1}{3}$，$\dfrac{2}{3}$ のときだけ条件に適する。 $\qquad$（答）$x=\dfrac{1}{3}$，$\dfrac{2}{3}$

(3) 4回の操作で水そうが空になったということは，3回目の操作で水そうの中の水の量が1Lになっていたはずであり，さらに，2回目の操作で $\dfrac{1}{2}$ L になっていたはずである。

(2)より，2回の操作で，水そうの中の水の量は $4x$ L または $(2x-1)$ L になる。

$4x$ L のとき，$4x=\dfrac{1}{2}$ より $x=\dfrac{1}{8}$

$(2x-1)$ L のとき，$2x-1=\dfrac{1}{2}$ より $x=\dfrac{3}{4}$

$0<x<1$ より，これらの値は条件に適する。 $\qquad$（答）$x=\dfrac{1}{8}$，$\dfrac{3}{4}$

p.82

1 答

x	1	2	3	4	5
y	8	10	12	14	16

2 答 (1) ア (2) ウ (3) イ (4) ア (5) ウ

3 答 (1) $x<5$ (2) $-3<x≦7$ (3) {1, 2, 3, 4, 6, 8, 12, 24}
   (4) {0, 1, 2, 3, 4, …}

4 答 (ア), (ウ), (エ)

5 答 (1) $y=20-x$ (2) $6≦y<20$

p.83

6 答 (1)

x	1.8	3	3.5	5	5.5
y	200	320	320	440	500

   (2) $3.6<x≦4.4$
   (3) x の変域 $0<x≦5.5$, y の変域 {200, 260, 320, 380, 440, 500}

7 答 (1)

x	8	$\dfrac{40}{3}$	30
y	3.8	3	0.5

   (2) x の変域 $0≦x≦\dfrac{100}{3}$, y の変域 $0≦y≦5$ (3) $y=5-0.15x$

p.85

8 答 (ア) 比例定数 3, (ウ) 比例定数 -5, (エ) 比例定数 $\dfrac{1}{4}$, (オ) 比例定数 $-\dfrac{5}{8}$

9 答 (イ) 比例定数 -2, (ウ) 比例定数 1.2

10 答 A(6, 4), B(-2, 3), C(-5, -3), D(5, -2), E(3, 0), F(0, -4),
    G(-2, 0), H(0, 6)

11 答

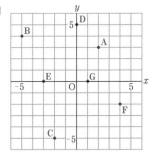

12 答 (1)

x	…	-3	-2	-1	0	1	2	3	…
y	…	-6	-4	-2	0	2	4	6	…

   (2)

x	…	-9	-6	-3	0	3	6	9	…
y	…	3	2	1	0	-1	-2	-3	…

p.86 **13** 答 (1)

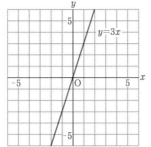

(2)

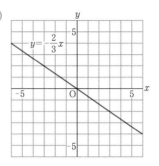

14 答 (1) $y=\dfrac{3}{2}x$ (2) $y=15$ (3) $x=-6$

解説 (1) $y=ax$ に $x=2$, $y=3$ を代入して，a の値を求める。

15 答

x	-15	0	9	12
y	-10	0	6	8

$y=\dfrac{2}{3}x$

解説 $y=ax$ に $x=-15$, $y=-10$ を代入して，a の値を求める。

16 答 $y=3x$

解説 $y=ax$ に $x=4$, $y=12$ を代入して，a の値を求める。

17 答 ⑦ $y=\dfrac{5}{4}x$, 比例定数 $\dfrac{5}{4}$ ⑦ $y=\dfrac{1}{3}x$, 比例定数 $\dfrac{1}{3}$

⑦ $y=-6x$, 比例定数 -6

解説 ⑦のグラフは点 $(4，5)$ を通る。⑦のグラフは点 $(3，1)$ を通る。⑦のグラフは点 $(1，-6)$ を通る。

18 答 $p=\dfrac{3}{4}$

解説 $y=-4x$ に $x=p$, $y=-3$ を代入する。

p.87 **19** 答 (1) $y=12x$, x の変域 $x>0$, y の変域 $y>0$
(2) 20% 増加する。

解説 (2) $y=12x$ より，y は x に比例するから，x の値を 2 倍，3 倍，… すると，y の値も 2 倍，3 倍，… となる。x の値が 20% 増加するということは，x の値を 1.2 倍するということであるから，y の値も 1.2 倍となる。

20 答 $y=ax$ $(a\neq0)$ より，$x=\dfrac{1}{a}y$

ゆえに，x は比例定数 $\dfrac{1}{a}$ で y に比例する。

21 答 (1)

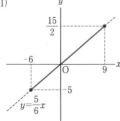

(2)

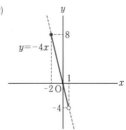

(3)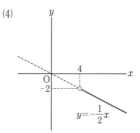

(4)

22 答 (1) $y=\dfrac{7}{2}x\ (x>0)$

(2) $y=\dfrac{1}{10}x\ (0\leqq x\leqq 700)$

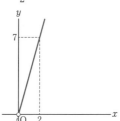

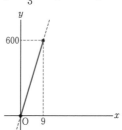

(3) $y=5x\ (0\leqq x\leqq 40)$

(4) $y=\dfrac{200}{3}x\ (0\leqq x\leqq 9)$

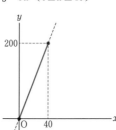

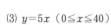

p.88 **23** 答 (1) $y<-12$ (2) $-8<y\leqq\dfrac{12}{5}$ (3) $\dfrac{5}{6}\leqq x\leqq 3$

解説 (1)，(2)は x の変域で，(3)は y の変域でグラフをかいて調べる。

(1)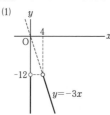

(2)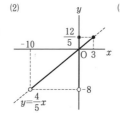

(3)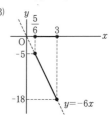

24 答 (1) $-10 < x \leqq 15$ (2) $y = \dfrac{5}{3}x$ (3) $-\dfrac{50}{3} < y \leqq 25$

解説 (2) $y = ax$ に $x = 15$, $y = 25$ を代入する。

(3) $x = -10$ のとき, $y = -\dfrac{50}{3}$

25 答 $a = 2$, $b = 6$ または, $a = -\dfrac{4}{3}$, $b = \dfrac{8}{3}$

解説 (i) $x = -2$ のときに $y = -4$ であるとき

$y = ax$ より, $-4 = -2a$　よって, $a = 2$

$y = 2x$ で, $x = 3$ のとき $y = b$

(ii) $x = 3$ のときに $y = -4$ であるとき

$y = ax$ より, $-4 = 3a$　よって, $a = -\dfrac{4}{3}$

$y = -\dfrac{4}{3}x$ で, $x = -2$ のとき $y = b$

(i)
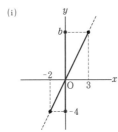

(ii)
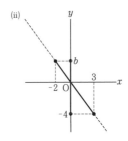

p.89 **26** 答 (ア) 比例定数 2, (イ) 比例定数 -10, (ウ) 比例定数 $\dfrac{1}{3}$, (エ) 比例定数 -5

p.90 **27** 答 (イ) 比例定数 30, (ウ) 比例定数 -60

28 答

x	$\cdots$	-9	-6	-3	-1	0	1	3	6	9	$\cdots$
y	$\cdots$	-1	$-\dfrac{3}{2}$	-3	-9	✕	9	3	$\dfrac{3}{2}$	1	$\cdots$

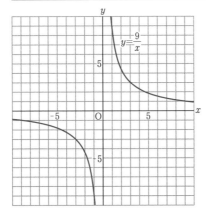

29 答 (1)   (2)

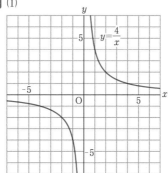

p.91 **30** 答 (1) $y=-\dfrac{24}{x}$ (2) $y=-6$ (3) $y=48$ (4) $x=20$

解説 (1) $y=\dfrac{a}{x}$ に $x=-2$, $y=12$ を代入して，a の値を求める。

31 答

x	$-\dfrac{1}{6}$	4	10	16
y	-3	$\dfrac{1}{8}$	$\dfrac{1}{20}$	$\dfrac{1}{32}$

$y=\dfrac{1}{2x}$

解説 $y=\dfrac{a}{x}$ に $x=4$, $y=\dfrac{1}{8}$ を代入して，a の値を求める。

32 答 $y=-\dfrac{6}{x}$

解説 $y=\dfrac{a}{x}$ に $x=3$, $y=-2$ を代入する。

33 答 ⑦ $y=\dfrac{6}{x}$，比例定数 6   ④ $y=-\dfrac{3}{x}$，比例定数 -3

解説 ⑦のグラフは点 $(1,\ 6)$ を通る。④のグラフは点 $(1,\ -3)$ を通る。

34 答 $p=\dfrac{2}{3}$

解説 $y=-\dfrac{8}{x}$ に $x=p$, $y=-12$ を代入する。

35 答 (1) $y=\dfrac{180}{x}$ (2) 20 % 減少する。

解説 (2) y は x に反比例するから，x の値を 2 倍，3 倍，… すると，y の値は $\dfrac{1}{2}$ 倍，$\dfrac{1}{3}$ 倍，… となる。x の値が 25 % 増加するということは，x の値を $\dfrac{5}{4}$ 倍するということであるから，y の値は $\dfrac{4}{5}$ 倍となる。

36 答 $y=\dfrac{a}{x}$ より $x=\dfrac{a}{y}$

ゆえに，x は比例定数 a で y に反比例する。

p.92 **37** 答 (1) $y<0$　　　　　　　　　　(2) $-4\leqq y<0$

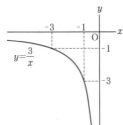

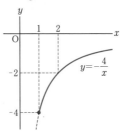

38 答 (1) $y=\dfrac{10}{x}$ $(x>0)$　　　　　(2) $y=\dfrac{6}{x}$ $(1\leqq x\leqq 6)$

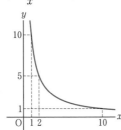

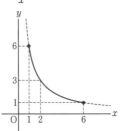

39 答 (1) $-5\leqq x\leqq -2$　(2) $y=-\dfrac{12}{x}$　(3) $\dfrac{12}{5}\leqq y\leqq 6$

　　解説 (2) $y=\dfrac{a}{x}$ に $x=-2$, $y=6$ を代入する。

　　(3) $x=-5$ のとき，$y=\dfrac{12}{5}$

40 答 (1) $y<-2$, $y\geqq\dfrac{2}{3}$　(2) $a=6$, $b=3$

　　解説 (1) x の変域でグラフをかいて調べる。

　　(2) $2\leqq x\leqq 9$ のとき $\dfrac{2}{3}\leqq y\leqq b$ であるから，$a>0$ である。

(1)

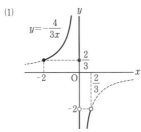

(2)

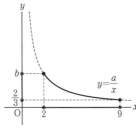

41 答 点 P の x 座標を t とすると $t>0$ である。

　　$\mathrm{P}\left(t,\ \dfrac{a}{t}\right)$, $\mathrm{Q}(t,\ 0)$ より，三角形 OPQ の直角をはさむ 2 辺 PQ, OQ の長さ

　　は，それぞれ $\dfrac{a}{t}$, t となる。

よって，三角形 OPQ の面積は，$\frac{1}{2} \times \frac{a}{t} \times t = \frac{a}{2}$

a は比例定数であるから，$\frac{a}{2}$ は定数である。

ゆえに，三角形 OPQ の面積は一定である。

`p.93` **42** 答 (1) $y = -6x - 3$ (2) $y = 3$ (3) $x = -\frac{4}{3}$

解説 (1) $y + 5 = a(3x - 1)$ に $x = \frac{2}{3}$，$y = -7$ を代入して a の値を求めると，$a = -2$

43 答 (1) $y = \frac{14}{2x+1} + 3$ (2) $y = -\frac{5}{3}$

解説 (1) $y - 3 = \frac{a}{2x+1}$ に $x = 3$，$y = 5$ を代入して a の値を求めると，$a = 14$

`p.94` **44** 答 (1) $y = 50x$ (2) $y = \frac{200}{x}$ (3) $y = \frac{150}{x}$ (4) $y = 10 - x$ (5) $y = \frac{3}{100}x$

比例するもの (1) 比例定数 50，(5) 比例定数 $\frac{3}{100}$

反比例するもの (2) 比例定数 200，(3) 比例定数 150

45 答 (ア) 比例 (イ) $\frac{1}{2}a$ (ウ) 比例 (エ) $\frac{2}{h}$ (オ) 反比例 (カ) $2S$

解説 (2) $a = \frac{2}{h} \times S$ より，a は S に比例する。

(3) $h = \frac{2S}{a}$ より，h は a に反比例する。

46 答 (1) $y = \frac{12}{x}$ (2) $a = 4$，$b = 6$

解説 (1) $y = \frac{1}{3}x$ に $y = 2$ を代入して，$x = 6$

よって，⑦のグラフは点 (6, 2) を通る。
(2) ⑦のグラフは，x の値が増加すると，y の値は減少するから，
$x = 2$ のとき $y = b$，$x = a$ のとき $y = 3$ となる。

よって，$b = \frac{12}{2}$，$3 = \frac{12}{a}$

47 答 (1) 9 個 (2) 6 個
解説 (1) y が整数であるためには，
x が 2 の倍数であればよい。
(2) y が整数であるためには，x が
12 の約数であればよい。

48 答 (1) $a=\dfrac{1}{2}$ (2) ① $S=\dfrac{1}{4}t^2$ ② $S=1$

解説 (1) A(2, 1) より，$y=ax$ に $x=2$，$y=1$ を代入する。

(2) ① ⑦は $y=\dfrac{1}{2}x$ のグラフであるから，PQ$=\dfrac{1}{2}t$ より，$S=\dfrac{1}{2}\times t\times\dfrac{1}{2}t$

② ④は $y=\dfrac{2}{x}$ のグラフであるから，PQ$=\dfrac{2}{t}$ より，$S=\dfrac{1}{2}\times t\times\dfrac{2}{t}$

p.95 **49** 答 (1) y は x に反比例するから，$y=\dfrac{a}{x}$（a は比例定数）……① とおける。

また，z は y に比例するから，$z=by$（b は比例定数）……② とおける。

②の y に①を代入すると，$z=b\times\dfrac{a}{x}$　　よって，$z=\dfrac{ab}{x}$

a と b はどちらも 0 でない定数であるから，z は ab を比例定数として x に反比例する。

(2) $z=-\dfrac{24}{x}$，$z=36$

解説 (2) (1)より，z は x に反比例するから，$z=\dfrac{c}{x}$（c は比例定数）とおける。

これに $x=4$，$z=-6$ を代入して c の値を求めると，$c=-24$

50 答 $y=257$

解答例 比例定数を a とすると，$y=ax+\dfrac{a}{x}$ とおける。

これに $x=2$，$y=40$ を代入して，$40=2a+\dfrac{a}{2}$　　$a=16$

よって，$y=16x+\dfrac{16}{x}$

これに $x=16$ を代入して，$y=16\times16+\dfrac{16}{16}=257$　　　　　　　（答）$y=257$

p.98 **51** 答 A−(イ)，B−(ア)，C−(エ)，D−(ク)

52 答 (1) C (2) y 軸 (3) A (4) B

53 答 (1) $\left(\dfrac{1}{2},\ 3\right)$ (2) $\left(-\dfrac{1}{2},\ -3\right)$ (3) $\left(-\dfrac{1}{2},\ 3\right)$

54 答 (1) $(8,\ -1)$ (2) $(3,\ -5)$ (3) $(1,\ 5)$

55 答 (1) x 軸にそって -7

(2) x 軸にそって -8，y 軸にそって 3

(3) x 軸にそって 8，y 軸にそって -7

56 答 (1) M$(0,\ 5)$ (2) M$(6,\ -1)$ (3) M$\left(-\dfrac{15}{2},\ -\dfrac{13}{2}\right)$

解説 (1) A$(-7,\ 8)$，B$(7,\ 2)$ より，線分 AB の中点 M の座標は，
M$\left(\dfrac{-7+7}{2},\ \dfrac{8+2}{2}\right)$

(2) A$(9,\ -6)$，B$(3,\ 4)$ より，線分 AB の中点 M の座標は，
M$\left(\dfrac{9+3}{2},\ \dfrac{-6+4}{2}\right)$

(3) A$(-11,\ -7)$，B$(-4,\ -6)$ より，線分 AB の中点 M の座標は，
M$\left(\dfrac{-11-4}{2},\ \dfrac{-7-6}{2}\right)$

p.99 **57** 答 (1) $a=-1$, $b=1$　(2) $a=-\dfrac{3}{2}$, $b=-6$, A$\left(\dfrac{1}{2},\ -10\right)$, B$\left(\dfrac{5}{2},\ -18\right)$

解説 (1) $3a+5=1-a$, $-b+4=3b$
(2) $(3a+5)+2=1-a$, $(b-4)-8=3b$

58 答 $x=21$, $y=12$

解説 A$(x,\ -4)$, B$(-7,\ y)$ より, 線分 AB の中点 M の座標は,
M$\left(\dfrac{x-7}{2},\ \dfrac{-4+y}{2}\right)$ と表すことができる。　よって, $\dfrac{x-7}{2}=7$, $\dfrac{-4+y}{2}=4$

59 答 $(8,\ -3)$

解説 点 $(-2,\ 5)$ を x 軸にそって 5, y 軸にそって -4 だけ平行移動すると点
$(3,\ 1)$ と重なるから, 点 $(3,\ 1)$ を x 軸にそって 5, y 軸にそって -4 だけ平
行移動した点が求める点である。

別解 M$(3,\ 1)$ について A$(-2,\ 5)$ と対称な点を B$(a,\ b)$ とすると, M は
線分 AB の中点であるから, $\dfrac{-2+a}{2}=3$, $\dfrac{5+b}{2}=1$

p.100 **60** 答 (1) $3\,\mathrm{cm}^2$　(2) $25\,\mathrm{cm}^2$　(3) $\dfrac{51}{2}\,\mathrm{cm}^2$

解説 (1) $\dfrac{1}{2}\times3\times2$

(2) 辺 BC を底辺とすると, 三角形 ABC の底辺は
10cm, 高さは 5cm であるから, $\dfrac{1}{2}\times10\times5$

(3) 右の図のように, D$(-1,\ -4)$, E$(5,\ -4)$
とすると,
（三角形 ABC）
=（台形 ABDE）－（三角形 ACE）－（三角形 BDC）
=$\dfrac{1}{2}\times(7+10)\times6-\dfrac{1}{2}\times3\times7-\dfrac{1}{2}\times3\times10$

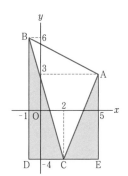

61 答 $51\,\mathrm{cm}^2$

解説 右の図のように, E$(4,\ 5)$, F$(-5,\ 5)$,
G$(-5,\ -3)$, H$(4,\ -3)$ とすると,
（四角形 ABCD）
=（長方形 EFGH）－（三角形 AEB）－（三角形 BFC）
　－（三角形 CGD）－（三角形 DHA）
=$9\times8-\dfrac{1}{2}\times7\times2-\dfrac{1}{2}\times2\times7-\dfrac{1}{2}\times8\times1$
　$-\dfrac{1}{2}\times1\times6$

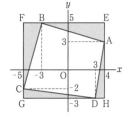

62 答 (1) $\dfrac{a}{2}$　(2) $6\,\mathrm{cm}^2$

解答例 (1) 点 E は $y=\dfrac{3}{x}$ のグラフ上にあるから, E$\left(a,\ \dfrac{3}{a}\right)$ とおける。

E は対角線 BD の中点で, 点 B の y 座標は 0 であるから, 点 D の y 座標を b と
おくと, 中点の座標を求める式より, $\dfrac{0+b}{2}=\dfrac{3}{a}$　$b=\dfrac{6}{a}$

また, 点 A と D の y 座標は等しいから, A の y 座標は $\dfrac{6}{a}$ である。

A は $y=\dfrac{3}{x}$ のグラフ上にあるから，これに $y=\dfrac{6}{a}$ を代入して A の x 座標を

求めると，$\dfrac{6}{a}=\dfrac{3}{x}$　　ゆえに，$x=\dfrac{a}{2}$

A と B の x 座標は等しいから，B の x 座標は $\dfrac{a}{2}$ である。　　　　（答）$\dfrac{a}{2}$

(2) 点 B と E の x 座標がそれぞれ $\dfrac{a}{2}$，a であるから，$BC=2\left(a-\dfrac{a}{2}\right)=a$

これと $AB=\dfrac{6}{a}$ より，（長方形 ABCD）$=a\times\dfrac{6}{a}=6$　　　　（答）$6\,cm^2$

4章の問題

p.101 **1** **答** 比例するもの　㋐ 比例定数 5，㋓ 比例定数 $-\dfrac{5}{3}$，㋖ 比例定数 $-\dfrac{4}{3}$

反比例するもの　㋑ 比例定数 -5，㋕ 比例定数 $\dfrac{4}{3}$，㋗ 比例定数 $\dfrac{9}{4}$

2 **答** (1) ㋑　(2) ㋐　(3) ㋒　(4) ㋓

3 **答** (1) $y=\dfrac{60}{x}$　(2) $y=\dfrac{x}{40}$　(3) $y=10x$　(4) $y=6x^2$

比例するもの　　(2) 比例定数 $\dfrac{1}{40}$，(3) 比例定数 10

反比例するもの　(1) 比例定数 60

4 **答** (1) $y=4x$，㋐ 16，㋑ $\dfrac{3}{2}$　(2) $y=\dfrac{36}{x}$，㋐ 9，㋑ 6

解説 (1) $y=ax$ に $x=3$，$y=12$ を代入する。

(2) $y=\dfrac{b}{x}$ に $x=3$，$y=12$ を代入する。

p.102 **5** **答** (1) $y=-\dfrac{5}{3}x$　(2) $4\leqq y\leqq48$　(3) $y=\dfrac{6}{x}-2$

解説 (1) $y=ax$ に $x=-6$，$y=10$ を代入する。

(2) $y=\dfrac{a}{x}$ に $x=8$，$y=6$ を代入すると $a=48$ より，$y=\dfrac{48}{x}$ のグラフをかい

て考える。

(3) $y+2=\dfrac{a}{3x}$ に $x=1$，$y=4$ を代入すると $a=18$ より，$y+2=\dfrac{18}{3x}$

6 **答** (1) $y=-4x$　(2) $y=-\dfrac{6}{x}$

解説 (1) $y=4x$ のグラフ上の点 $(1,\ 4)$ と，y 軸について対称な点 $(-1,\ 4)$
を通る比例のグラフの式を求める。

(2) $y=\dfrac{6}{x}$ のグラフ上の点 $(1,\ 6)$ と，x 軸について対称な点 $(1,\ -6)$ を通る
反比例のグラフの式を求める。

7 **答** (1) $Q(6,\ 2)$　(2) $P(-2,\ 9)$

解説 点 Q の座標は，$Q(a+2,\ a+b-7)$

(1) $a=4$，$b=5$ のときの点 Q の座標を求めればよい。

(2) $Q(0,\ 0)$ より，$a+2=0$，$a+b-7=0$

8 答 (1) $\dfrac{19}{2}$ cm²

(2) A′(2, −3), B′(−1, 2), C′(4, 0)

(3) A″(1, 5), B″(−2, 0), C″(3, 2)

解説 (1) 右の図のように，D(4, 3)，
E(−1, 3) とすると，

(三角形 ABC)

=(台形 BCDE)−(三角形 ACD)−(三角形 AEB)

$=\dfrac{1}{2}\times(3+5)\times5-\dfrac{1}{2}\times2\times3-\dfrac{1}{2}\times3\times5$

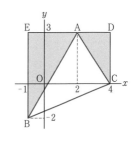

9 答 $a=8$

解説 2点 P，Q の x 座標を k とすると，y 座標はそれぞれ $\dfrac{a}{k}$，$\dfrac{2}{k}$ となるから，

三角形 OPQ の面積は，$\dfrac{1}{2}\times\left(\dfrac{a}{k}-\dfrac{2}{k}\right)\times k=\dfrac{1}{2}(a-2)$

よって，$\dfrac{1}{2}(a-2)=3$

10 答 $a=4$

解説 右の図のように，D(2, a)，E(−3, a) と
すると，

(三角形 ABC)

=(台形 BCDE)−(三角形 ACD)−(三角形 AEB)

$=\dfrac{1}{2}\times(a-2+a)\times5-\dfrac{1}{2}\times a\times2-\dfrac{1}{2}\times(a-2)\times3$

$=\dfrac{5}{2}a-2$

よって，$\dfrac{5}{2}a-2=8$

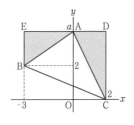

p.103 **11** 答 (ア) 比例　(イ) $\dfrac{1}{2}(a+3)$　(ウ) $a+3$　(エ) 比例　(オ) $a+3$　(カ) 反比例

解答例 $y=Ax$ が成り立つとき，y は x に比例する。また，$y=\dfrac{B}{x}$ が成り立つとき，y は x に反比例する。ただし，A，B は比例定数である。このことを利用して求めればよい。

(1) a が一定であるから，$\dfrac{1}{2}(a+3)$ は一定である。

$A=\dfrac{1}{2}(a+3)$ とすると，$S=Ah$ となるから，S は h に比例し，比例定数は A，

すなわち $\dfrac{1}{2}(a+3)$ である。　　　　　　　(答) (ア) 比例，(イ) $\dfrac{1}{2}(a+3)$

(2) h が一定であるから，$\dfrac{1}{2}h$ は一定である。

$A'=\dfrac{1}{2}h$，$x=a+3$ とすると，$S=A'x$ となるから，S は x に比例し，比例定数は A' である。すなわち，S は $a+3$ に比例し，比例定数は $\dfrac{1}{2}h$ である。

(答) (ウ) $a+3$，(エ) 比例

(3) S が一定であるから，$2S$ は一定である。

$2S=(a+3)h$ より，$B=2S$，$a+3=x$ とすると，$h=\dfrac{B}{x}$ となるから，h は x に反比例し，比例定数は B である。すなわち，h は $a+3$ に反比例し，比例定数は $2S$ である。 (答) (オ) $a+3$，(カ) 反比例

12 【答】(1) $4\,\mathrm{cm}^2$ (2) $\mathrm{C}(2,\ 2)$，$\dfrac{3}{2}\,\mathrm{cm}^2$

【解答例】(1) $y=\dfrac{a}{x}$ に $x=2$，$y=2$ を代入すると $a=4$ より，グラフの式は $y=\dfrac{4}{x}$ である。

$t>0$ として，$\mathrm{P}\left(t,\ \dfrac{4}{t}\right)$ とすると，(長方形 OQPR)$=t\times\dfrac{4}{t}=4$ (答) $4\,\mathrm{cm}^2$

(2) $\mathrm{A}(1,\ 4)$，$\mathrm{B}(4,\ 1)$ より，点 A と点 B は $y=x$ のグラフについて対称である。
点 C は $y=x$ のグラフ上の点であるから，C の x 座標と y 座標は等しい。$y=\dfrac{4}{x}$ のグラフ上でそのような点は $(2,\ 2)$ である。
また，右の図で，$\mathrm{D}(1,\ 1)$ とすると，
(三角形 ACB)
$=$(三角形 ADB)$-$(三角形 ADC)
　$-$(三角形 BCD)
$=\dfrac{1}{2}\times3\times3-\dfrac{1}{2}\times3\times1-\dfrac{1}{2}\times3\times1=\dfrac{3}{2}$

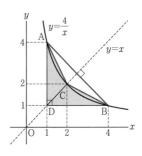

(答) $\mathrm{C}(2,\ 2)$，$\dfrac{3}{2}\,\mathrm{cm}^2$

5章 ● 平面図形

p.106

1 答 (ア) 半直線　(イ) 線分　(ウ) 中点　(エ) 垂直二等分線　(オ) 垂直　(カ) ⊥
(キ) 垂線　(ク) 平行　(ケ) //　(コ) 平行線

2 答 (ア) 弧　(イ) $\overset{\frown}{AB}$　(ウ) 弦　(エ) 直径　(オ) 接する　(カ) 接線　(キ) 接点　(ク) 垂直
(ケ) おうぎ形　(コ) 中心角

3 答 (1) 3　(2) 6
解説 (1) 直線 AB, BC, CA　(2) 直線 AB, AC, AD, BC, BD, CD

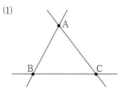

(1)

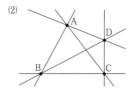

(2)

4 答 (1) ∠EAB=45°, BE=2cm　(2) 2cm　(3) $\frac{3}{2}$cm

解説 (1) 三角形 ABE は AB=EB の直角二等辺三角形である。

p.107

5 答 (1) 60°　(2) 90°　(3) 45° または, 135°
解説 (1) 三角形 ABC は正三角形となる。
(3) 下の図のような2つの場合がある。

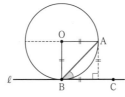

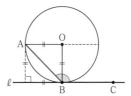

p.108

6 答 5cm
解説 AC=AB+BC=16 より, AM=$\frac{1}{2}$AC=8

BD=BC+CD=14 より, ND=$\frac{1}{2}$BD=7　　MN=AD−AM−ND

7 答 1cm
解説 AP=RB=$\frac{1}{3}$AB=$\frac{1}{3}$×12=4, SB=$\frac{1}{2}$RB=$\frac{1}{2}$×4=2

AQ=$\frac{1}{2}$AS=$\frac{1}{2}$(AB−SB)=$\frac{1}{2}$(12−2)=5

8 答 15cm
解説 AG=3CE=3(CD+DE)=(2CD+DE)+(CD+2DE)=BE+CF

9 答 (1) 63°　(2) 63°
解説 (1) ∠EOD=90°−∠DOB
(2) (1)より, ∠EOF=90°−∠EOD=27°, ∠AOF=90°−∠EOF

10 答 (1) 29°　(2) 31°

解説 (1) ∠COP=$\frac{1}{2}$∠COD

(2) ∠POB=$\frac{1}{2}$∠AOB=60°, ∠DOB=∠POB−∠POD

11 〔答〕$80°$

〔解説〕 $\angle AOP = \angle COP$, $\angle BOQ = \angle COQ$ より,
$\angle AOB = \angle AOP + \angle POB = \angle COP + \angle POB$
$= (\angle BOC + \angle POB) + \angle POB = \angle BOC + 2\angle POB$
$= 2\angle BOQ + 2\angle POB$
$= 2(\angle BOQ + \angle POB)$
$= 2\angle POQ$

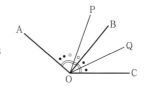

p.109 **12** 〔答〕 $AM = MB$ より $MB = \dfrac{1}{2}AB$, $BN = NC$ より $BN = \dfrac{1}{2}BC$

ゆえに, $MN = MB + BN = \dfrac{1}{2}(AB + BC) = \dfrac{1}{2}AC$

〔解説〕 与えられた条件は「$AM = MB$, $BN = NC$」,

説明すべきことがらは「$MN = \dfrac{1}{2}AC$」である。

13 〔答〕 $\angle AOD = \angle AOB - \angle DOB$, $\angle BOC = \angle AOB - \angle AOC$
$\angle DOB = \angle AOC$ であるから, $\angle AOD = \angle BOC$

〔解説〕 与えられた条件は「$\angle AOC = \angle DOB$」,
説明すべきことがらは「$\angle AOD = \angle BOC$」である。
$b = c$ のとき, $a - b = a - c$ が成り立つことを利用する。

〔別解〕 $\angle AOD = \angle AOC + \angle COD$, $\angle BOC = \angle DOB + \angle COD$
$\angle AOC = \angle DOB$ であるから, $\angle AOD = \angle BOC$

p.112 **14** 〔答〕(ア) AB (イ) AQ (ウ) PB (エ) QM
(オ) $\angle QAB$ (カ) $\perp$

15 〔答〕(ア) O (イ) DE (ウ) $\angle ODE$ (エ) 6 (オ) ED
(カ) $\angle OED$ (キ) $\triangle DOC$ (ク) 四角形 OFAB
(ケ) 四角形 OCDE (コ) $\triangle EDC$ (サ) $\triangle DEF$

〔解説〕(エ) 対称の軸は右の図である。

⚠ 移動した図形は, もとの図形と対応する頂点の
順が一致するようにかく。

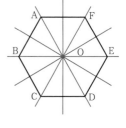

16 〔答〕(1) OA と OA′, OB と OB′, AB と A′B′
(2) $\angle AOA'$, $\angle BOB'$ (3) $28°$

p.113 **17** 〔答〕(1)

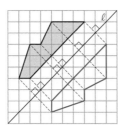

(2)

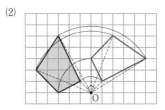

〔解説〕(1) 対称移動では, 対応する 2 点を結ぶ線分は, 対称の軸によって垂直に
2 等分される。
(2) O を中心とする $90°$ の回転移動では, 対応する 2 点と回転の中心 O の 3 点に
より, 直角二等辺三角形ができる。

18 答
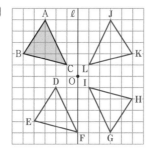

解説 解説 (2)は「点 O を中心として 180°だけ回転移動させた △GHI」ということもできる。

p.114 **19** 答 (1) ㊉
(2) ㋑, ㊉, ㋩, ㋧
(3) ㋬, ㋱, ㊉
解説 (2) 直線 EG, BD, FH, AC の 4 本が対称の軸となる。
(3) 回転の中心 O からの距離が OA と等しい点は, B, C, D の 3 点である。

p.115 **20** 答 点 O を中心とする時計まわりに 120°の回転移動
解説 点 A と A′ は直線 OX について線対称であるから,
OA=OA′, ∠AOX=∠A′OX
点 A′ と A″ は直線 OY について線対称であるから,
OA′=OA″, ∠A′OY=∠A″OY
よって, OA=OA″
また, ∠AOA″=∠A′OA″−∠A′OA
=2∠A′OY−2∠A′OX
=2(∠A′OY−∠A′OX)
=2∠XOY=2×60°

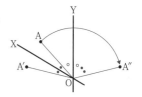

21 答 (1) 8 cm
(2) 右へ 8 cm の平行移動
解説 (1) 線分 AA′ と直線 ℓ との交点を P, 線分
A′A″ と直線 m との交点を Q とすると,
AP=PA′, A′Q=QA″
AA″=AA′+A′A″
=(AP+PA′)+(A′Q+QA″)
=2PA′+2A′Q=2(PA′+A′Q)
=2PQ=2×4

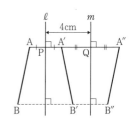

22 答 (1) AQ=AR の二等辺三角形, ∠QAR=2∠BAC
(2) 辺 BC と, 頂点 A を通る BC の垂線との交点
解答例 (1) 点 P と Q は直線 AB について線対称
であるから, AQ=AP, ∠QAB=∠PAB
同様に, AP=AR, ∠PAC=∠RAC
よって, AQ=AR
また,
∠QAR=∠QAB+∠PAB+∠PAC+∠RAC
=2∠PAB+2∠PAC
=2(∠PAB+∠PAC)=2∠BAC
ゆえに, △AQR は, AQ=AR の二等辺三角形であり, ∠QAR=2∠BAC である。

（答）AQ=AR の二等辺三角形, ∠QAR=2∠BAC

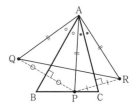

(2) $\angle QAR = 2\angle BAC = 90°$ であるから，△AQR の面積を S とすると，

$$S = \frac{1}{2} \times AQ \times AR = \frac{1}{2}AP^2$$

よって，△AQR の面積は，線分 AP の長さが最も短いときに最小となる。
線分 AP が最小となるのは AP⊥BC のときである。
ゆえに，△AQR の面積を最小にするには，辺 BC と，頂点 A を通る BC の垂線との交点を P とすればよい。

（答）辺 BC と，頂点 A を通る BC の垂線との交点

23 答 (1) $\frac{2}{3}$ 倍 (2) $\frac{1}{3}$ 倍 (3) $\frac{5}{12}$ 倍

解答例 正六角形は 3 つの対角線により，合同な 6 つの正三角形に分割される。
正六角形 ABCDEF を移動させた図形を正六角形 A′B′C′D′E′F′ とする。

(1) 図 1 で，四角形 AMC′O と四角形 MBCC′ の面積は等しいから，四角形 AMC′O の面積は △OAB の面積に等しい。
同様に，四角形 OC′D′E の面積も △OAB の面積に等しい。
よって，重なる図形は六角形 AMC′D′EF であり，この面積は △OAB の面積の 4 倍である。

ゆえに，$4 \div 6 = \frac{2}{3}$　　　（答）$\frac{2}{3}$ 倍

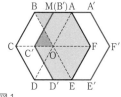
図1

(2) 図 2 で，重なる図形はひし形 AOEF であり，この面積は △OAB の面積の 2 倍である。

ゆえに，$2 \div 6 = \frac{1}{3}$　　　（答）$\frac{1}{3}$ 倍

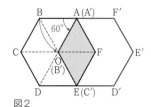
図2

(3) 図 3 で，辺 CD と E′F′ との交点を N とする。
△AMA′ と △DF′N は合同な正三角形で，この面積は，それぞれ △OAB の $\frac{1}{4}$ である。

重なる図形は六角形 A′MBCNF′ であり，この面積は，台形 ABCD の面積から △AMA′ と △DF′N の面積をひいたものである。

$$3\triangle OAB - 2 \times \frac{1}{4}\triangle OAB = \frac{5}{2}\triangle OAB$$

ゆえに，$\frac{5}{2} \div 6 = \frac{5}{12}$　　　（答）$\frac{5}{12}$ 倍

図3

p.117 **24** 答

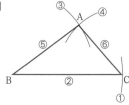

25 答

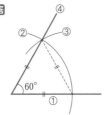 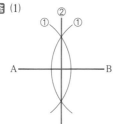 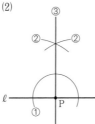 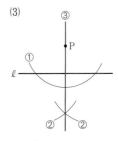

26 答 (1) 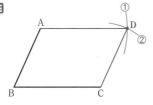   (2) 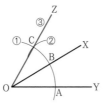   (3)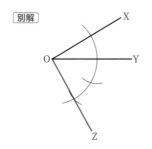

27 答

① 点 A を中心とし，線分 BC の長さに等しい半径の円をかく。
② 点 C を中心とし，線分 AB の長さに等しい半径の円をかく。
この 2 つの円の交点が，求める頂点 D である。

28 答

① 点 O を中心とし，適当な半径の円をかき，半直線 OY，OX との交点をそれぞれ A，B とする。
② 点 B を中心とし，半径 BA の円をかき，①の円との交点を C とする。
③ 点 O と C を結び，それを C のほうへ延長した半直線を OZ とする。
∠ZOY が求める角である。

解説 ∠XOY＝∠XOZ より，
∠ZOY＝2∠XOY である。
また，別解のように，半直線 OY について，半直線 OX の反対側に半直線 OZ をかいて，∠ZOY を作図することも考えられる。

別解

p.118 **29** 答

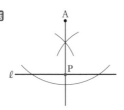

線分 AB の垂直二等分線と直線 ℓ との交点が，求める点 P である。

30 答

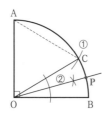

点 A から直線 ℓ にひいた垂線と直線 ℓ との交点が，求める点 P である。

31 答

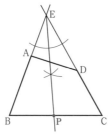

① 点 A を中心とし，半径 AO の円をかき，$\overarc{AB}$ との交点を C とする。

② ∠BOC の二等分線をひき，$\overarc{AB}$ との交点を P とする。
これが求める点 P である。

解説 OA＝OC＝AC より，∠AOC＝60°
∠BOP＝∠COP＝15° より，∠AOP＝75°

32 答

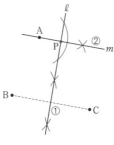

直線 BA と CD との交点を E とする。
∠BEC の二等分線と辺 BC との交点が，求める点 P である。

p.119 **33** 答

① 線分 BC の垂直二等分線 ℓ をひく。
② 点 A を通る直線 ℓ の垂線 m をひく。
直線 ℓ と m との交点が，求める点 P である。

34 答

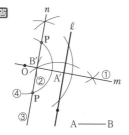

① 点Oを通る直線 ℓ の垂線 m をひく。
② 直線 ℓ と m との交点を A′ とし，m 上に点 B′ を，A′B′＝AB となるように，ℓ について点Oと同じ側にとる。
③ 点 B′ を通り，直線 ℓ に平行な直線 n をひく。
④ 点Oを中心とし，線分 AB の長さに等しい半径の円をかく。
④の円と直線 n との交点が，求める点Pである。
⚠ 点Pは2つある。

p.120 **35 答**

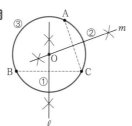

① 線分 BC の垂直二等分線 ℓ をひく。
② 線分 CA の垂直二等分線 m をひく。
③ 直線 ℓ と m との交点をOとし，点Oを中心とする半径 OA の円をかく。
これが求める円である。

解説 Oは線分 BC の垂直二等分線上の点であるから，OB＝OC
同様に，OA＝OC　　よって，OA＝OB＝OC
ゆえに，点Oは3点 A，B，C から等距離にあるから，求める円の中心である。
また，線分 AB の垂直二等分線も中心Oを通るが，必ずしもかく必要はない。
線分 AB，BC，CA の垂直二等分線のうち，いずれか2つをかけばよい。
参考 中心のわからない円の中心を作図する場合も，円周上に3点をとり，この問題の答と同様に2つの弦の垂直二等分線をひくと，その交点が円の中心である。

36 答

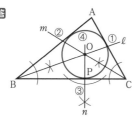

① ∠B の二等分線 ℓ をひく。
② ∠C の二等分線 m をひき，直線 ℓ との交点をOとする。
③ 点Oを通る辺 BC の垂線 n をひき，BC との交点をPとする。
④ 点Oを中心とし，半径 OP の円をかく。
これが求める円である。

解説 Oは∠B の二等分線上の点であるから，点Oから辺 AB，BC への距離は等しい。
同様に，点Oから辺 BC，CA への距離は等しい。
ゆえに，点Oは△ABC の3辺から等距離にあるから，求める円の中心である。
また，∠A の二等分線も円の中心Oを通るが，必ずしもかく必要はない。
∠A，∠B，∠C の二等分線のうち，いずれか2つをかけばよい。

37 答

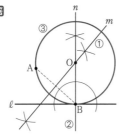

① 線分 AB の垂直二等分線 m をひく。
② 点 B を通る直線 ℓ の垂線 n をひく。
③ 直線 m と n との交点を O とし，点 O を中心とする半径 OA の円をかく。
これが求める円である。

⚠ 円の中心 O は，OA＝OB，OB⊥ℓ を満たす。

38 答

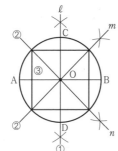

① 線分 AB の垂直二等分線 ℓ をひき，AB との交点を O とする。直線 ℓ と円 O との交点を C，D とする。
② ∠BOC の二等分線 m，∠BOD の二等分線 n をひく。
③ 直線 m，n と円 O との 4 つの交点を順に結ぶ。
できた四角形が求める正方形である。

39 答

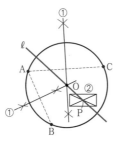

① 円周上に異なる 3 点 A，B，C をとる。線分 AB，AC の垂直二等分線をひき，それらの交点を O とする。（点 O が円の中心である。）
② 長方形の対角線の交点を P とする。
2 点 O，P を結ぶ直線が，求める直線 ℓ である。

解説 円の中心を通る直線は，円の面積を 2 等分する。また，長方形の対角線の交点を通る直線は，長方形の面積を 2 等分する。

40 答

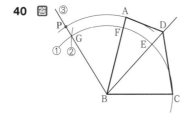

① 点 B を中心とし，半径 BC の円をかき，半直線 BD，辺 AB との交点をそれぞれ E，F とする。
② 点 E を中心とし，半径が線分 CF の長さに等しい円をかき，①の円との交点のうち，半直線 BD について点 A と同じ側の点を G とする。
③ 半直線 BG をひき，BG 上に点 P を，BP＝BA となるようにとる。
これが求める点 P である。

p.121 **41** 答

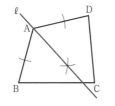

∠BAD の二等分線をひく。
これが求める直線 ℓ である。

42 答

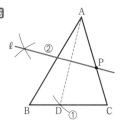

① 辺 BC 上に点 D を，PA＝PD となるようにとる。
② 線分 AD の垂直二等分線をひく。
これが求める直線 ℓ である。

43 答

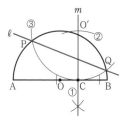

① 点 C を通る線分 AB の垂線 m をひく。
② 直線 m 上に点 O′ を，O′C＝OA となるように，直線 AB について $\overset{\frown}{AB}$ と同じ側にとる。
③ 点 O′ を中心とし，半径 O′C の円をかき，半円 O との交点を P，Q とする。
2 点 P，Q を結ぶ直線が，求める直線 ℓ である。
⚠ O′C＝OA より，OP＝OQ＝O′P＝O′Q である。

44 答

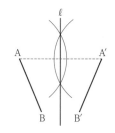

線分 AA′（または BB′）の垂直二等分線をひく。
これが求める直線 ℓ である。

p.122 **45** 答

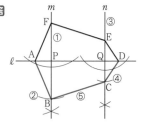

① 頂点 F を通る直線 ℓ の垂線 m をひき，ℓ との交点を P とする。
② 直線 m 上に点 B を，PB＝PF となるようにとる。
③ 頂点 E を通る直線 ℓ の垂線 n をひき，ℓ との交点を Q とする。
④ 直線 n 上に点 C を，QC＝QE となるようにとる。
⑤ 点 A と B，B と C，C と D を結ぶ。
これが求める六角形 ABCDEF である。

別解

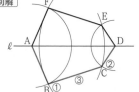

① 点 A を中心とする半径 AF の円と，点 D を中心とする半径 DF の円との F と異なる交点を B とする。
② 点 A を中心とする半径 AE の円と，点 D を中心とする半径 DE の円との E と異なる交点を C とする。
③ 点 A と B，B と C，C と D を結ぶ。
これが求める六角形 ABCDEF である。

46 答 (1)

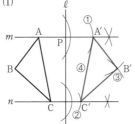

① 点 A を通る直線 ℓ の垂線 m をひき，ℓ との交点を P とする。直線 m 上に点 A′ を，PA′＝PA となるようにとる。
② ①と同様に，点 C と対称な点 C′ をとる。
③ A′B′＝AB，C′B′＝CB となる点 B′ をとる。
④ 点 A′ と B′，B′ と C′，C′ と A′ を結ぶ。
これが求める三角形である。

(2)

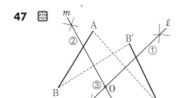

① 直線 ℓ と円との交点を A，B とし，円周上に適当な点 C をとる。
② 線分 AB の垂直二等分線 m をひき，線分 BC の垂直二等分線との交点を O とする。（点 O が円の中心である。）
③ 直線 ℓ と m との交点を P とし，直線 m 上に点 O′ を，PO′＝PO となるようにとる。
④ 点 O′ を中心とし，半径が線分 OA の長さに等しい円をかく。
これが求める円である。

47 答

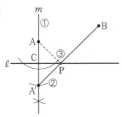

① 線分 AA′ の垂直二等分線 ℓ をひく。
② 線分 BB′ の垂直二等分線 m をひく。
③ 直線 ℓ と m との交点を O とする。
これが求める回転の中心 O である。

⚠ 回転の中心は対応する2点から等距離にあるから，その2点を結ぶ線分の垂直二等分線上にある。

48 答

① 点 A を通る直線 ℓ の垂線 m をひき，ℓ との交点を C とする。
② 直線 m 上に点 A′ を，CA′＝CA となるようにとる。
③ 線分 A′B と直線 ℓ との交点を P とする。
これが AP＋BP を最小とする点 P である。

解説 AP＝A′P より，AP＋PB＝A′P＋PB
A′P＋PB が最小となるのは，3点 A′，P，B が一直線上にあるときである。

参考 直線 ℓ について，点 B と対称な点を B′ として，線分 AB′ と ℓ との交点を P としてもよい。

⚠ ①は「直線 ℓ について，点 A と対称な点を A′ とする。」としてもよい。

49 答

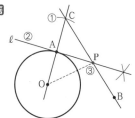

① 直線 OA 上に点 C を，AC＝AO となる ようにとる。
② 点 A を通る直線 OA の垂線 ℓ をひく。
③ 2 点 B，C を結ぶ直線と直線 ℓ との交点 を P とする。
これが OP＋PB を最小とする点 P である。

解説 OP＝CP より，OP＋PB＝CP＋PB
CP＋PB が最小となるのは，3 点 B，P，C が一直線上にあるときである。

5章の問題

p.123 **1** 答 AP＝PB，BQ＝QC であるから，AC＝AP＋PB＋BQ＋QC＝2（AP＋BQ）
AM＝MC より，AM＝$\frac{1}{2}$AC＝AP＋BQ
PM＝AM－AP＝AP＋BQ－AP＝BQ
ゆえに，PM＝BQ

2 答

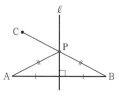

2 点 B，C を結び，直線 ℓ との交点を P と する。
（理由）ℓ は線分 AB の垂直二等分線である から，AP＝BP である。
よって，AP＋PC＝BP＋PC より，
BP＋PC が最小となる点 P を考えればよい。
これは直線 ℓ と線分 BC との交点である。
ゆえに，この点が AP＋PC を最小とする 点 P である。

3 答 (1) 135° (2) ∠SPT＝45°，∠BQC＝90°
解説 (1) △APQ は直角二等辺三角形であるから，
∠PQR＝45°
(2) 右の図で，辺 PQ を直線 PR（PA）に重なるように 折るとき，点 Q，R は直線 PS について線対称である。
よって，∠SPT は図 2 の ∠QPR の半分である。
図 3 で，∠BQC＝360°－2∠PQB＝360°－2×135°

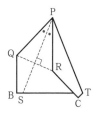

4 答 (1) 3 cm (2) 4 cm
解説 (1) 重なる図形は，1 辺の長さが 1 cm の正三角形となる。
(2) 重なる図形は，1 辺の長さが 1 cm のひし形となる。

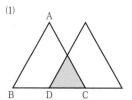

p.124 **5** 答 (1) ∠AFG＝60°，∠CAD＝90° (2) 3倍 (3) 5cm

解説 (1) △FAB で，∠FAB＝∠FBA＝30°
であるから，∠AFB＝120°
∠CAD＝∠CAB−∠FAB＝120°−30°
(2) △FAB で，FA＝FB
△CAF で，∠CAF＝90°，∠AFC＝60° より，
FC＝2FA
(3) BG＝BF＋FG＝AF＋FD＝AD＝AB

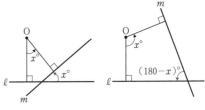

参考 直線 DE は，直線 BC を A を中心として反時計まわりに 30° 回転移動した直線である。このとき，直線 BC と DE のつくる角は 30°（または 150°）である。

一般に，直線 ℓ を O を中心として反時計まわりに $x°$ 回転移動した直線を m とすると，ℓ と m のつくる角は，$x°$ または $(180−x)°$ に等しい。（x は 180° より小さい角とする。）

6 答

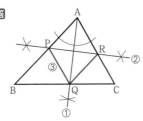

① ∠A の二等分線と辺 BC との交点を Q とする。
② 線分 AQ の垂直二等分線と辺 AB，辺 AC との交点をそれぞれ P，R とする。
③ 点 P と Q，Q と R を結ぶ。
四角形 APQR が求めるひし形である。

参考 直線 PR は線分 AQ の垂直二等分線であるから，PA＝PQ，RA＝RQ
線分 AQ と PR との交点を O とする。AO⊥PR，∠PAO＝∠RAO であるから，△APO と △ARO は，直線 AO について線対称である。
よって，PA＝RA
ゆえに，四角形 APQR はひし形である。

7 答

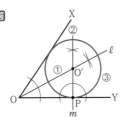

① ∠XOY の二等分線 ℓ をひく。
② 点 P を通る半直線 OY の垂線 m をひく。
③ 直線 ℓ と m との交点を O′ とし，点 O′ を中心とする半径 O′P の円をかく。
これが求める円である。

解説 O′ は∠XOY の二等分線上の点であるから，半直線 OX，OY から等しい距離にあり，O′P⊥OY であるから，O′P を半径とする円をかくと，半直線 OY に接する。ゆえに，半直線 OX にも接する。

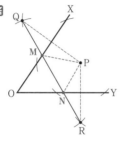

① 半直線 OX について，点 P と対称な点を Q とする。
② 半直線 OY について，点 P と対称な点を R とする。
③ 直線 QR と半直線 OX，OY との交点をそれぞれ M，N とする。
これらが求める 2 点 M，N である。

解説 PM＝QM，PN＝RN より，PM＋MN＋NP＝QM＋MN＋NR
QM＋MN＋NR が最小となるのは，4 点 Q，M，N，R が一直線上にあるときである。
ゆえに，PM＋MN＋NP を最小とするのは，上の図の点 M，N である。

9 **答**

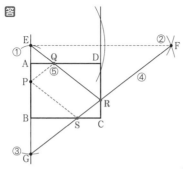

① 直線 AD について，点 P と対称な点を E とする。
② 直線 CD について，点 E と対称な点を F とする。
③ 直線 BC について，点 P と対称な点を G とする。
④ 線分 FG と辺 CD，BC との交点をそれぞれ R，S とする。
⑤ 線分 ER と辺 AD との交点を Q とする。
これらが求める 3 点 Q，R，S である。

解説 EQ＝PQ，FR＝ER＝EQ＋QR＝PQ＋QR，SG＝SP であるから，
四角形 PQRS の周の長さは，PQ＋QR＋RS＋SP＝FR＋RS＋SG
FR＋RS＋SG が最小となるのは，4 点 F，R，S，G が一直線上にあるときである。
ゆえに，PQ＋QR＋RS＋SP を最小とするのは，この図の点 Q，R，S である。

別解

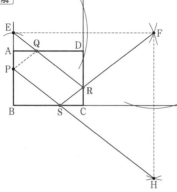

解説 直線 AD について点 P と対称な点を E，直線 CD について点 E と対称な点を F，直線 BC について点 F と対称な点を H とする。このとき，線分 PH と辺 BC との交点が S，線分 SF と辺 CD との交点が R，線分 RE と辺 AD との交点が Q である。

6章 ● 空間図形

p.127

1 答 (イ), (エ), (オ), (カ)

2 答 (1) 6 (2) 4
解説 (1) 直線 AB, AC, AD, BC, BD, CD
(2) 平面 ABC, ABD, ACD, BCD

p.128

3 答 (ア) 交わる (イ) 平行 (ウ) ねじれの位置 (エ) 交わる (オ) 平行 (カ) 垂直
(キ) 垂線 (ク) 距離 (ケ) 交わる (コ) 交線 (サ) 平行

4 答 (1) 辺 EF, HG, DC (2) 辺 AE, BF, CG, DH, AD, EH, FG, BC
(3) 辺 CG, DH, EH, FG (4) 面 CDHG, EFGH (5) 面 AEHD, BFGC
(6) 面 EFGH (7) 面 AEHD, AEFB, BFGC, CDHG
解説 (2) ねじれの位置にある 2 直線でも，2 直線のつくる角が直角であるとき，その 2 直線は垂直である。

5 答 (1) 辺 OA と面 OBC，辺 OB と面 OCA，辺 OC と面 OAB
(2) 面 OAB と面 OBC，面 OBC と面 OCA，面 OCA と面 OAB
(3) 辺 OA と辺 BC，辺 OB と辺 CA，辺 OC と辺 AB

p.130

6 答 (1) 辺 BF，FG は面 BFGC 上の交わる 2 直線である。
また，立方体のすべての面は正方形であるから，EF⊥BF，EF⊥FG
ゆえに，直線 EF は面 BFGC に垂直である。
(2) ① 90° ② 45° ③ 60° ④ 45° ⑤ 45° ⑥ 90°
解説 (2) ① 直線 EF は面 BFGC に垂直である。
② 直線 CF と 直線 FG のつくる角。
③ △ACF は正三角形である。
④，⑤ 直線 FC と 直線 FG のつくる角。
⑥ 直線 CD は平面 CDEF 上にある。CD⊥BC，CD⊥CG より，直線 CD は平面 CBFG に垂直である。

7 答 (1) × （例）直線 AB と直線 CG など。
(2) ○ (3) ○ (4) ○
(5) × （例）直線 AB に垂直な直線 AD と直線 BF など。
(6) × （例）面 ABCD に平行な直線 EF と直線 FG など。
(7) ○
(8) × （例）直線 AB に平行な面 CDHG と面 EFGH など。
(9) ○ (10) ○
(11) × （例）面 ABCD に垂直な面 AEFB と面 AEHD など。
解説 (1) 直線 AB と CG はねじれの位置にある。
(5) 直線 AD と BF はねじれの位置にある。
(6) 直線 EF と FG は点 F で交わる。
(8) 面 CDHG と面 EFGH は交線 HG をもつ。
(11) 面 AEFB と面 AEHD は交線 AE をもつ。

8 答 (1) // (2) ⊥ (3) ⊥ (4) //
解説 (4) 右の図

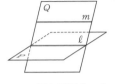

9 答 ない
（理由）直線 AB と A′B′ が交わるとき，4 点 A，A′，B，B′ は同じ平面上にある。このとき，2 直線 AA′ と BB′ は同じ平面上にあるから，2 直線 ℓ，m がねじれの位置にあることにならない。
ゆえに，直線 AB と A′B′ は交わらない。

p.131 **10** 醤 (1) 正しくない (2) 正しい (3) 正しくない (4) 正しくない
(5) 正しくない (6) 正しい (7) 正しくない
解説 (3) ℓ と Q が交わるときで
も，垂直とは限らない。
(4) m と P が交わるときもある。
(5) m, n がねじれの位置にある
ときもある。
(6) 図1
(7) 図2の立方体で，$\ell /\!/ m$
であるから，$\ell \perp n$, $m \perp n$ であ
るが $n \perp P$ ではない。

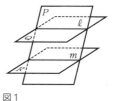

図1　　図2

11 醤 (ア) 正方形 (イ) 直角二等辺 (ウ) 90 (エ) ⊥ (オ) BC (カ) CD (キ) ⊥
(ク) ACG (ケ) BD
解説 AC⊥BD, GC⊥BD より，線分 BD は平面 ACG と垂直である。
⚠ (ク)は，平面 ACGE，ACE，AGE としてもよい。

12 醤 2平面 P と Q の交線を ℓ とし，点 B を通り，ℓ に垂直な P 上の直線を m と
する。
直線 AB は平面 P に垂直であるから，
AB⊥ℓ, AB⊥m
ゆえに，P⊥Q である。
解説 P⊥Q であることを説明するには，2平
面 P，Q の交線 ℓ 上の点 B を通り，ℓ に垂直な
P，Q 上の直線 m と AB が垂直であることを示
せばよい。

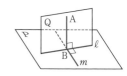

p.134 **13** 醤 (ア) 四角柱 (イ) 四角錐 (ウ) 長方形 (エ) 二等辺三角形 (オ) 長方形
(カ) おうぎ形 (キ) 円柱 (ク) 円錐

14 醤 (1) ア，イ，ウ，オ，カ (2) エ，キ (3) ク (4) ア，イ，ウ，エ
(5) エ，ク (6) オ

15 醤 (1) ⑰ (2) ⑰ (3) ⑦ (4) ⑰ (5) ⑪ (6) ㊤

16 醤 (1) 四角錐 (2) 三角柱

p.135 **17** 醤

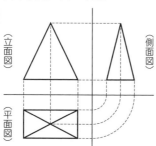

〈立面図〉　〈側面図〉　〈平面図〉

18 醤 (1) 三角柱 (2) 円柱
解説 見取図は，右の図の
ようになる。

(1)

(2)

p.136 **19** 答 (1)

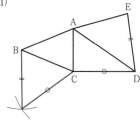

(2)

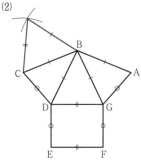

解説 (1) 点 B を中心とする半径 ED の円と，点 C を中心とする半径 CD の円との交点を求めて作図する。
(2) 点 B を中心とする半径 AB の円と，点 C を中心とする半径 EF の円との交点を求めて作図する。

p.137 **20** 答 (1) 点 H (2) 辺 EF, GF, JF, FI (3) 面 ABE, JFI
解説 (2) 辺 GF と JF は，組み立てたときに重なる。

21 答

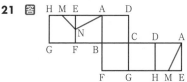

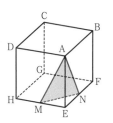

解説 右の図のように，見取図に頂点 A, B, C, D, E, F, G, H をかき入れ，展開図に対応する頂点をかいてみる。

22 答 (1)

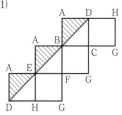

(2)

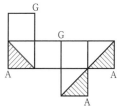

解説 (2) 頂点 A の位置は決まるが，頂点 B, E, D の位置は回転させると一致するものがあるから，決まらないことに注意する。

23 答 (1)

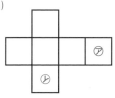

(2)

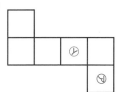

解説 ㋐の文字の向きに気をつけること。

24 答 最長 24cm，最短 18cm

解説 四角錐の4つの辺を切り開くと展開図ができる。
最長となるのは，3cmの辺をできるだけ多く切り開いたときである。

最長の例　　　　最短の例

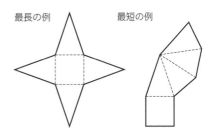

p.138 **25** 答

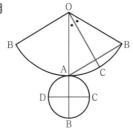

解説 左の展開図で，点Oと底面上の点Bを結ぶ線分OBと，おうぎ形の弧との交点がAである。∠AOBの二等分線とⒶBとの交点をCとすると，線分OCが母線であり，線分ABが最短経路である。

p.139 **26** 答

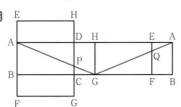

解説 左の展開図で，点AとGを結ぶと，最短経路は線分AGである。線分AGと辺DC，EFとの交点がそれぞれP，Qとなる。

27 答 (1)　　　　　　　　(2)

 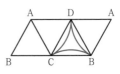

解説 三角錐ABCDで，頂点Aから面BCD上の点Pまでの最も短い道のりが辺ABの長さであるような点Pのえがく線をかくには，展開図で，面BCDに頂点Aから辺ABの長さに等しい半径の円をかく。

28 答 (1) 8cm　(2) 22.5°

解答例 (1) この立体の側面の展開図をかくと，右の図のようになる。
BF＋FG＋GH＋HA＝BA
∠BPC＝∠CPD＝∠DPE＝∠EPA＝15°
であるから，∠BPA＝60°
正五角錐であるから，BP＝AP
よって，△PBAは正三角形である。
ゆえに，BA＝PA＝8 より，
BF＋FG＋GH＋HA＝8　　　　　　(答) 8cm

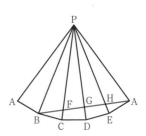

(2) △PBC は PB＝PC の二等辺三角形であるから，

$$\angle \text{PBC} = \frac{1}{2}(180° - \angle \text{BPC}) = 82.5°$$

また，∠PBF＝60° であるから，

∠FBC＝∠PBC－∠PBF＝82.5°－60°＝22.5°　　　　　　　　　　（答）22.5°

p.140 **29** 答 (ア) 四　(イ) 六　(ウ) 五　(エ) 九　(オ) 正四面体　(カ) 正六面体　(キ) 正八面体
(ク) 正十二面体　(ケ) 正二十面体　(コ) 正三角形　(サ) 正方形　(シ) 正三角形
(ス) 正五角形　(セ) 正三角形
⚠ (カ)は，立方体でもよい。

30 答 (1) 正四面体　(2) 正八面体
解説 (1)

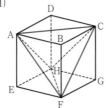

(2)

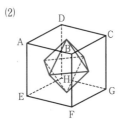

p.141 **31** 答 (1)

	頂点	辺	面	(頂点)－(辺)＋(面)
四面体	4	6	4	2
直方体	8	12	6	2
七角錐	8	14	8	2

(2) (ア) 3　(イ) 2　(ウ) 3　(エ) 1　(オ) 0　(カ) 2

32 答 (1) 辺 DF　(2) 面 FDE　(3) 90°
解説 (3) 四角形 ABFD は正方形である。

33 答 頂点 A には 3 つの面が集まるが，頂点 C には 4 つの面が集まる。すべての頂点に集まる面の数が等しくないから，正六面体ではない。

p.142 **34** 答

	正四面体	正六面体	正八面体	正十二面体	正二十面体
面の形	正三角形	正方形	正三角形	正五角形	正三角形
各頂点に集まる面の数	3	3	4	3	5
面の数	4	6	8	12	20
辺の数	6	12	12	30	30
頂点の数	4	8	6	20	12

35 答 (1) ① 正四面体　② 正八面体　③ 正六面体　④ 正二十面体
⑤ 正十二面体
(2) ① 1：2：5
② 正六面体 14cm，正十二面体 38cm，正二十面体 22cm

p.143 **36** 答

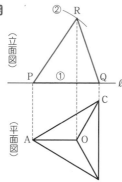

① 直線 ℓ 上に線分 PQ をとる。
② P を中心とし，半径 AB の円をかく。
③ 点 O を通り線分 PQ に垂直な直線と，②
の円との交点を R とし，点 P と R，点 Q と
R を結ぶ。

37 答 20
解説 展開図の頂点に
記号をかき入れる。正
八面体の頂点 A に集ま
る 4 つの面を考える。
4 つの面の数は，2，3，
7，8 である。

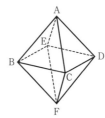
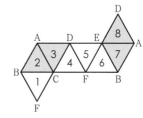

38 答 (1) 32 (2) 頂点の数 60，辺の数 90
(3) 多面体 F は，正五角形と正六角形の 2 種類の正多角形の面でできているか
ら。
解説 (1) 正二十面体の頂点の数は，3×20÷5＝12
多面体 F の正五角形の面の数は，正二十面体の頂点の数に等しいから 12 であ
る。
また，多面体 F の正六角形の面の数は 20 である。
(2) 正二十面体の 1 つの頂点につき，5 つの頂点が増えるから，
多面体 F の頂点の数は，5×12
正二十面体の辺の数は，3×20÷2＝30
正二十面体の 1 つの頂点につき，5 つの辺が増えるから，
辺の数は，30＋5×12
⚠ この多面体は，切頂（せっちょう）二十面体とよばれ
ることがある。この多面体を球状にふくらませると，サッ
カーボールのようになる。

39 答 (1) 辺の数 36，頂点の数 24 (2) 23
解答例 (1) 正方形 6 個の辺の総数は，4×6＝24
正六角形 8 個の辺の総数は，6×8＝48

1 つの辺は 2 本ずつ重なっているから，辺の数は，$(24+48) \times \dfrac{1}{2} = 36$

正方形 6 個の頂点の総数は，4×6＝24
正六角形 8 個の頂点の総数は，6×8＝48

1 つの頂点は 3 個ずつ重なっているから，頂点の数は，$(24+48) \times \dfrac{1}{3} = 24$

（答）辺の数 36，頂点の数 24

(2) この立体を組み立てたときの辺の数だけ，のりしろ
は必要であるが，展開図ですでに 13 か所がついている
から，36−13＝23 だけ必要である。

（答）23

⚠ この多面体は，正八面体の 6 個の頂点から正四角錐
を取り除いたもので，切頂八面体とよばれることがあ
る。

p.145 **40** 答 (1) 二等辺三角形

(2) 正三角形

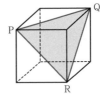

(3) 長方形

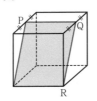

(4) 平行四辺形

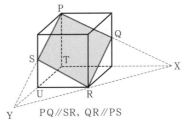

PQ∥SR，QR∥PS

(5) 五角形

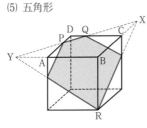

(6) 六角形

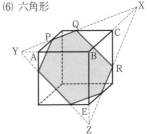

解説 (3) 直線と平面が垂直であるとき，その直線は平面上のすべての直線と垂
直である。

(4) 直線 PQ と底面との交点を X とし，直線 XR と TU との交点を Y とする。

(5) 直線 PQ と直線 BC，BA との交点をそれぞれ X，Y とし，点 X と R，点 Y
と R をそれぞれ結ぶ。

(6) 直線 PQ と直線 BC，BA との交点をそれぞれ X，Y とする。直線 XR と
BE との交点を Z とし，点 Y と Z を結ぶ。

41 答 (1) 五角形　　　　　(2) 四角形

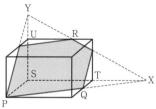

解説 (1) 直線 PQ と ST との交点を X とする。
直線 XR と SU との交点を Y とする。点 P と Y を結ぶ。
(2) 直線 PQ と ST との交点を X とする。点 X と R を結ぶ。

42 答

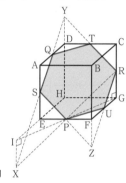

図1 X

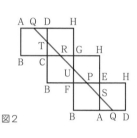

図2

解答例 図1で，直線 PG と HE との交点を I とする。
点 I を通り，直線 RG に平行な直線と直線 PR との交点を X とする。
直線 XQ と辺 AE，直線 DH との交点をそれぞれ S，Y とする。
直線 SP と BF との交点を Z とする。直線 YR と辺 CD，直線 ZR と辺 FG の交点をそれぞれ T，U とする。
6点 P，U，R，T，Q，S を順に結ぶ。
図2は，頂点に記号をかき入れ，それぞれの辺の中点である P，Q，R をかき入れる。3点 P，Q，R を結ぶ直線と辺 AE，CD，FG との交点をそれぞれ S，T，U とする。

p.146 **43** 答 2種類
解説 正四面体の展開図は，右の
2種類である。

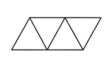

p.147

1 **答** (1) 正しい
(2) 正しくない
(例) 図1
(3) 正しい
(4) 正しい
(5) 正しくない
(例) 図2

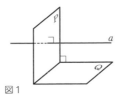

図1

図2

解説 (2) 図1で, $a /\!/ Q$ である。
(5) 図2で, 辺 AB と CG, 辺 AB と FG はそれぞれ, ねじれの位置にあるが, 辺 CG と FG は交わる。

2 **答** (1)   (2)

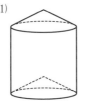

解説 (2) 右の図のように, 直線 m を軸として, 平行四辺形と線対称な図形をかいてみる。

3 **答**

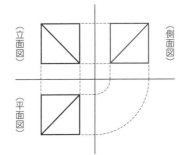

解説 側面図は右の図のようになる。

p.148

4 **答** 辺 FG, BC, EC
解説 点 B と G, 点 E と F はそれぞれ重なる。

5 **答** (1) ∠OAB=60°, ∠OAC=45°
(2) 辺 BC, CD
(3) オ

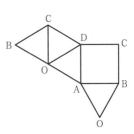

解説 (1) △OAC は △DAC と合同であるから, ∠OAC=∠DAC
(3) 展開図に点 O, A, B, C, D をかき入れると, 右の図のようになる。

6 答 (1) 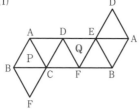 (2)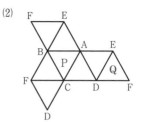

(3)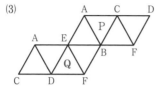

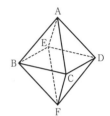

解説 右の図を参考に，展開図の頂点に記号をつける。
重なる頂点を考え，たがいに平行な面を明らかにする。

参考 正八面体の展開図は，回転させたり，裏返したりして，一致するものを
除くと全部で 11 種類ある。横に並べることができる正三角形の数で分類すると，
次のようになる。

① 横に並ぶ正三角形が 6 個の場合……次の 6 種類である。

② 横に並ぶ正三角形が 5 個の場合……次の 3 種類である。

③ 横に並ぶ正三角形が 4 個の場合……次の 2 種類である。

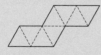

7 答 (1) 台形　　　　　　　　　　(2) 四角形

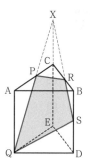

解説 (1) 直線 PQ と AB との交点を X とし，点 X と R を結ぶ。
(2) 直線 PQ と CE との交点を X とし，直線 XR と辺 BD との交点を S とする。

p.149 **8** 答 右の図
解説 展開図に残りの頂点をかき入れて調べる。

9 答 面の数 14，辺の数 24，頂点の数 12
解説 多面体の面は，正方形と正三角形である。正方形の数は，もとの立方体の面の数と等しく，正三角形の数は，もとの立方体の頂点の数と等しい。
多面体の頂点は，もとの立方体の各辺上に1つずつあるから，その数はもとの立方体の辺の数と等しい。
多面体の辺の数は，もとの立方体の6つの面上にできる正方形の辺の数の総和となる。
⚠ この多面体は，立方八面体とよばれることがある。

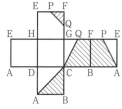

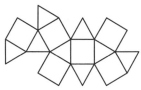

多面体の展開図の例

10 答 (1) 5　(2) 3
解答例 (1) 六角形 ABCDEF と六角形 STUPQR は，線分 AS の中点 O を対称の中心として点対称である。
よって，線分 BT，CU，DP，EQ，FR は，この対称の中心 O を通る。
ゆえに，線分 AS と交わる線分はこの5本である。　　　　　　　　　　　　(答) 5
(2) 点 A，R をふくむ平面を考える。
点 A，R，C によって定まる平面では，線分 AR と CP が交わる。（図1）
点 A，R，B によって定まる平面では，線分 AR と BU が交わる。（図2）
点 A，R，D によって定まる平面では，線分 AR と DQ が交わる。（図3）
ゆえに，線分 AR と交わる線分は，線分 CP，BU，DQ の3本である。　(答) 3

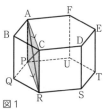
図1

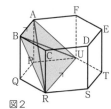
図2

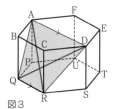
図3

7章 ● 図形の計量

p.152

1 答 (1) $60°$ (2) $144°$ (3) $330°$

2 答 (1) $\dfrac{1}{12}$ (2) $\dfrac{7}{10}$ (3) $\dfrac{3}{4}$

p.153

3 答 (1) 周 $6\pi\,\text{cm}$，面積 $9\pi\,\text{cm}^2$ (2) 周 $7\pi\,\text{cm}$，面積 $\dfrac{49}{4}\pi\,\text{cm}^2$

4 答 (1) $\dfrac{15}{4}\pi\,\text{cm}$ (2) $\dfrac{15}{2}\pi\,\text{cm}$

　　解説 (1) $2\pi\times5\times\dfrac{135}{360}$ (2) $2\pi\times18\times\dfrac{75}{360}$

5 答 (1) 弧 $\dfrac{4}{3}\pi\,\text{cm}$，面積 $\dfrac{8}{3}\pi\,\text{cm}^2$ (2) 弧 $7\pi\,\text{cm}$，面積 $21\pi\,\text{cm}^2$

　　解説 (1) 弧の長さは，$2\pi\times4\times\dfrac{60}{360}$　　面積は，$\pi\times4^2\times\dfrac{60}{360}$

　　(2) 弧の長さは，$2\pi\times6\times\dfrac{210}{360}$　　面積は，$\pi\times6^2\times\dfrac{210}{360}$

6 答 (ア) 弧 (イ) 弦 (ウ) 弦

p.154

7 答 (1) $x=75$ (2) $x=36$ (3) $x=30$

　　解説 (1) $\angle\text{AOB}:\angle\text{BOC}=5:3$　　(2) $\angle\text{AOB}:\angle\text{COD}=10:3$

　　(3) $\angle\text{AOC}=180°$ で，$\angle\text{AOB}:\angle\text{BOC}=5:1$

p.155

8 答 (1) $120°$ (2) $270°$

　　解説 (1) $360°\times\dfrac{8\pi}{2\pi\times12}$ (2) $360°\times\dfrac{9\pi}{2\pi\times6}$

9 答 (1) $120°$ (2) $\dfrac{10}{3}\pi\,\text{cm}$ (3) $14\pi\,\text{cm}^2$

　　解説 (1) $360°\times\dfrac{4\pi}{2\pi\times6}$ (2) $\angle\text{BOC}=(360°-\angle\text{AOB})\times\dfrac{5}{5+7}$

　　(3) $\angle\text{AOC}=\angle\text{BOC}\times\dfrac{7}{5}$

10 答 (1) 周 $\left(\dfrac{16}{3}\pi+8\right)\text{cm}$，面積 $\dfrac{32}{3}\pi\,\text{cm}^2$

　　(2) 周 $12\pi\,\text{cm}$，面積 $11\pi\,\text{cm}^2$

　　解説 (1) 周の長さは，$2\pi\times10\times\dfrac{1}{6}+2\pi\times6\times\dfrac{1}{6}+4\times2$

　　面積は，$\pi\times10^2\times\dfrac{1}{6}-\pi\times6^2\times\dfrac{1}{6}$

　　(2) 周の長さは，$12\pi\times\dfrac{1}{2}+6\pi\times\dfrac{1}{2}+4\pi\times\dfrac{1}{2}+2\pi\times\dfrac{1}{2}$

　　面積は，$\pi\times6^2\times\dfrac{1}{2}-\pi\times3^2\times\dfrac{1}{2}-\pi\times2^2\times\dfrac{1}{2}-\pi\times1^2\times\dfrac{1}{2}$

11 答 (1) $(18\pi-36)\,\text{cm}^2$ (2) $(4\pi+8)\,\text{cm}^2$ (3) $(16\pi-32)\,\text{cm}^2$

　　(4) $(500-100\pi)\,\text{cm}^2$

　　解説 (1) $\pi\times3^2\times\dfrac{1}{2}\times4-6^2$ (2) $\pi\times4^2\times\dfrac{1}{4}+4\times8-\dfrac{1}{2}\times4\times12$

　　(3) $\pi\times4^2-\dfrac{1}{2}\times8^2$ (4) $\dfrac{1}{2}\times(20+30)\times20-\pi\times10^2$

p.156 **12** 答 (1) $10\pi\,\mathrm{cm}^2$ (2) $12\,\mathrm{cm}^2$

解説 (1) $\dfrac{1}{2}\times 5\pi\times 4$ (2) $\dfrac{1}{2}\times 8\times 3$

13 答 (1) 面積 $\dfrac{35}{2}\pi\,\mathrm{cm}^2$，中心角 $252°$ (2) $8\,\mathrm{cm}$ (3) $16\,\mathrm{cm}$

解説 (1) 面積は，$\dfrac{1}{2}\times 7\pi\times 5$ 中心角は，$360°\times\dfrac{7\pi}{2\pi\times 5}$

(2) $S=\dfrac{1}{2}\ell r$ より，$\ell=\dfrac{2S}{r}$ よって，$\ell=\dfrac{2\times 12}{3}$

(3) $S=\dfrac{1}{2}\ell r$ より，$r=\dfrac{2S}{\ell}$ よって，$r=\dfrac{2\times 15}{6}=5$

また，周の長さは，$2r+\ell$

14 答 (1) $6\,\mathrm{cm}$ (2) $36\,\mathrm{cm}^2$

解説 (1) $\overset{\frown}{\mathrm{BC}}+\overset{\frown}{\mathrm{AD}}=26-(\mathrm{AB}+\mathrm{CD})=26-8=18$

$\overset{\frown}{\mathrm{AD}}:\overset{\frown}{\mathrm{BC}}=1:2$ より，$\overset{\frown}{\mathrm{BC}}=2\overset{\frown}{\mathrm{AD}}$ よって，$3\overset{\frown}{\mathrm{AD}}=18$

(2) （おうぎ形 OBC）$=\dfrac{1}{2}\times\overset{\frown}{\mathrm{BC}}\times\mathrm{OB}$ （おうぎ形 OAD）$=\dfrac{1}{2}\times\overset{\frown}{\mathrm{AD}}\times\mathrm{OA}$

p.157 **15** 答 (1) $3:1$ (2) 周 $(18\pi+14)\,\mathrm{cm}$，面積 $63\pi\,\mathrm{cm}^2$

解説 (1) ⑦の中心角を $a°$ とすると，

⑦：⑦$=\dfrac{1}{2}\times(\pi\times 14^2-\pi\times 7^2)\times\dfrac{a}{360}:\dfrac{1}{2}\times\pi\times 7^2\times\dfrac{a}{360}$

(2) ⑦の面積と⑦の面積の比は，⑦と⑦の中心角の比に等しい。

⑦の面積は，⑦の面積の 2 倍であるから，(1)より，⑦の面積の 2×3 倍となる。

よって，⑦と⑦の中心角の比は $1:6$ であるから，

⑦の周の長さは，$\dfrac{1}{2}\times(2\pi\times 14+2\pi\times 7)\times\dfrac{6}{7}+(14-7)\times 2$

⑦の面積は，$\dfrac{1}{2}\times(\pi\times 14^2-\pi\times 7^2)\times\dfrac{6}{7}$

16 答 ⑦ $(2\pi-4)\,\mathrm{cm}^2$ ⑦ $(2\pi-4)\,\mathrm{cm}^2$

解説 ⑦ $\pi\times 4^2\times\dfrac{1}{4}-\pi\times 2^2\times\dfrac{1}{4}\times 2-2^2$

⑦ $\pi\times 2^2\times\dfrac{1}{4}\times 2-2^2$

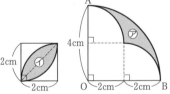

17 答 $(100\pi-25)\,\mathrm{cm}^2$

解説 求める面積は，右の図の赤色部分である。

$\dfrac{1}{2}\times 20\times 20+\pi\times 20^2\times\dfrac{1}{4}-\dfrac{1}{2}\times 30\times 15$

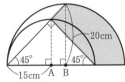

18 答 $\pi\,\mathrm{cm}$

解説 ⑦$=$⑦$+$⑦ より，右の図で，

⑦$+$⑦$+$⑦$=$⑦$+$⑦$+$⑦$+$⑦

よって，⑦$+$⑦$+$⑦$+$⑦$=$⑦$+$⑦$+$⑦$+$⑦$+$⑦

ゆえに，半径 $2\,\mathrm{cm}$ の円の面積と長方形 ABCD の面積は等しい。

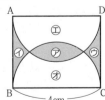

19 答 (1) $30°$ (2) $\left(\dfrac{\pi}{3}+2\right)$ cm

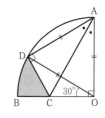

解説 (1) △ADO は 1 辺の長さが 2cm の正三角形
である。また，∠CAD＝∠CAO
(2) ∠AOD＝60° であるから，∠DOB＝30°
求める周の長さは，
$\overset{\frown}{BD}+BC+CD=\overset{\frown}{BD}+BC+CO=\overset{\frown}{BD}+BO$

p.158 **20** 答 $\dfrac{1}{3}$ 倍

解説 ⑦＝(半円 O)－{(おうぎ形 OPQ)－△OPQ}
④＝(半円 O)－{(おうぎ形 OPR)－△OPR}
△OPQ＝△OPR であるから，④－⑦＝(おうぎ形 OPQ)－(おうぎ形 OPR)
⚠ △OPQ の面積を，単に △OPQ と書くこともある。

21 答 (1) $(9\pi-27)$ cm² (2) $(18\pi-36)$ cm²

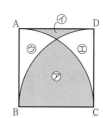

解説 (1) ⑦－④＝(おうぎ形 BAC)－(台形 ABMD)
(2) 右の図のように，⑨，㋤とおくと，
⑦－④＝⑦＋⑨＋⑦＋㋤－(⑦＋④＋⑨＋㋤)
＝(おうぎ形 BAC)＋(おうぎ形 CBD)－(正方形 ABCD)
$=\pi\times6^2\times\dfrac{1}{4}+\pi\times6^2\times\dfrac{1}{4}-6^2$

22 答 (1) 6π cm (2) $\left(\dfrac{25}{2}\pi+12\right)$ cm²

解説 (1) $(2\pi\times4+2\pi\times5+2\pi\times3)\times\dfrac{1}{4}$

(2) $(\pi\times4^2+\pi\times5^2+\pi\times3^2)\times\dfrac{1}{4}+4\times3$

23 答 (1) $(2\pi+15)$ cm (2) $(4\pi+30)$ cm²

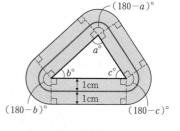

解答例 (1) 中心 O が動いてえがく線は右
の図の赤色の線である。弧の長さの和は，
$2\pi\times1\times\dfrac{(180-a)+(180-b)+(180-c)}{360}$
$a+b+c=180$ であるから，
$2\pi\times\dfrac{180\times3-(a+b+c)}{360}=2\pi$
ゆえに，$2\pi+5+6+4=2\pi+15$
（答）$(2\pi+15)$ cm

(2) 求める図形の面積は，右上の図の赤色部分の 3 つの長方形と，3 つのおうぎ
形の面積の和である。
また，3 つのおうぎ形の面積の和は，半径 2cm の円の面積に等しくなるから，
$\pi\times2^2+2\times(5+6+4)=4\pi+30$ （答）$(4\pi+30)$ cm²

p.162 **24** 答 (1) 24π cm³ (2) 120π cm³ (3) 200 cm³

25 答 (1) 表面積 368π cm²，体積 960π cm³ (2) 表面積 224π cm²，体積 392π cm³

(3) 表面積 100π cm²，体積 $\dfrac{500}{3}\pi$ cm³

解説 (2) 円錐の展開図で，底面の周の長さと側面となるおうぎ形の弧の長さは
等しいから，側面積は，$\pi\times25^2\times\dfrac{14\pi}{50\pi}$

26 答 (1) 表面積 $36\pi\,\text{cm}^2$，体積 $28\pi\,\text{cm}^3$　(2) 表面積 $10\,\text{cm}^2$，体積 $2\,\text{cm}^3$
(3) 表面積 $84\,\text{cm}^2$，体積 $36\,\text{cm}^3$

27 答 (1) $63\pi\,\text{cm}^3$　(2) $\dfrac{112}{3}\pi\,\text{cm}^3$　(3) $\dfrac{32}{3}\pi\,\text{cm}^3$

p.163 **28** 答 $152\pi\,\text{cm}^3$
解説 底面の半径 $6\,\text{cm}$，高さ $18\,\text{cm}$ の円錐から，底面の半径 $4\,\text{cm}$，高さ $12\,\text{cm}$
の上部の円錐を取り除いたものであるから，$\dfrac{1}{3}\pi\times6^2\times18-\dfrac{1}{3}\pi\times4^2\times12$

p.164 **29** 答 (1) ⑦ 表面積 $108\,\text{cm}^2$，体積 $48\,\text{cm}^3$　④ 表面積 $180\,\text{cm}^2$，体積 $144\,\text{cm}^3$
(2) 表面積 $(14\pi+24)\,\text{cm}^2$，体積 $12\pi\,\text{cm}^3$

解説 (2) 表面積は，$\pi\times3^2\times\dfrac{120}{360}\times2+\left(2\pi\times3\times\dfrac{120}{360}+3\times2\right)\times4$

体積は，$\pi\times3^2\times\dfrac{120}{360}\times4$

30 答 (1) $108\pi\,\text{cm}^2$　(2) $256\pi\,\text{cm}^2$　(3) $\dfrac{133}{4}\pi\,\text{cm}^2$

解説 (1) 底面の半径は，$2\pi\times12\times\dfrac{180}{360}\div2\pi=6$

(2) 側面のおうぎ形の半径は，$2\pi\times8\times\dfrac{360}{120}\div2\pi=24$

(3) 側面のおうぎ形の中心角は，$360°\times\dfrac{7\pi}{12\pi}=210°$

参考 (3) 側面積は $\pi\times6\times\dfrac{7}{2}$，底面積は $\pi\times\left(\dfrac{7}{2}\right)^2$ から求めてもよい。

31 答 (1) $2\,\text{cm}$　(2) $120°$

解説 (1) $2\pi\times6\times\dfrac{1}{3}\div2\pi$

(2) 右の図のように，側面の展開図は円の $\dfrac{1}{3}$
である。

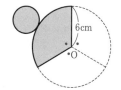

32 答 (1) $\dfrac{12}{5}\,\text{cm}$　(2) $\dfrac{84}{5}\pi\,\text{cm}^2$　(3) $\dfrac{48}{5}\pi\,\text{cm}^3$

解説 (1) △ABC の面積について，$\text{CH}=\triangle\text{ABC}\times2\div\text{AB}=\dfrac{1}{2}\times3\times4\times2\div5$

(2) 半径 CH の円を底面とする高さ AH の円錐と，同じ底面で高さ BH の円錐
の側面積の和を求める。（$S=\dfrac{1}{2}\ell r$ の公式を利用する。）

$\dfrac{1}{2}\times(2\pi\times\text{CH})\times4+\dfrac{1}{2}\times(2\pi\times\text{CH})\times3=(4\pi+3\pi)\times\text{CH}$

(3) $\dfrac{1}{3}\pi\times\text{CH}^2\times\text{AH}+\dfrac{1}{3}\pi\times\text{CH}^2\times\text{BH}=\dfrac{1}{3}\pi\times\text{CH}^2\times(\text{AH}+\text{BH})$

p.165 **33** 答 (1) 表面積 $300\pi\,\text{cm}^2$，体積 $375\pi\,\text{cm}^3$　(2) 表面積 $105\pi\,\text{cm}^2$，体積 $78\pi\,\text{cm}^3$
(3) 表面積 $54\pi\,\text{cm}^2$，体積 $33\pi\,\text{cm}^3$
解説 (1) できる立体は，底面の半径 $10\,\text{cm}$，高さ $5\,\text{cm}$ の円柱から，底面の半
径 $5\,\text{cm}$，高さ $5\,\text{cm}$ の円柱を取り除いたものである。
表面積は，$2\pi\times10\times5+2\pi\times5\times5+(\pi\times10^2-\pi\times5^2)\times2$
体積は，$\pi\times10^2\times5-\pi\times5^2\times5$

(2) できる立体は, 底面の半径 6cm, 高さ 8cm の円錐から, 半径 3cm の半球を取り除いたものである。

表面積は, $\pi \times 6^2 - \pi \times 3^2 + \pi \times 10 \times 6 + \dfrac{1}{2} \times 4\pi \times 3^2$

体積は, $\dfrac{1}{3}\pi \times 6^2 \times 8 - \dfrac{1}{2} \times \dfrac{4}{3}\pi \times 3^3$

(3) できる立体は, 底面の半径 3cm, 高さ 5cm の円柱から, 底面の半径 3cm, 高さ 4cm の円錐を取り除いたものである。

表面積は, $\pi \times 3^2 + 2\pi \times 3 \times 5 + \pi \times 5 \times 3$

体積は, $\pi \times 3^2 \times 5 - \dfrac{1}{3}\pi \times 3^2 \times 4$

34 〔答〕 $6\pi\,\mathrm{cm}^3$

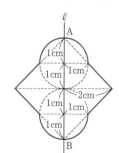

〔解説〕 できる立体を真横から見ると右の図のようになる。
求める体積は, 1 つの球と 2 つの円錐台の体積の和であるから,

$\dfrac{4}{3}\pi \times 1^3 + 2 \times \left(\dfrac{1}{3}\pi \times 2^2 \times 2 - \dfrac{1}{3}\pi \times 1^2 \times 1 \right)$

35 〔答〕 (1) $150\pi\,\mathrm{cm}^3$　(2) $54\pi\,\mathrm{cm}^3$

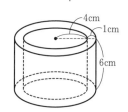

〔解説〕 (1) できる立体は, 底面の半径が 5cm, 高さ 6cm の円柱である。
(2) できる立体は, 右の図のようになる。
体積は, $\pi \times (5^2 - 4^2) \times 6$

36 〔答〕 (1) $3:2:1$　(2) $1:1$

〔解説〕 (1) (円柱の体積):(球の体積):(円錐の体積)

$= (\pi \times 5^2 \times 10) : \left(\dfrac{4}{3}\pi \times 5^3 \right) : \left(\dfrac{1}{3}\pi \times 5^2 \times 10 \right)$

(2) (円柱の側面積):(球の表面積)$=(2\pi \times 5 \times 10):(4\pi \times 5^2)$

p.166 **37** 〔答〕 $28\,\mathrm{cm}^3$

〔解説〕 $\dfrac{1}{3} \times \left(\dfrac{1}{2} \times 6 \times 7 \right) \times 4$

p.167 **38** 〔答〕 (1) $8\pi\,\mathrm{cm}^2$　(2) $\dfrac{8}{3}\pi\,\mathrm{cm}^3$

〔解説〕 (1) $4\pi \times 2^2 \times \dfrac{1}{4} + \pi \times 2^2$

(2) $\dfrac{4}{3}\pi \times 2^3 \times \dfrac{1}{4}$

39 〔答〕 (1) 4 個　(2) $36\,\mathrm{cm}^3$　(3) $72\,\mathrm{cm}^3$

〔解説〕 (1) 三角錐 A–HEF, A–FBC, A–CDH, C–HFG

(2) $\dfrac{1}{3} \times \left(\dfrac{1}{2} \times 6 \times 6 \right) \times 6$

(3) (立方体 ABCD–EFGH) − (三角錐 A–HEF) $\times 4$

40 答 $14\,\mathrm{cm}^3$

解説 辺 CF 上に点 S を，SF＝2cm となるようにとると，求める立体の体積は，
三角柱 PQS-DEF と三角錐 R-PQS の体積の和である。
よって，
$$\left(\frac{1}{2}\times 3\times 4\right)\times 2+\frac{1}{3}\times\left(\frac{1}{2}\times 3\times 4\right)\times 1$$

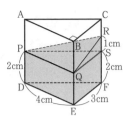

41 答 $120\pi\,\mathrm{cm}^3$

解説 右の図のように，高さ 15cm の円柱を 2 等分したものと考えると，
$$\pi\times 4^2\times 15\times\frac{1}{2}$$

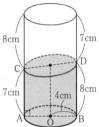

42 答 (1) $40\,\mathrm{cm}^3$　(2) $12\pi\,\mathrm{cm}^3$

解説 見取図は右のようになる。
(1) 底面が長方形の四角錐であるから，$\dfrac{1}{3}\times 4\times 6\times 5$

(2) 円柱を 2 等分したものと考えると，$\pi\times 2^2\times 6\times\dfrac{1}{2}$

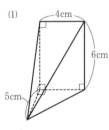
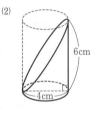

p.168 **43** 答 (1) $\dfrac{1}{4}\,\mathrm{cm}^3$　(2) $\dfrac{17}{24}\,\mathrm{cm}^3$

解説 (1) 点 Q を通る底面に平行な平面で切った立体の上の部分を立体⑦とすると，頂点 A をふくむ立体の体積は，⑦の体積の $\dfrac{1}{2}$ に等しい。

(2) 頂点 A をふくむ立体は，三角錐 R-EGH から三角錐 R-PQD を取り除いた立体を，立方体 ABCD-EFGH から取り除いたものであるから，
$$1-\left\{\frac{1}{3}\times\left(\frac{1}{2}\times 1\times 1\right)\times 2-\frac{1}{3}\times\left(\frac{1}{2}\times\frac{1}{2}\times\frac{1}{2}\right)\times 1\right\}$$
$$=1-\left(\frac{1}{3}-\frac{1}{24}\right)$$

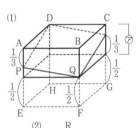

44 答 $72\,\mathrm{cm}^3$

解説 立方体 ABCD-EFGH を平面 DNFM で切ってできた 2 つの立体の体積は等しい。その一方から，体積が等しい 2 つの三角錐 A-EFN，A-BFM を取り除いたものが求める立体である。
$$6^3\times\frac{1}{2}-\left\{\frac{1}{3}\times\left(\frac{1}{2}\times 3\times 6\right)\times 6\right\}\times 2$$

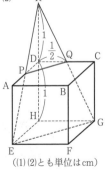

((1)(2)とも単位はcm)

45 答 $\dfrac{4}{3}$ cm³

【解答例】右の図のように，底面が1辺の長さが2cmの正方形で，高さ3cmの直方体 APQR–LMNO をつくる。直線 BD と PQ との交点を S，直線 BD と QR との交点を T とすると，3点 B，D，N は平面 STN 上にある。

求める立体は三角錐 N–IJK であるから，その体積は，

$$\dfrac{1}{3}\times\left(\dfrac{1}{2}\times2\times2\right)\times2=\dfrac{4}{3}$$　　　（答）$\dfrac{4}{3}$ cm³

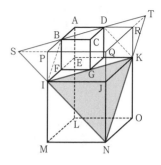

7章の問題

p.169 **1** 答 $\dfrac{10}{3}$ 倍

【解説】$\angle\mathrm{COF}=100°$，$\angle\mathrm{DOB}=30°$，$\angle\mathrm{EOD}=\angle\mathrm{COF}=100°$
また，弧の長さは中心角の大きさに比例する。

2 答 $\angle\mathrm{AOB}=60°$，$\angle\mathrm{DOC}=150°$

【解説】$\overset{\frown}{\mathrm{AB}}:\overset{\frown}{\mathrm{BC}}:\overset{\frown}{\mathrm{CD}}:\overset{\frown}{\mathrm{DA}}=2:3:5:2$
また，中心角の大きさは弧の長さに比例する。

3 答 (1) $\dfrac{21}{4}\pi$ cm² (2) $\dfrac{16}{3}\pi$ cm² (3) 12π cm² (4) $(54-12\pi)$ cm²

【解説】(1) $\pi\times6^2\times\dfrac{1}{12}+(\pi\times6^2-\pi\times3^2)\times\dfrac{1}{12}$

(2) 影の部分の面積は，おうぎ形 ABC の面積と AC を直径とする半円の面積の和から，AB を直径とする半円の面積をひいたものであるから，半径が8cm，中心角が30°のおうぎ形 ABC の面積に等しい。

(3) 図1より，影の部分の面積は，おうぎ形 BD′D の面積と △ABD の面積の和から，△A′BD′ の面積をひいたものであるから，半径が12cm，中心角が30°のおうぎ形 BD′D の面積に等しい。

(4) 図2より，△ABE は正三角形であるから，$\angle\mathrm{BAD}=30°$

よって，$\angle\mathrm{CAB}=120°$　　ゆえに，$6\times9-\pi\times6^2\times\dfrac{120}{360}$

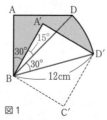

図1

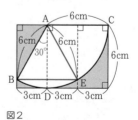

図2

【別解】(4) 長方形の左上の頂点を F とする。
△AFB で，$\angle\mathrm{AFB}=90°$，$\mathrm{BA}=6$，$\mathrm{AF}=3$ であるから，$\angle\mathrm{BAF}=60°$
よって，$\angle\mathrm{CAB}=120°$

p.170 **4** 答 $\left(\dfrac{25}{2}\pi+24\right)\mathrm{cm}^2$

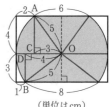

(単位はcm)

解説 右の図で，△ACO と △ODB は合同であるから，∠AOB＝90° よって，影の部分の面積は，

$$\left(\pi\times5^2\times\dfrac{90}{360}\right)\times2+\dfrac{1}{2}\times6\times4+\dfrac{1}{2}\times8\times3$$

参考 影の部分は線対称な図形であるから，

$$\left(\pi\times5^2\times\dfrac{90}{360}+\dfrac{1}{2}\times3\times4+\dfrac{1}{2}\times4\times3\right)\times2\ \text{としてもよい。}$$

5 答 (1) $\dfrac{40}{3}\pi\,\mathrm{cm}$ (2) $80\pi\,\mathrm{cm}^2$

解説 中心角60°，半径4cm，8cm，12cm，16cm のおうぎ形の弧の長さの和，および面積の和を求める。

6 答 (1) $81\pi\,\mathrm{cm}^3$ (2) $56\pi\,\mathrm{cm}^3$

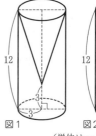

図1 図2
(単位はcm)

解説 (1) 図1で，できる立体は，底面の半径3cm，高さ12cm の円柱から，底面の半径3cm，高さ9cm の円錐を取り除いたものである。

$$\pi\times3^2\times12-\dfrac{1}{3}\times\pi\times3^2\times9$$

(2) 図2で，できる立体の体積は，
2×〔(底面の半径3cm，高さ6cm の円柱)
  －{(底面の半径3cm，高さ9cm の円錐)
  －(底面の半径1cm，高さ3cm の円錐)}〕

⚠ (2) 右の図で，長方形 BCC′B′ は直線 DH を対称の軸として線対称である。
AA′＝CC′－A′C－AC′＝12－3－3＝6
AH＝A′H より，AH＝A′H＝3

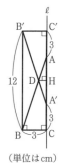

(単位はcm)

7 答 (1) 12cm (2) $a＝288$

解説 (1) $2\pi\times20\times\dfrac{216}{360}\div2\pi$ (2) $360\times\dfrac{2\pi\times12}{2\pi\times15}$

p.171 **8** 答 $\dfrac{114}{25}\,\mathrm{cm}$

解説 水の量は，$\pi\times10^2\times6-\dfrac{4}{3}\pi\times6^3\times\dfrac{1}{2}$

9 答 $(2\pi+4)\,\mathrm{cm}^3$

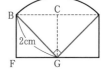

解説 面 BFGC が90°回転したときにできる図形の面積は，半径2cm，中心角90°のおうぎ形と，対角線が2cm の正方形の面積の和であるから，

$$\pi\times2^2\times\dfrac{1}{4}+\dfrac{1}{2}\times2^2=\pi+2$$

10 答 (1) $16\,\mathrm{cm}^2$ (2) $6\,\mathrm{cm}^2$ (3) $4\,\mathrm{cm}$ (4) $\dfrac{8}{3}\,\mathrm{cm}^3$ (5) $\dfrac{4}{3}\,\mathrm{cm}$

解説 (1) 正方形 ABCD の面積に等しい。
(2) 正方形 ABCD の面積から △AMN，△BCM，△CDN の面積をひけばよいから，$16-\dfrac{1}{2}\times2\times2-\left(\dfrac{1}{2}\times2\times4\right)\times2$

(3) 辺 BC の長さに等しい。

(4) △AMN を底面と考えると，高さは BC であるから，$\dfrac{1}{3}\times\left(\dfrac{1}{2}\times2\times2\right)\times4$

(5) 底面積が $6\,\text{cm}^2$，体積が $\dfrac{8}{3}\,\text{cm}^3$ であるから，高さは，$\dfrac{8}{3}\times3\div6$

11 〔答〕(1) $3\pi\,\text{cm}^2$ (2) $(60+\pi)\,\text{cm}^2$
(3) $312\,\text{cm}^2$

〔解答例〕(1) 点 Q が動く範囲は，図 1 の赤色部分で，半径 $2\,\text{cm}$，中心角 $270°$ のおうぎ形である。
ゆえに，求める面積は，

$$\pi\times2^2\times\dfrac{270}{360}=3\pi \qquad\qquad (答)\ 3\pi\,\text{cm}^2$$

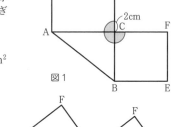

図1

(2) 点 Q が動く範囲は，図 2 の赤色部分である。2 つのおうぎ形の中心角の和は $90°$ になる。
ゆえに，縦 $4\,\text{cm}$，横 $15\,\text{cm}$ の長方形と，半径 $2\,\text{cm}$，中心角 $90°$ のおうぎ形の面積の和が求める面積であるから，

$$4\times15+\pi\times2^2\times\dfrac{90}{360}=60+\pi$$

$$(答)\ (60+\pi)\,\text{cm}^2$$

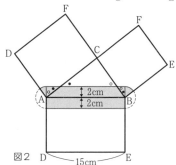

図2

(3) 図 3 で，△ABC の 3 辺の比は，
AB：BC：CA＝5：3：4
JK∥AC より，

$$JK=(9-2)\times\dfrac{4}{3}=\dfrac{28}{3}$$

$$JB=(9-2)\times\dfrac{5}{3}=\dfrac{35}{3}$$

よって，$AJ=AB-JB=15-\dfrac{35}{3}=\dfrac{10}{3}$

四角形 AJGL はひし形であるから，

$$JG=AJ=\dfrac{10}{3}$$

よって，

$$GI=JK-JG-IK=\dfrac{28}{3}-\dfrac{10}{3}-2=4$$

同様に，HI＝3
△ABC において，赤色部分の面積は，

$$\dfrac{1}{2}\times9\times12-\dfrac{1}{2}\times3\times4=48$$

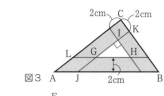

図3

図 4 で，求める部分の面積の総和は，
$2\times48+(10\times15-6\times11)$
　　$+(10\times12-6\times8)+(10\times9-6\times5)$
$=312$ 　　　　　　　　　（答）$312\,\text{cm}^2$

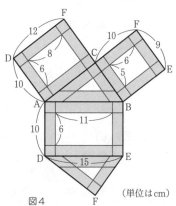

（単位は cm）

図4

p.175 **1** 答

	平均値	中央値	最頻値	範囲
テスト A	6.8点	7.5点	3点	7点
テスト B	6.8点	7点	7点	3点

平均値と中央値には大きなちがいはない。しかし，最頻値と範囲はちがいが大きく，分布の散らばりにはちがいがあるといえる。

解説 2種類のテストの得点を低いほうから順に並べると，次のようになる。

テスト A は，3，3，3，6，7，8，9，9，10，10

テスト B は，5，6，6，7，7，7，7，7，8，8

平均値は，A，B いずれも 68÷10＝6.8（点）

A の中央値は 7 と 8 の平均値，B の中央値は 7 と 7 の平均値である。

A の範囲は 10−3＝7（点），B の範囲は 8−5＝3（点）

p.180 **2** 答 (1)

度数分布表

距離(m)	度数(人)
以上 未満	
5 〜 10	1
10 〜 15	5
15 〜 20	12
20 〜 25	16
25 〜 30	11
30 〜 35	5
計	50

ヒストグラム

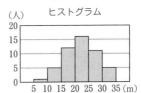

度数分布多角形

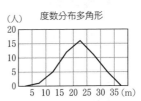

(2)

相対度数分布表

距離(m)	度数(人)	相対度数
以上 未満		
5 〜 10	1	0.02
10 〜 15	5	0.10
15 〜 20	12	0.24
20 〜 25	16	0.32
25 〜 30	11	0.22
30 〜 35	5	0.10
計	50	1.00

累積相対度数分布表

距離(m)	度数(人)	累積相対度数
以上 未満		
5 〜 10	1	0.02
10 〜 15	5	0.12
15 〜 20	12	0.36
20 〜 25	16	0.68
25 〜 30	11	0.90
30 〜 35	5	1.00
計	50	

相対度数分布多角形

（相対度数）

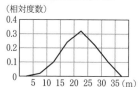

累積相対度数折れ線

（累積相対度数）

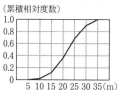

(3) 0.32

3 答 (1) 40人　(2) 最頻値 9点, 相対度数 0.30
(3) 中央値 8点, 相対度数 0.25
(4) 最頻値, 平均値, 中央値
解説 度数分布表は右の表のようになる。
(2) 最頻値は, 度数分布表に整理したとき, 最も度
数の大きい階級の階級値をいう。
相対度数は 12÷40
(3) 中央値は, データを大きさの順に並べたとき,
その中央の値をいう。ただし, データの度数が偶
数のときは, 中央に並ぶ 2 つの値の平均をとって
中央値という。ここでは, いちばん低い得点から
数えて 20 番目と 21 番目の値の平均である。

点数(点)	度数(人)
4	2
5	0
6	4
7	6
8	10
9	12
10	6
計	40

(4) 平均値は, $(4×2+6×4+7×6+8×10+9×12+10×6)÷40=8.05$ (点)

4 答 (1) 最頻値 50.5分, 度数 13人　(2) 15人　(3) 44.5分
解説 (1) 最も度数が大きい階級は, 相対度数も最も大きい。
(度数)＝(全体の人数)×(相対度数)
(2) 46 分未満の累積相対度数は 0.14+0.16=0.30 であるから, 求める人数は
50×0.3
(3) 10 位までの累積相対度数は $\dfrac{10}{50}=0.20$ である。

5 答 (ア) 4　(イ) 12　(ウ) 20　(エ) 8　(オ) 80　(カ) 0.20　(キ) 0.25
解説 相対度数(カ)と(キ)の和は 0.45 であり, この人数が 16+20=36 (人) であ
る。

p.181　**6** 答 (ウ), (オ)
解説 (ア) 得点が 4 点以上の相対度数は, 2 日目のほうが大きいから正しくない。
(イ) 相対度数（割合）が同じであるのは, 得点が 3 点のところのみであり, ほか
は同じではないから正しくない。
(エ) 得点が 3 点以上の相対度数は, 2 日目のほうが大きいから正しくない。
(オ) 相対度数が等しいときは, 参加者数の多いほうが度数が大きいといえる。

7 答 15 m 未満の記録の割合は B 中学校のほうが高く, 20 m 以上の記録の割合は
A 中学校のほうが高いから, 全体として A 中学校のほうが遠くに投げられる生
徒の割合が高いといえる。
(理由) 2 つのデータの数が異なるとき, 度数では直接比較できないが, 相対度
数は各階級ごとの全体に対する割合を表すので, 値を直接比較できるから。

p.182　**8** 答 (1) (ア) 13　(イ) 9　(2) イ
解説 (1) 22 m 未満の生徒は 30 人である。
(2) 26 m 投げた生徒の記録は高いほうから 3 番目以上 5 番目以内である。高い
ほうから 2 番目, 低いほうから 17 番目の生徒の記録は正確には特定できない。

p.183 **1** 答 (1)

	平均値	最頻値	中央値
A 組	6.48 分	6.25 分	6.25 分
B 組	6.48 分	7.25 分	6.75 分

(2) ア，エ

解説 (1) 平均値は，

A 組 $(4.75 \times 1 + 5.25 \times 4 + 5.75 \times 7 + 6.25 \times 9 + 6.75 \times 5 + 7.25 \times 4 + 7.75 \times 2$
$+ 8.75 \times 3) \div 35 = 226.75 \div 35$

B 組 $(4.75 \times 3 + 5.25 \times 4 + 5.75 \times 5 + 6.25 \times 5 + 6.75 \times 6 + 7.25 \times 7 + 7.75 \times 3$
$+ 8.25 \times 1 + 8.75 \times 1) \div 35 = 226.75 \div 35$

中央値は，いずれも記録が速いほうから 18 番目の生徒の記録である。

(2) ア．(1)より正しい。

イ．A 組は 21 人，B 組は 17 人である。

ウ．ヒストグラムからはわからない。

エ．4.5 分以上 5 分未満の生徒は，A 組が 1 人，B 組が 3 人いるから正しい。

2 答 (1) (ア) 126 (イ) 141

(2) 中央値がふくまれる階級は，1 組が 120 分以上 180 分未満で，2 組が 60 分以上 120 分未満だから，1 組のほうが中央値が大きいよ。(解答例)

解説 (1) 平均値は，

1 組 $(30 \times 8 + 90 \times 10 + 150 \times 14 + 210 \times 6 + 270 \times 2) \div 40 = 5040 \div 40$

2 組 $(30 \times 10 + 90 \times 14 + 150 \times 2 + 270 \times 14) \div 40 = 5640 \div 40$

(2) 中央値は，いずれも利用時間が短いほうから 20 番目と 21 番目の利用時間の平均値である。

MEMO

MEMO

Aクラスブックスシリーズ

単元別完成！ この1冊だけで大丈夫！！

数学の学力アップに加速をつける

玉川大学教授	成川　康男
筑波大学附属駒場中・高校元教諭	深瀬　幹雄
桐朋中・高校元教諭	藤田　郁夫
筑波大学附属駒場中・高校副校長	町田　多加志
桐朋中・高校教諭	矢島　弘 共著

■A5判／2色刷　■全8点 各900円（税別）

中学・高校の区分に関係なく，単元別に数学をより深く追求したい人のための参考書です。得意分野のさらなる学力アップ，不得意分野の完全克服に役立ちます。

中学数学文章題	場合の数と確率
中学図形と計量	不等式
因数分解	平面幾何と三角比
2次関数と2次方程式	整数

教科書対応表

	中学1年	中学2年	中学3年	高校数Ⅰ	高校数A	高校数Ⅱ
中学数学文章題	☆	☆	☆			
中学図形と計量	☆	☆	☆		（☆）	
因数分解			☆	☆		
2次関数と2次方程式			☆	☆		
場合の数と確率		☆			☆	
不等式	☆			☆		☆
平面幾何と三角比			☆	☆	☆	
整数	☆	☆	☆	☆	☆	

代数の先生・幾何の先生

めざせ！Ａランクの数学

ていねいな解説で
自主学習に最適！

開成中・高校教諭
木部　陽一
筑波大附属駒場中・高校元教諭
深瀬　幹雄
共著

先生が直接教えてくれるような丁寧な解説で，やさしいものから程度の高いものまで無理なく理解できます。くわしい脚注や索引を使って，わからないことを自分で調べながら学習することができます。基本的な知識が定着するように，例題や問題を豊富に配置してあります。この参考書によって，学習指導要領の規制にとらわれることのない幅広い学力や，ものごとを論理的に考え，正しく判断し，的確に表現することができる能力を身につけることができます。

代数の先生　A5判・389頁　2200円

幾何の先生　A5判・344頁　2200円

※表示の価格は本体価格です。本体価格のほかに消費税がかかります。